职 业 院 校 通 识 教 育 课 程 系 列 教 材

科技改变世界

TECHNOLOGY THAT CHANGED THE WORLD

汤伟杰 等 编著

图书在版编目(CIP)数据

科技改变世界 / 汤伟杰等编著 . — 北京 : 商务印书馆, 2017（2022.7 重印）
ISBN 978-7-100-12563-5

Ⅰ . ①科… Ⅱ . ①汤… Ⅲ . ①科学技术—职业教育—教材 Ⅳ . ① N43

中国版本图书馆 CIP 数据核字 (2016) 第 225409 号

职业院校通识教育课程系列教材
科技改变世界
汤伟杰等　编著

商　务　印　书　馆　出　版
（北京王府井大街 36 号　邮政编码 100710）
商　务　印　书　馆　发　行
艺堂印刷（天津）有限公司印刷
ISBN　978-7-100-12563-5

2017 年 3 月第 1 版　　开本 787 × 1092　1/16
2022 年 7 月第 4 次印刷　　印张 14¼
定价 :36.00 元

《职业院校通识教育课程系列教材》
编辑委员会成员名单

序

课程和课堂教学是职业院校人才培养的主渠道，也是文化育人的主战场。近年来，伴随着我国职业教育改革的不断深化，各职业院校纷纷开设形式多样的文化育人课程，对于促进职业院校文化育人，提高学生的文化素质和人才培养质量，发挥了积极作用。然而，从整体来看，职业院校文化育人课堂教学的实际效果还很不理想。究其原因，除了课程设置还不够合理和科学之外，缺乏适应职业院校学生特点、契合职业院校文化育人目标需要的教材是其中一个非常重要的原因。

教材是实施教学计划的主要载体。它既不同于学术专著，也不同于一般的科普读物，既是教师教学的重要依据，又是学生学习的重要资料，是“教”与“学”之间的重要桥梁。因此，教材建设是课程建设的重要基础工程，教材建设的好坏，直接影响到课堂教学的效果和学生的学习效果。我们认为，职业院校文化育人课程教材应该具备体现课程本质和精髓、引导学生学习、激发学习兴趣、提高思维能力、提升职业素养等功能和作用。因此，职业院校文化育人课程教材必须贴近生活、贴近实际、贴近学生，融思想性、科学性、新颖性、启发性和可读性于一体，才能发挥教材应有的作用。然而，目前出版的职业院校文化育人相关课程教材，普遍存在内容空洞陈旧，脱离职业院校学生思想实际；结构体例单一呆板，语言枯燥无味，不适应当代职业院校学生阅读特点；知识理论灌输过多，缺乏启发互动环节等弊端，很难引起学生的阅读兴趣和学习兴趣，也大大影响其育人的效果。

作为中国高职教育改革发展的排头兵，近年来，深圳职业技术学院（以下简称学院）以高度的文化自觉，担当起引领职业院校文化育人的重任，出台《文化育人实施纲要》，对学院文化育人进行了全面系统的顶层设计，构建了全方位、多层次的文化育人体系，在全国职业院校率先全面推进文化育人。学院高度重视课堂教学作为文化育人主战场的作用，始终把提高育人的实际效果作为文化育人的重点来抓。为此，学院以“基础性、文化性、非职业、非专业、非工具”为原则，精心甄选并科学构建了必修课和选修课并行的“6+2+1+4”文化育人课程体系。其中“6”是指文化素质必修课程，包括毛泽东思想和中国特色社会主义理论体系概论、思想道德修养与法律基础、形势与政策、大学语文、心理健康教育、体育与健康等课程；“2”是指要求文理交叉选课的校级通识选修课程，每个学生必须选修 2 个学分；“1”是指各专业作为限选课开设的“专业+行业”文化课程；“4”是指从语言与文学、历史与地理、艺术与美学、科技与社会、哲学与人生、环境与资源、经济与管理、心理与健康、政治与法律等文化素质公共选修课模块中选修至少覆盖 4 个模块的课程。根据学院文化育人的整体设计和培养目标的需要，我们精心设计了一系列文化育人课程，其中《物理学之美》、《数学文化》、《科技改变世界》等科学素养课程作为全院文科学生的通识选修课；《生活中的经济学》、《中国历史文化》等人文素养课程作为全院理工科学生的通识选修课；《计算机思维与专业文化素养》、《酒店文化》等专业文化课程作为各专业学生的限选课。同时，我们举全院之力，聘请行业相关专家，组织全院相关专业和其他协作院校的优秀教师，组成各课程教学团队，开展课程教学研究，编写系列课程教材。

本套教材是学院倾力打造的通识教育课程系列教材。为了使这套教材能够达到体现学科（专业）精髓、引导学生学习、激发学习兴趣、提高思维能力、提升职业素养的目标，更好地适应全国各职业院校的教学需要，教材编写过程中，各编写组在坚持科学性、思想性和可读性的前提下，特别注意突出如下特点：

一是力求用学生能够理解的语言充分体现学科（专业）最基本的思想和精髓。什么是文化？什么是素质？著名科学家爱因斯坦说过：“当我们把学校里学习的知识都忘掉后，剩下来的就是素质。”我认为，这种在知识忘掉之后能保留下来的东西就是蕴含在知识之中的文化。因此，从文化育人角度来说，一门课程的文化最核心的就是蕴含在课程相关知识之中的最基本的思想和精髓。专业知识是有门槛的，是进阶式的，没有学会和掌握前面的知识，就不可能学会和掌握后面的知识。但思想是没有门槛的，只要深入发掘和准确表述，只要能够以合适的方式进行传播，人人都可以理解和掌握。而且一旦掌握了这门学科（专业）的思想和精髓，对于学生提高对这门学科（专业）的认识，理解和掌握学科（专业）的知识（技能）是大有帮助的。正因为如此，作为通识教育课程教材，必须尽量用公众理解的非专业语言来揭示和讲清楚学科（专业）或者课程最基本的思想和最核心的精髓。如数学文化的精髓是什么？数学文化最基本的是计算文化，离开了计算文化，一切数学都无从谈起。因此，作为通识教育课程教材的《数学文化》，就应该用非数学专业的学生都能理解的语言，讲清楚计算文化的演变和作用，讲清支撑数学这门学科最基本的思想和精髓，然后再去展现数学定理的发现故事和数学的文化魅力。教材的思想性和科学性也就全部体现其中了。

二是力求最大限度地激发学生的学习兴趣。兴趣是最好的老师。只有充分激发学生的学习兴趣，才能充分调动学生学习的积极性和主动性。怎样激发学生的学习兴趣？作为通识教育课程教材，在内容上切忌为兴趣而趣味，而要贴近生活、贴近学生，要充分考虑到学生的需要和兴趣，要贴近学生日常生活的实际。从价值学的角度来说，“客体有什么价值，实际上取决于主体，价值总是因人（主体）而异的。”①因此，对于通识教育课程教材的编写者来说，什么内容是有价值的？并不是我们教材编写者空想出来的，也不是我们认为最好的、最先进的、最完美的东西就是有价值的，而是学生成长过程中真正需要的东西，学生感兴趣的东西才是有价值的。只有把学生需要的、感兴趣的内容编写进去，才能激发学生对这门学科（专业）或课程的兴趣，达到育人的目的。为此，我们在教材编写过程中，在学生中进行广泛的调查，并通过课程讲授实践，广泛听取学生的意见，了解学生的兴趣和需要。如《生活中的经济学》，我们就从学生日常生活中经常遇到的经济现象入手，来分析和揭示经济学的文化和精髓，就能引起学生的共鸣和兴趣。《交际与礼仪》也是从人们最常遇到的社交礼仪出发，帮助学生提高社交修养和文化素质。要激发学生的学习兴趣，还在于我们的教材和课堂教学是否能够焕发学科（专业）和课程本身的魅力。任何学科（专业）和课程都有它自身的魅力，关键在于我们能不能充分发现和展示它的魅力，让学生感受到它的魅力。因此，焕发学科（专业）本身的魅力，是通识教育课程教材能不能激发学生兴趣的关键。如《科技改变世界》就应该讲清楚科技在人类社会发展的地位怎么样？在生活中的作用是什么？与学生自身成长有什么关系？如果课程能让学生明白上述问题，我相信一定能激发学生对于科技的浓厚兴趣。

三是注重培养学生独立思考的能力。培养学生独立思考的能力是职业院校文化育人的重要目标，通识教育课程教材也必须充分体现这一培养目标的要求。作为通识教育课程教材，必须让学生了解和掌握学科（专业）和课程最基本的思想方法和独特的思维模式，以提高学生的思维能力；如《数学文化》要让学生了解和掌握数学思维模式的严密性和逻辑性，《物理学之美》要让学生了解和掌握物理学科综合性和创新性的思维特点，学会从自然现象和日常生活中发现问题；《生活中的经济学》则让学生学会运用经济学的方法来分析和观察日常生活中的经济问题和社会问题等等。要改变单纯知识

① 李德顺，《价值观教育的哲学理路》，《中国德育》，2015年第9期，27页。

灌输教育模式，注重启发式教学，精心设计学生参与互动和讨论交流环节，调动学生学习的主动性和积极性，培养学生独立思考的能力。

四是力求突出职业院校学生的特点。由于种种原因，职业院校学生入学时文化成绩相对较低。因此，职业院校通识教育课程的教材，不能一味引经据典，而要适合职业院校学生的消化能力和文化水平，多采用贴近学生生活的经典案例、经典发现、经典图片来说明问题。在编写体例上，力求做到图文并茂、新颖活泼；在文字表述上，尽量少用专业术语，多用公众语言，力求做到深入浅出，简洁明了，适应职业院校学生的阅读特点。

可以说，这套教材的编写是深圳职业技术学院等职业院校在全国职业院校文化素质教育指导委员会的指导下，根据新形势下职业教育发展的需要，对职业院校文化育人课程改革和教材编写的一次重要探索，是文化育人理念的真正落地，充分体现了有关职业院校高度的使命意识和历史担当。我们衷心祝愿这套具有引领性、示范性的职业院校文化育人教材越编越好，充分满足各职业院校培养出更多具有较高文化素养、职业素养的技术技能型人才的需要，提升职业院校人才培养质量和水平。

陈秋明

2017 年 3 月

导 言

纵观人类发展的历史,没有哪一个时代会像现在这样受科学技术的影响如此之大。在过去的半个世纪中,人类世界发生了翻天覆地的变化,而且这个变化速度越来越快:即使是与10年前相比较,我们都能够清晰地观察到人类生活方式的巨大变化。到底是什么推动了人类历史的发展?又是什么让人类开启了新的生存方式呢?答案显而易见,那就是科学技术。是科技的发展推动了人类的进程,是科技的发展改变了我们生活的世界,进而改变我们的生活。

过去的一个世纪是科学技术突飞猛进的时代:飞机的发明、第一枚火箭的升空、孟德尔遗传规律的再发现、青霉素的发明、第一台电子计算机的诞生、第一只半导体三极管的发明、集成电路的出现、原子弹和氢弹的成功研制、第一座核反应堆的建成、激光的发现及应用、PC机的发明、互联网的出现、"多利"克隆羊的降生……日新月异的科学发现和技术发明,改变了我们对客观世界的认识。

而更令我们感到震惊的是科学技术在我们生产和生活中的应用:几百年前,蒸汽机从发明到应用经历了84年的时间,而电动机用了65年的时间,但是今天我们可以清晰地发现一项发明的出现到它应用的周期越来越短,激光技术从出现到应用仅仅只用了1年时间。现在几乎每天都有一些新的科技发明出现在我们身边,不断改变着我们的生产和生活方式。科学技术已经成为第一生产力,成为人类文明进步的基础和动力。

与传统的科学发展史教材不同,本书采用话题讲座的方式进行编写。全书共分为四个章节14个话题,将和读者说一说人类科学技术的发展历程,尤其是改变人类社会科技文明进程的重大科技发现、发明。书中还介绍了那些对人类世界不断进步做出重大贡献的科学家:他们在科学追求的道路上遭遇了哪些迷茫与困惑?他们又是如何克服困然并取得重大突破的?

本书是由深圳职业技术学院工业中心的四位教师在他们多年从事"科技改变世界"通识课程教学的基础上共同编写而成。其中第一章由王红英编写,莫守形校正;第二章由莫守形编写,李志军校正;第三章由李志军、汤伟杰共同编写,李志军校正;第四章由汤伟杰、李志军共同编写,汤伟杰校正。

由于作者水平有限,书中不妥或谬误之处在所难免,恳请读者批评指正。

目　录

第一章　自然科学知识的起源与发展

那些没有受过未知事物折磨的人，不知道什么是发现的快乐。

——[法]贝尔纳①

自然科学知识是人类对整个自然界认知的总称。人类对自然的发现是一个复杂而艰辛的过程，人类经历了无数失败，也走了不少弯路，但对真理的求索、对未知世界的探询却从来没有停止过，今天呈现在我们面前的科学知识凝聚着人类智慧，也许还有待发展完善，却无疑让我们每个人摆脱了无知的黑暗。夜幕降临，你是否也曾仰望星空思索过这些问题：宇宙到底是什么？我们又是谁？一切是怎样开始的？为什么会有生命？古代文明为什么离我们远去？为什么古人的一些科技成果我们今天却无法解释？

本章话题

话题 1：宇宙从何而来？生命从何而来？人类从何而来？

话题 2：古文明的科学技术

本章要求

□了解宇宙观的发展、了解生命起源与人类起源的最新研究进展

□了解主要的古代文明与科技成果

话题 1：宇宙从何而来？生命从何而来？人类从何而来？

1. 宇宙是什么？

人类的伟大之处在于一代又一代的人对于同一个问题，能够进行持久的连续性的思考。每一个时代，真理常与谬论并存，只有时间才能筛走糟粕，厘清对错。回首历史，

① 贝尔纳：法国生理学家，1865 年出版的《实验医学导论》一书被认为是生理学发展史上的一个里程碑。他逝世时，法国举行了国葬。

真知当然重要，但谬论却能映衬出真知的真，让我们更清楚了解它们对在哪里，错在哪里。现在我们就通过历史上曾经的观点，在他们的错错对对、断断续续的争论中看一看宇宙观的发展过程。

宇宙观的发展大致经历了下面这样一个过程：

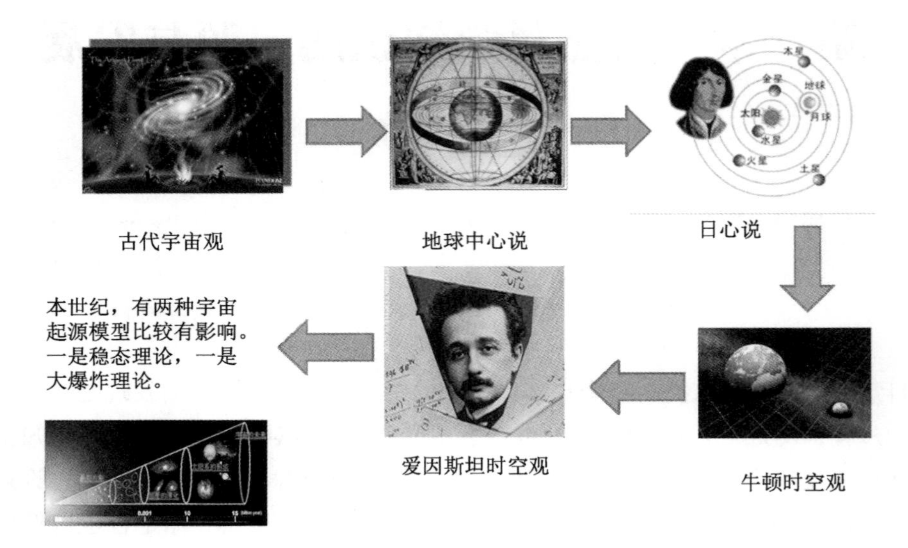

当人类还处于原始社会时期，就注意到天象与周围环境的变化关系，日升日落，月缺月圆，寒来暑往，斗转星移，形成了人们最初的日、月、季节、年的时间概念，古代自然哲学家们对宇宙问题的探讨，大多集中在大地和天空的相互关系的问题上。

古代各民族都有自己对宇宙的认识和想象。它们带有深刻的民族特点。比如，中国古代就逐渐形成“天圆如张盖，地方如棋局”；古埃及人认为大地是漂浮在水上的；古希腊人则认为大地下有支柱支撑着；古印度人想象大地是被大象驮在背上的……

随着科学的发展，人们对宇宙问题的探讨终于进入到地球和太阳之间的关系上。公元 2 世纪，古希腊天文学家托勒密在总结前人对宇宙认识的基础上，提出“地球中心说”的宇宙模式。托勒密的观点是以经验观察为主，从肉眼看天体，日月众星均围绕着地球而转，然后配合数学架构解释，十分合理，亦能解答各种问题，故一千多年来没有人怀疑。“地心说”宇宙观影响了西方及阿拉伯中世纪的天文学 1500 年。1543 年，波兰天文学家哥白尼建立了“太阳中心说”的宇宙模式。哥白尼突破托勒密的权威，尝试用理性思维来确立地球与太阳的关系，他认为数学更接近真理，不可全信眼睛观测的。经过 20 年的努力，哥白尼发现太阳的周年变化不明显。这意味着地球和太阳的距离始终没有改变，太阳在宇宙的中心位置，地球绕着太阳运行。然而可惜的是，“日心说”预测天体运动的准确性和“地心说”只是不分伯仲，并未被当时的人普遍接受。

伴随着天文观测工具的发明和不断改进，以天文观测为基础的古老天文学，得到了飞速的发展，到了 17 世纪古典力学创立者牛顿设想：宇宙像一个无边界的大箱子，无数恒星均匀地分布在这个既无限又空虚的箱子里,靠万有引力联系着。牛顿的这一观点引出了有名的“光度怪论”:如果宇宙真的是无限的,恒星又如此均匀地分布着,那么夜晚的天空不管你向哪里看,你都会收到无数个星星发出的光,因此夜晚的星空将是一片火海。而事实上夜晚的星空是黑的。这又如何解释呢?

爱因斯坦在1917年提出了有限宇宙模型,他认为应当把宇宙看成一个在空间尺度方面有限闭合的连续区,宇宙物质均匀分布,在数学上表现为一个“无界而有限、有限而闭合”的四维连续体,即宇宙是封闭的“宇宙球”。根据爱因斯坦的观点,宇宙中任意一点上发出的光线,都会沿着时空曲面在100亿年后返回出发点。这种学说给人们带来了很多疑问:时空曲率是正?还是负?抑或是零?美国一位科学家在观察宇宙光时,确实看到了呈光圈状的星系发出的光线,这使爱因斯坦的“宇宙球”理论的可信度大大提高。

用尖端科学技术装备起来的现代天文台和太空探测器,为人类打开了一个个崭新的宇宙窗口,借助于这些现代化的观测工具,人类正在探索茫茫宇宙的奥秘。英国物理学家斯蒂芬·霍金认为宇宙是有限而无界的,只是比地球多了几维。用地球来举例,在地球上,无论是从南极走到北极还是从北极走到南极,我们始终找不到边界,因为地球是有限而无界的。地球如此,宇宙亦如此。至于宇宙比地球多了的那几维,举例来说,一个在地面上滚动的小球在洞里面,它是存在的,而对于一个意识里只有“二维”世界的动物而言,它会认为小球已经不存在了。之所以有这样的结论,主要是因为这些动物对“三维”世界没有清楚的认识。同样的道理,人类生活在“三维”世界里,要想更多地认识多维的宇宙大小,还需要做更多的研究和探索。

那么到底宇宙是什么样子的呢?有两种宇宙起源模型比较有影响力。一种是稳态理论,另一种是大爆炸理论。所谓稳态理论由托马斯·戈尔德(Thomas Gold)、赫尔曼·邦迪(Herman Bondi)及弗雷德·霍伊尔(Fred Hoyle)于20世纪40年代后期提出。指的是物质正以恰当的速度不断创生着,而创生的速度刚好与因膨胀而使物质变稀的速度相平衡,从而使宇宙中的物质密度维持不变。这种状态从无限久远的过去一直存在至今,并将永远地继续下去。持有这种观点的科学家认为宇宙除去一些细微之外,基本没有什么变化。宇宙不需要一个开端也没有什么结束。即使是发现宇宙正在膨胀之后,这种想法直到今天也没有被科学家们完全放弃。

1950年前后,伽莫夫(美籍俄国人)第一个建立了热大爆炸的观念。伽莫夫认为,宇宙开始于高温、高密度的原始物质。最初温度超过几十亿度,很快降至十亿度,那时的宇宙中充满的是辐射和基本粒子,随后温度持续下降,宇宙开始膨胀。当膨胀持续了几百万年时,温度冷却至4000度,物质逐渐凝聚成星云,再演化成今天的各种天体。这个创生宇宙的大爆炸,事实上应该理解为整个空间同时的急剧膨胀。20世纪60年代初,美国贝尔实验室的两位工程师彭齐亚斯和R.W.威尔逊为了改进卫星通信,建立了高灵敏度的接收通信天线系统。1964年,他们用它测量银晕气体射电强度时,发现总有消除不掉的背景噪声,他们认为,这些来自宇宙的波长为7.35厘米的微波噪声相当于3.5K的热辐射。1965年他们又将其修正为3K,并将"宇宙微波背景辐射"这一发现公布,为此获得了1978年的诺贝尔物理学奖。微波背景辐射的发现被认为是20世纪天文学的重大成就,目前的看法认为背景辐射起源于热宇宙的早期,这是对大爆炸宇宙学的强有力支持。20世纪30年代,哈勃在美国的威尔逊天文台测量其他星系相对于银河系的运动时,发现各个星系都在远离银河系,从而得出了哈勃定律。哈勃定律不仅证实了宇宙的膨胀,而且还提供了一种估计宇宙年龄的手段。

事实上,宇宙是有限还是无限实实在在是一个物理问题,有许多可实测的量,可惜的是人类掌握的技术至今还无法测定或判定它们,但有理由相信,我们在一步步向真理逼近。

2. 什么是生命?

地球,大约在四十六亿年前形成。过去二三十年间,对于地球上生命起源的说法,一直在变。生命出现于地球的方式现在有两种说法:第一种说法认为生物的形成发生于地球。过去的主流想法以"化学演化"来说明地球生命的起源。早期认为,地球生命开始于小分子、大分子到聚合物;从组成细胞、复制遗传基因至细胞分裂繁殖,生命就开始了。但此场景究竟发生在什么时候?产生了什么样的细胞?其实仍有很大的争论。Stanley Miller曾经模仿数十亿年前地球的大气环境,利用电极产生出类似氨基酸的物质。化学演化说在过去几年开始松动,大家不再那么信心满满。第二种说法认为地球上的生物来自外层空间,即所谓"泛种论"(Panspermia)。一位美国女科学家于1984年在南极冰层上捡到一块石头,在显微镜下看到类似细菌形态的化石结构,经分析确定它是来自火星的第12块被检验出来的具有微小生命体的陨石。这则新闻在当时引起热烈讨论,甚至有人提出"我们都是火星人"的说法。天文学家发现宇宙星系间普遍存在有机物质,可能是星球爆炸所散布的。地球的生命可能来自这种生物体或有机物质。其实在北极、在黄石公园以及一些可以把蛋煮熟的热泉里,竟然住着能进行光合作用的细菌,它们不只耐热还嗜热。此外,若向地下钻3000米,那里见不到阳光,得不到有机物滋养,却也住了很多细菌,它们吃、睡、繁殖都在那儿,是一群会利用自然界化学分子与氧化还原反应取得能量的细菌。还有些细菌,在琥珀里睡了两千万年后还能被叫醒。美国加州大学洛杉矶分校沈育培教授,她在中国东北的黑土下找到许多古莲子,用碳-14鉴定后发现,这些莲子是依照唐、宋、元、明、清的顺序躺在地下,其中最老的一颗,经鉴定距今已有1288年的历史。若用锉刀锉皮,让莲子吸水,再放入水里三天,它不但萌芽,还能长出新的莲苗来。所以说,不只是细菌的生命坚毅,其他生物的生命也很坚毅。如果在高压、高热、高酸等极恶劣环境下生命仍可以存活,那么,有什么理由认为,这些生命不可以在星际间旅行呢?有什么理由认为,它们不可以从一个星球散布到另外一个星球呢?无论地球生命的起源是来自于外层空间,还是发于地球,"生命如何开始"及"细胞的信息系统如何形成"这些问题仍旧一样。无论来自哪里,生命的发生必须要获得两个要素:具催化功能与复制功能的分子以及遗传密码系统。生物的成功

演化必须经过七个重要的门槛才能实现:

第一个门槛:催化与复制的分子

生命现象的反应速率如果太慢,就难以与热力学第二定律抗争,所以必须有酵素来提高反应速度,提高专异性(specificity)及准确性(preciseness),并且具备复制能力,使得这些生命的分子得以加速扩增与演化。地球的第一群“知识分子”是信息分子,包括核酸和蛋白质。核酸就像是计算机的软件,而蛋白质就像是计算机的硬件。核酸的信息能力强,蛋白质的催化能力强。

第二个门槛:遗传密码系统

遗传系统是一种程序系统。程序系统的优点是它可以重复使用,指挥同样的反应,而且准确性和调控性很高,此外,程序可以变异,变异可以储藏,传递到子代。但是程序的维持及执行必须有大量的能源供应。在这方面生物体消耗很多能量。在概念上,生命可以分成两个基本面:硬件和软件。硬件(蛋白质)执行化学催化作用,并且组成结构;软件(核酸)储藏与复制信息,并且指挥与控制硬件。核酸序列中储藏很多遗传程序,必须根据“遗传密码”翻译成氨基酸序列。像这样从一种信息形式翻译成完全不同形式的密码系统,很难想象如何会自然地发生。遗传密码系统的出现是演化上的一大谜题。

第三个门槛:细胞的形成

细胞的形成可以将活性物质与外界隔离,可以增加活性物质的有效浓度,还能减少外界的干扰。细胞成为遗传的基本个体。不过细胞的形成,也带来一些问题,就是如何选择性地与外界交换物质与信息。完全的隔绝是不可能的,隔绝与运输沟通之间的抉择必须要有妥善的安排。另外细胞的结构需要完整地复制,而且软硬件间的协调须一致。细胞中的信息包括:(1)染色体中外编码蛋白质序列的“遗传信息”——这些信息需要译码器转译才有意义。若 DNA 序列发生异常,则合成的蛋白质跟着发生变化就可能会失去功能。(2)DNA 和 RNA 序列中具有的“结构信息”——亦即不编码蛋白质序列,但是呈现三度空间结构的讯息。认识这些结构信息的通常是一些特殊的蛋白质。后者通过与特殊核酸序列结合,而达到调控及催化的功能。(3)蛋白质中的信息——蛋白质也是从 2D 的氨基酸序列折合成 3D 结构。它可借着携带物质、反馈反应、酵素作用、附着核酸、结构变化等方式与其他分子沟通,并经由讯号传导,从而与外界沟通。

第四个门槛:单细胞演变成多细胞

多细胞生物的演化必须要有沟通系统的建立。各个细胞透过沟通网络彼此才能够合作、分工、互利。从单细胞到多细胞的发展,有如从个人计算机到计算机网络的发展。多细胞生物需要解决的问题包括内部养料的补给、废物的排除、细胞间的协调、体温的调节及发育的调控等等。

第五个门槛:动物神经系统

神经系统使动物体内的信息相互迅速沟通,并对体外刺激的迅速反应。小脑管理躯体行动的自动协调,是一反应快速的自动化系统。大脑则主司信息的高级处理(整理、消化、储藏),是信息的储存、分析、决定和执行的部位。脑子的能力、容量及复杂性不停地增加,并且可以通过学习累积大量的经验。动物神经系统的发展导致“意识”的新议题。意识将信息演化带入一个新的境界。生物体的自我中心从肉体中的“我”转移到意识中的“我”。脑信息变成高等动物生存竞争中所全力保护的重点。

第六个门槛:共生与社会

同种或异种生物互相合作依赖,形成特殊的生命共同体,增加演化的竞争优势。根瘤菌与植物之间的共生,荧光细菌与深海动物之间的共生,就是无数例子中的两个。科学家相信,从基因证据来看,真核生物是细菌与古菌的基因融合体,它是某种古菌与细菌共生,异种结合的产物。真核细菌中的线粒体是很久以前被吞噬但是没有被消化掉的古细菌(百万年的消化不良)。这些古细菌渐渐失去独立生存的能力,并且担任制造能量的功能。直到最后,这种融合体就变成我们今天看到的真核细胞,细胞与线粒体都无法独立生存,必须互相依赖。演化学家 Lynn Margulis 说:“我们是一个共生行星上的共生生物。”

第七个门槛:体外信息储存系统(语言文字)

人类语言能力巨幅的提升,例如喉咙声带结构(咽喉下降)能发出更多声音(但是容易呛到)。大脑每秒钟可处理高达 25 个“音节”(速度超过眼睛)、复杂的声音及高等的句法系统。不同的符号以不同顺序连起来,代表的意义就不同(如“我打你”、“你打我”),这就是语言信息系统的出现。语言导致文字的发明,语言是最后一种自然发生并且世代相传的信息系统,接下来的文字记载系统都是人为的(脑的)体外产物。文字记载系统的发明,使体外信息得以无限地累积及流传(垂直与水平)。水平的流传造就并形成大规模的现代文明社会,从巫术、迷信到理性、知识及科学。集体智慧的形成使竞争能力不停地提高,也更凸显出个体教育(信息传递)的重要性。现代人的竞争优势绝大部分都依赖于这种后天信息的获取。

3. 人类的起源

到目前为止,学术界关于人类起源的见解并不统一。通过科学家上百年的研究和争论,目前大多数科学家认同的看法是:非洲大陆曾经发生过剧烈的地壳变动,形成了巨大的断裂谷。断裂谷南起坦桑尼亚,向北经过整个东非,一直到达巴勒斯坦和死海,长达 8000 千米。断裂谷两侧的生态环境因此发生了巨大的变化,当地的森林古猿也因此而逐渐分化成两支:仍旧生活在森林环境中的森林古猿,逐渐进化成现代的类人猿,即猩猩,根据分子学的研究表明猩猩属是在 1400 万年前从它们祖先那里分化出来的,它们与猴子最大的不同就是没有尾巴,能用手或脚拿东西。红猩猩、红毛猩猩与人类基因相似度达 96.4%,而黑猩猩与人类有 99.4%的基因一模一样,因此科学家认为黑猩猩与人类有最近的共同祖先,研究指出黑猩猩智商相当于人类 5 至 7 岁。黑猩猩体毛多,四肢修长且皆可握物,他们能以半直立的方式行走。黑猩猩能使用一些简单的工具来进行一些工作如会利用沾满口水的细枝粘蚂蚁,并利用两块石器敲开果实。生物学家还观察到雌黑猩猩会制作工具捕猎丛猴。黑猩猩跟人类一样有心情,如高兴、失望、恐惧、沮丧。人类和黑猩猩拥有共同祖先古猿，研究发现大约在700万年前，我们与黑猩猩步入了不同的演化过程。

具有共同祖先的两个种群

由于森林的不断减少，生活在断裂谷东部高地森林里的古猿，只能经常从树上下来到地面觅食。环境的改变和身体结构的变异，使得他们逐渐形成了利用下肢行走的习惯，于是在接下来的漫长时光里，他们获得了极其巨大的发展机会。在距今约200万年前，出现了一批直立行走并能够制造和使用工具的古代人类，他们就是人类学家口中的直立人。

总之，人类起源于森林古猿，并且大致是出现在距今400多万年前的时代。而通过对在非洲发现的早期人类化石的研究，我们发现人类很有可能起源于非洲。不止如此，科学家们将世界不同地区人群Y染色体上的基因以及线粒体基因与非洲地区人类基因进行比较，其结果也支持人类起源于非洲，并迁徙至地球的不同地区的说法。数百年来，随着新的人类化石的不断发现，有关人类起源的证据也不断增加。在对这些化石分析研究的过程中，人类从出现到发展为现代人的一个总的轮廓，逐渐清晰地展现在我们眼前。大致上，这一漫长的过程可以分为以下四个阶段。

基本阶段	距今年代	代表及化石产地	主要特征	文化发展
早期猿人	200万年前至175万年前	能人（坦桑尼亚的奥杜韦峡谷）	脑量637 ml，直立行走，拇指和其他四指可对握，但动作不精准	可将砾石打制成砍砸器，这种石器文化叫作奥杜韦文化。能人完全依赖自然界生活。
晚期猿人	175万年前至20～30万年前	元谋人（中国云南省元谋上那蚌村）；北京猿人（中国北京房山区周口店）；爪哇人（印度尼西亚西爪哇）	脑量1059 ml，能像现代人那样两足直立行走，手比较灵活，可以打磨多种石器。	能制造多种类型的石器，加工精致，石器文化有较大进步，能够用火，以几十人为一群生活，有一定的应对自然变化的能力。

续表

基本阶段	距今年代	代表及化石产地	主要特征	文化发展
早期智人	20 ~ 30万年前至5万年前	马坝人(中国广东曲江县马坝乡);尼安德特人(德国尼安德特山谷)	脑量1350 ml,接近现代人的脑量,体质上保留一些原始特征(嘴部前突,眉嵴发达等)。	能生产工具,能猎取大型猛兽,掌握了人工取火的技术,征服自然的能力进一步提高。
晚期智人	5万年前至1万年前	山顶洞人(中国北京房山区周口店);克罗马农人(法国克罗马农村)	脑量基本与现代人的相同,达到1400 ml,体态与现代人相似。	能制造复杂的石器、骨器和角器等工具,能制作精制的、别具风格的艺术品和装饰品,能缝制衣服,建造帐篷,能进行大规模的狩猎活动。可能开始过母系氏族社会生活。

从人类进化和发展的过程不难看出:直立行走使人的形态结构发生了变化;劳动改善了人类的生存空间;随着劳动水平的逐渐提高,脑结构和功能的分化日趋完善;语言的产生更给人类的发展带来了本质的变化。以上这些变化还不断提高了人类的文明程度,人类社会也逐渐发展起来。

知识加油站——人类起源的神话

归纳早期的各种神话,人类的起源可大致分为六种类型——“呼唤而出”、“原本存在”、“植物变人”、“动物变人”、“泥土造人”和“上帝造人”。

在埃及神话中,人类是由神呼唤而出的。古埃及人相信,全能的神“努”远在埃及出现之前就已经存在,正是他创造了世间万物。他呼唤“苏比”,世界就有了风;呼唤“泰富那”,雨就诞生了;呼唤“哈比”,尼罗河开始流过埃及。他不断呼唤,万物不断出现。到最后,他呼唤了男人和女人,于是转眼间,人类住满了埃及各地。在完成造物工作后,“努”将自己变成男人的外形,以第一任法老王的身份统治着埃及,也由此开创了一派和平富足的社会景象。

而流传于北美印第安人和新西兰毛利人的神话认为,人类原本存在着。在印第安人的神话中,人类原本生活在地下,在神创造天地之后,又由神带领着到大地上生活。在毛利人的神话中,“兰奇”和“巴巴”是一对恩爱的夫妻,是天和地,也是万物之源,因为天地没有分开,所以四处一直都是漆黑,为了得到光明,他们的儿子便用力地将天地推开,原本生活在混沌中的人类终于见到了光明,开始在这个新世界里繁衍后代。

人类是由植物所变则是出自日耳曼人的神话。相传某一天，在海边散步的时候，天神欧丁和其他神看到沙洲上长了两棵树，其中一棵看上去姿态雄伟，另一棵则姿态绰约，于是下令砍下这两棵树，分别造成男人和女人。他们生命是由欧丁赋予的，其他的神则分别赋予理智、语言、血液、肤色等，后来他们成为了日耳曼人的祖先。

动物变人的神话，常见的有美洲的山犬、海狸、猿猴等变人；澳洲的蜥蜴变人；希腊神话中某族人是天鹅变的，某族人是牛变的。我们可以从这种"动物变人"的神话中发现某些说法很接近进化论的学说，如美洲神话中人是猿猴变的，就跟进化论不谋而合。这种巧合，耐人寻味。

"泥土造人"的说法在神话中是最常见的，流传最广。北美洲西部的迈都族印第安人认为，为了做成男人和女人，大地开创者用暗红色泥土掺水；新西兰神话中，天神滴奇用自己的鲜血和红土制成了人；希腊神话说神从地球内部取出土与火，又派普罗米修斯和埃皮米修斯兄弟二神，分别创造出人类与动物，并且赋予人类智慧和各种个性。我国的女娲造人的故事在全世界各民族所有"泥土造人"的神话中最引人入胜。盘古开天辟地后，又过了很多很多年，女娲忽然出现了。在荒凉天地中，她感到非常寂寞，某天在河边，她看到了水中自己的倒影，心想要是世间能有几个可以跟自己说说话的，那该有多好，便顺手抓起一把泥土，和了水，照自己的样子捏出一个个泥偶，然后放在地上，被风一吹，便开始活蹦乱跳起来，女娲给他起名为"人"。女娲不停地造人，一个又一个，但进度有点缓慢，感到疲惫，心想如何快速地造出更多的人来填补这片辽阔的大地。她此时恰好背靠山崖，便直接摘下了藤条，放在泥浆里搅着，然后抽出藤条猛地一甩，洒落下许多泥点，这些泥点落在地上经风一吹，也都变成了人。她不停地挥动藤条，大地上的人也越来越多。

《圣经》的《创世记》中记载的是"上帝造人"的神话，上帝花了五天的时间去创造世界万物，到了第六天，他说："我们要照着我们的形象，按着我们的样式造人，使他们管理海里的鱼、空中的鸟、地上的牲畜和土地，和地上所爬的一切昆虫。"于是便用地上的尘土造出了一个人，将生气吹进他的鼻孔后，他就变成了活生生的男人，上帝给他取名为亚当。怕亚当寂寞，不久又取下亚当的一条肋骨，造成一个女人，亚当说："这是我骨中的骨，肉中的肉，可以称她为女人。"

由此我们不难发现，基本上，世界各个民族都创造过有关人类起源的神话，只是在内容上有所差异。这些神话虽然看上去十分荒谬，但其中却蕴含着十分丰富的文化密码。

知识加油站——人类区别其他动物十大特征

据《生命科学》杂志报道，人类无论从哪个角度来说都绝对称得上是最与众不同的动物,我们周围世界的面貌正是被人类所改变。但我们人类与其他动物相比,究竟有什么特别之处呢?答案恰恰是一些我们习以为常的东西。

非比寻常的人类大脑

1. 非比寻常的大脑

我们拥有的与众不同的大脑是把我们跟其他动物区分开来的一个最显著特征。人类的大脑并不是最大的,大脑最大的动物是抹香鲸。按占体重的比例来算,我们的大脑也算不上最大,人类的大脑重量仅占体重的2.5%,而很多鸟类的大脑重量占体重的8%还多。完全发育成熟后的人类大脑大约只有3磅(1.36公斤),但却能赋予我们只有人类才具有的敏捷的推理和思维能力。

2. 直立行走

人类的进化

人类区别于其他灵长类动物的独特特征,是直立行走。我们的手因为直立行走得以解放出来,可以用来使用工具。但同时不幸的是,直立行走之后人类的盆骨(促使两条腿移动的骨骼)变小,而婴儿的脑袋却不断变大,因此人类的分娩比其他动物更加困难,风险更大。在一个世纪之前,导致妇女死亡的一个主要原因就是分娩。虽然后背较低处的腰椎曲线有助于我们在站立和行走时保持身体平衡,但是也更容易使我们腰痛,或者饱受腰肌劳损的折磨。

3. 赤身裸体

虽然我们与体毛更多的猿相比,看起来更加裸露。然而令人吃惊的是,事实上人类每平方英寸皮肤上生长的毛囊跟其他灵长动物是一样多的,甚至更多,只是人类的毛发往往会呈现更细、更短,而且颜色更浅的特征。

4. 手

大部分的灵长类都跟人类一样,大拇指的弯曲方向与四指是相对的,这与非常流行的错误观点正好相反。跟其他类人猿不同的是,我们的大脚趾是没办法跟其他四根脚趾弯曲方向相反的。人类的独一无二之处,就在于我们的大拇指可以伸向我们的无名指和小指方向。我们的无名指和小指又能弯向拇指的根部。所以人类能够握紧拳头，灵活使用各种工具。

5. 语言

人类的喉头比起黑猩猩更靠近咽喉的下方，这是人类可以说话的几个特征之一。在大约35万年前，人类祖先遗传的喉结开始进化。人类的舌骨是马蹄铁形状的，位于舌头下面，特别的是，它跟身体其他部位的骨骼没有任何连接，我们正是因为有这个特殊的骨骼才能够非常清晰地发出声音。

6. 衣服

即使我们人类可能被称为“裸体猿”，但我们大部分都穿着衣服，这是我们不同于其他动物的一大特点。我们会为了制作衣服去捕捉其他动物，衣服的演变甚至影响了其他生物的进化，跟其他虱子不同，体虱(body louse)生活在衣服里而并非生活在毛发里。

7. 火

人类学会控制火后，火光使得黑夜变得像白天一样明亮，即使是在非常黑的地方我们的祖先也能看清眼前的东西，喜欢夜间活动的食肉动物在火光的照映下不敢靠近他们。温暖的火在寒冷的天气里为人类驱散寒意，为人类能够在更寒冷的环境生活创造了条件。不仅如此，有了火人类便开始制作和食用熟食，在一些研究人员看来，这对人类的进化产生了重要影响，人类的牙齿和内脏变小可能就是因为做熟的食物更容易咀嚼和消化。

8. 脸红

达尔文把“脸红”称作“最独特和最具人类特征的表情”，因为人类是唯一一种会“脸红”的动物。在我们不知不觉间，脸红往往会暴露我们内心深处的情感，目前仍不清楚人类为什么会脸红。最普遍的观点认为，脸红使人类倾向于保持诚实可信，从而促使群体更团结。

9. 很长的童年

人类后代需要父母照顾的时间，比其他现有灵长类动物需要的时间长很多。很多动物通过进化而生长更快，以便生育更多后代，然而人类发育为什么需要那么长时间呢？合理的解释可能是，我们拥有更大的大脑，脑容量更大，可能就需要更多时间生长和学习。

10. 不再生育后的生命

大部分动物在死之前都会繁育后代，但是人类女性在停止生育后，仍能存活很长时间。这可能跟我们在人类群体中看到的社会联系有关——在一个大家庭里，祖父母在停止生育子女很长时间后，仍能帮家族做事，确保整个家族兴旺发达。

话题2：古文明的科学技术

1. 古埃及文明

古埃及人除了以建筑金字塔、狮身人面像及制造木乃伊而闻名天下外，还发明了许多对后世影响深远的东西，你知道吗？很多我们今天使用的物品和使用这些物品的习惯最早都起源于埃及。这些物品包括牙刷、牙膏、锁和钥匙、化妆品、梳子、除臭剂以及剪刀等等。

埃及位于非洲东北角，东有阿拉伯沙漠、西有撒哈拉沙漠、北有地中海，尼罗河由南向北流贯埃及，宛如一条绿色生命线置于沙漠中。古埃及的可耕地就分布在尼罗河两岸及尼罗河三角洲。古代的埃及人在6000多年前（公元前4000）到5500多年前（公元前3500）之间就分别在上埃及（尼罗河河谷）与下埃及（尼罗河三角洲）建立相当有规模的聚落。由于自然环境不同，上、下埃及发展出不同的文化与信仰。大约在公元前3100年，工艺水平较高的上埃及在国王美尼斯带领下统一了下埃及，建立埃及第一王朝，并且在位于上、下埃及交界的孟菲斯建立国都。统一后的埃及开始有文字记录历史，美尼斯建立的王朝视为第一王朝。从此时开始算起，直到公元前332年埃及被马其顿王亚历山大征服为止，总共经历31个王朝。

孕育于尼罗河边的埃及文明，被称为“尼罗河的赠礼”，随着尼罗河每年周而复始的自然变化与人民定期的迁移，造就出古埃及人再生复活与生命永恒的信念。木乃伊的制作、亡者之书的撰写、彩绘图案的幻化、多神崇拜的信仰、象形文字的书体与塑像雕刻的古拙形象，皆诉说着古代埃及人物质与精神世界的融合、今生与来世的延续思维，古埃及文化，虽然随着王国统治时代的告终而逐渐走入历史，然而却浸润于古希腊与古罗马文化，成为西方文化发展的渊源之一。虽然技术、医学和科学都是后来才出现的词汇，但是尼罗河儿女早已了解其中深意，就连欧洲文明的发源地——古希腊也曾从古埃及文明当中汲取过养分。专家一致认为古埃及文明是第一个在多个领域都达到很高造诣的文明。古埃及人最感兴趣的是那些与生活密切相关的领域——天文学、医学及数学。

5000多年前，古埃及的天文学家发现，这颗恒星在每年夏季都会消失70天，而在其再次重现的同时，尼罗河水位都会迅速上升。因此天文学家将天狼星再次现身的这一天作为新历法中一年的第一天，并将新历法称为“民用历法”。民用历法一年有12个月，每个月30天，另有额外的5天在年末，分别对应5位神的生辰。每个月有3周，每周10天，每天24小时。这部历法在当时可谓完美无缺，目前被普遍视为公历的起源。

你甚至可以在珍藏古埃及文物的大英博物馆的玻璃柜里发现一个人造的脚趾，这是用来安装在残疾人身上的矫形器，距今已有2000多年，它和其他藏品一起向全世界展现了古埃及灿烂的医学文明。埃德温·史密斯纸草文稿是古埃及医生留下的专业著作中最著名的了。1862 年在埃及的卢克索,考古学家埃德温·史密斯从一名古董商手中买到了这份纸草文稿,后于 1920 年翻译成英文。文稿对例如颅内损伤、骨折、脱臼等 48 种常见意外创伤(其中包括战争创伤)及其处理方法进行了详细的阐述。作者无从考证,他有条有理地以科学的视角对这些意外创伤进行了介绍和分析。在埃德温·史密斯纸草文稿中,作者按需要治疗的病痛、需要控制的病痛、无需或无法治疗的病痛将疾病分为三种。专业性如此之高,令当代人也为之啧啧称奇。例如,作者建议,对于头部和脊椎创伤,应保持受伤部位静止不动,作者甚至还掌握了头盖骨缝合术。这是人类历史上第一部涉及大脑,详细介绍大脑解剖的科学著作。

古埃及人早在公元前 3300 年就掌握了复杂的算术。书记员,作为负责治理国家的政府工作人员之一,必须解决很多例如不同工作所需的具体人数、修建房屋所需的砖块数量、分配给各个群体的食物数量等复杂的实用数学问题。只有进行数学计算才能解决这些实际生活中的问题。于是古埃及人创造了一种用来计算较大的数字的十进制算法,还创造了能够表示从 1 到 1 万的数字的象形符号。古埃及人对于加减法运算已经能够熟练掌握了,但是还只能进行比较粗浅的乘除法运算。不过他们已经知道怎么使用分母,也能解一些比较简单的方程。成书于公元前 1650 年左右的莱因德纸草文稿中涉及了许多古埃及数学发展,后来被分为三部分,其中一部分藏在布鲁克林博物馆,另外两部分藏在大英博物馆。这份纸草文稿高度反映了古埃及数学文明,其中内容涉及甚广,例如三角学的基础理论,并且从这部著作我们可以看出古埃及人已经对未知数有了概念。作者是古埃及的一位书记员,名叫阿梅斯,他将数学知识融入到日常生活当中,解释数学原理时经常用面包和啤酒等作为实例。莱因德纸草文稿中还有些趣味数学问题。例如,有 7 个房间,每个房间里有 7 只猫,每只猫能抓 7 只老鼠,每只老鼠能吃 7 根麦穗,每根麦穗产 7 粒粮食,问能有多少粒粮食?答案是 16 807 粒。

金字塔的建造是最能充分体现古埃及人对几何学的纯熟运用的。1893 年由俄国贵族戈列尼雪夫在埃及购得的莫斯科纸草文稿(莫斯科纸草书又叫戈列尼雪夫纸草书,现藏莫斯科普希金精细艺术博物馆),当中就提出如何计算一个底面为四边形的截锥体的体积的问题。除此之外,古埃及人对于等边三角形的特性也很清楚。依靠结绳计数的古埃及人发现,将 3 根特定长度的绳子拼成一个三角形,就是一个正三角形。或许古希腊数学家毕达哥拉斯发现勾股定理,就是从古埃及的几何学当中获得的灵感吧。

知识加油站——埃及蓝

埃及蓝,据悉是人类最早使用的人工颜料,成分是硅酸钙铜。一说这种美丽的颜料最早可追溯至 5000 年前,第一王朝末代法老 Ka-Sen 统治时期的墓室壁画。另外也有人认为使用埃及蓝的最早证据是第四王朝,大约是距今 4500 年。不论何者,都非常久远。到了新王国,埃及蓝是大量用于绘画的颜料,雕像、墓室壁画、石棺上都可以找到。

此外，埃及蓝也被用来制造一种埃及彩陶的釉料。在古埃及的信仰中，蓝色是天空的颜色，所以也是宇宙的颜色，同时也和水、尼罗河连接。因此，蓝色是生命、生殖力以及重生的颜色。埃及蓝非常广泛地被使用，在地中海其他地区都可以找到，例如雅典万神殿的雕像、庞贝古城的壁画。

尽管埃及蓝的使用地域很广，它的配方却在罗马时期结束之后失传。在庞贝古城的发掘现场发现许多壁画使用埃及蓝，这促使科学家研究这种颜料的确切成分，终于在19世纪重新找到制作方法。有人认为埃及蓝由丝路辗转传入中国，再经过一番调整，变为西周至汉代使用的一种颜料，称为中国紫/中国蓝（两者成分相同，但原料比例与制作过程稍微不一样）。不过，目前证据不足以确定此技术源自埃及。

在对埃及蓝的实验过程中还发现它有一种非比寻常的特质，以红光照射时会散发出红外线，完全出乎意料，科学家还发现埃及蓝在温水中搅拌数日之后会分裂为纳米层，厚度只有人类毛发的千分之一。埃及蓝的这些独特性质使科学家相信它在当代科技中也能有很好的发展，例如开发新型安全墨水作为医学领域的染色剂等。

知识加油站——古埃及文化中的来世观

说到古埃及文明最重要的象征，毫无疑问当推木乃伊和金字塔，而这两者都和古埃及人对来生的观点有密切的关系。事实上，“死后的生命”在古埃及文明留下来的所有记录中，都是重要的主题。

古埃及人对来世生命的信仰和相关的墓葬习俗由来已久，时间大约可以追溯到公元前5300多年。考古学家在埃及南部阿拜多斯附近发现了7000多年前的古代城市遗址，其中就包含了15个大型墓葬。在古王国时期，其神话结构和礼仪逐步发展完备，一直到基督教进入埃及都没有发生什么根本性的变化。

古埃及陵墓装饰中的壁画

古埃及人相信，死亡仅仅只是生命的中断，并不是生命的终结。人死后并不意味着消失，而是会成为比今生更为美好的永恒生命，至少对于那些精英分子而言是如此。

在古埃及人看来，人有两个灵体。在人出生的同时，“卡”也形成了。人死后，“卡”

便前往另一个世界去,留下"拔"和肉身在人世间。人死的时候,"拔"会离开肉身,因此人就不能言语、不能行动。等到肉身下葬后,白天"拔"会离开墓穴,晚上回来进入肉体中,肉体就起来享用陪葬的食物。如果"拔"饿死了,或者肉身腐坏了,"卡"在另一个世界也不能活下去,因此陪葬品和肉身的保存非常重要。人得到永生之后,"卡","拔"还有肉身就结合成一个不朽的生命形式,被称为"阿卡"。

古埃及神话中的太阳神

古埃及人认为,一个人只有在世的时候行为合乎"玛特"(公理、秩序之意)的规范,死后才能得到永生。狼头人身的木乃伊之神阿纽比斯会将死者的亡灵带到玛特女神之前,天平的一边放着死者的心脏(古埃及人认为思想、意识在心脏进行),另一边是象征"玛特"的羽毛。一旦心脏太重而下沉,就说明死者生前作恶多端,等在一旁的怪兽阿穆特(头是鳄鱼,上半身是狮子,下半身是河马)就会一口把那个心脏吃掉,死者从此不得超生。为求获得宽恕,小的罪过则必须一一忏悔。鹭鸶或狒狒化身的智能之神托特会记录审判的结果。通过这个审判后,在鹰头人身的荷鲁斯或阿纽比斯引导下,死者的亡灵前往朝拜复活之神欧西里斯,由欧西里斯赐予永生,成为"阿卡"。有人推测,阿纽比斯信仰很可能是由王朝前时期(公元前3100年以前)的胡狼崇拜发展而来。而胡狼崇拜或许是因为人们经常在坟地看到胡狼将尸体拖出,希望藉由膜拜胡狼使其成为坟地的守护神。阿纽比斯不但充当亡者尸体保护者的身份,同时也发挥着引导亡者前往朝拜欧西里斯的作用。阿纽比斯有时以狼头人身的形象出现,有时直接以胡狼的形象出现。

古埃及神话中的冥王

奥西里斯发展成为全国性的掌管复活之神是在古王国时期第六王朝(前2345–前2181)的时候。传说中奥西里斯是太阳神拉的后裔,继承了拉的统治地位。他的哥哥赛特因此十分不满,设计将奥西里斯困在箱子里闷死,之后又扔进河里。奥西里斯的妻子艾西丝(同时也是他的妹妹)用自己的法术准备将他复活,却不料被赛特发现了,赛特将奥西里斯的身体剁成了碎块,分散到埃及的各个地方。艾西丝在她的姊妹奈芙缇丝(赛特的妻子)的帮助下,将尸块一一找回,拼凑成一个较为完整的身体(其中有一块被鱼吃掉了),由狼神阿纽比斯包扎成埃及第一个木乃伊。奥西里斯死后成为主宰冥府的神祇,掌握使人复活的大权。

艾西丝,借着奥西里斯的遗体,神秘地受孕,生下了鹰神荷鲁斯。为了躲避塞特,艾西丝和奈芙缇丝藏在三角洲的沼泽中,在那里抚养荷鲁斯长大。因为有艾西丝的法力庇护,荷鲁斯自小就有抵御蛇蝎猛兽的本领。在古埃及神话中,死者亡灵必须仰赖艾西丝、奈芙缇丝和荷鲁斯的保护,才能避免在前往朝拜奥西里斯的半路上将会面对的各种妖魔猛兽的侵袭。

事实上，荷鲁斯神话出现的时间在奥西里斯之前，自古代时期就代表正义之神，与代表动乱的塞特对抗。同时，荷鲁斯也是法老王的守护神。只是后来奥西里斯传说广泛流传，荷鲁斯才在神话中变成了奥西里斯的儿子。

古埃及文化中极为重要的丧葬文化和上述神话息息相关。古埃及人对于尸体的保存和丧葬的礼仪有一套非常讲究的程序，以求达到永生的目的。

知识加油站——木乃伊

每个生命都是由“卡”、“拔”和肉体三部分组成，当这三者在另一个世界再度结合在一起的时候，死者就复活而得到永生。

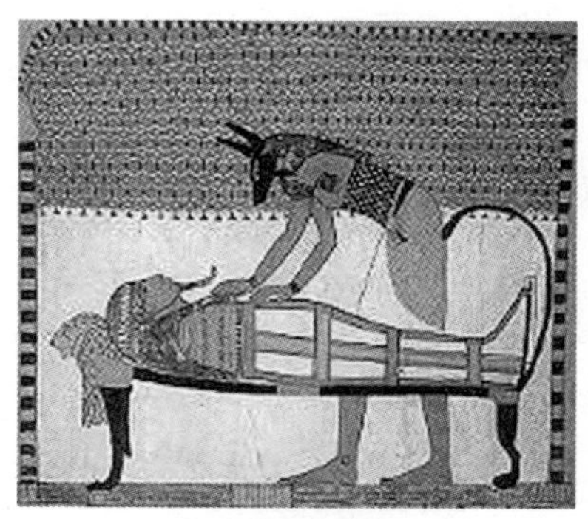

古埃及木乃伊

木乃伊制作技术经过不断的改进，在古埃及新王国时期发展至成熟。最高级的做法大致是这样的，首先将脑子用金属钩子从鼻腔取出，再将松香油灌入脑腔中。接着用黑曜石或燧石刀片切开腹部，从中取出肺、肝、胃、肠等内脏，心脏则通常留在体内，但有时也取出处理，以棕榈酒洗净体腔，填入亚麻布、磨碎的香料和碳酸钠粉末。最后，用碳酸钠粉末覆盖全身。取出的内脏同样以碳酸钠粉末干燥处理。整个程序大约要进行40天左右。因为内脏比身体更先腐败，需要特别处理，所以从中王国时期初起，开始把肝、肺、胃、肠经干燥处理后分别放在四个罐子里面。同时罐子上分别标记着受到荷鲁斯的四个儿子保护。到新王国时期第十九朝代，四个罐子的罐盖造型变成了代表荷鲁斯四个儿子的人头、狒狒头、鹰头还有狼头。

古埃及卡诺皮克罐

大约在公元前一千多年前开始，在木乃伊外面会用一层外壳保护，然后再放进棺木中。用亚麻布或莎草纸涂上胶泥制成木乃伊外壳，外壳背后开口，放入木乃伊后再缝合，脚底还有木制的底板。这些木乃伊外壳表面都有宗教故事的彩绘，有些会贴上金箔。

在身体干燥完成后，体内的填充材料会被取出（最后要一起下葬），然后再在体腔内涂上松脂，填入木屑和干净的亚麻布。如果事先取出心脏，此时需要重新放入胸腔。身体表面还要涂上松脂，缠裹上亚麻布。在身体某些部位通常还会放上护身符。从中王国时期开始，为了避免“拔”回来认错了人，会为木乃伊放上面具（亚麻布或莎草纸为胎，涂上灰泥，再彩绘）。这一阶段大约需要30天。

知识加油站——荷鲁斯之眼

荷鲁斯之眼是一个自古埃及时代便流传至今的符号,也是古埃及文化中最令人印象深刻的符号之一。

鹰头神荷鲁斯的左眼

荷鲁斯,Horus,隼神,天空的贵族和神权的象征。他的名字可翻译作“高”或者“远”、“离开”。埃及的国王使自己与Horus有关联,宣布自己是荷鲁斯在大地上的化身。荷鲁斯是古代埃及主要的神话人物,不但是光明和天堂的象征,最早还是一位生育万物的大神,每天运行于尼罗河上巡视他的子民。太阳和月亮是他的两目,他的泪水生成大地上的人类。

荷鲁斯之眼是能察知世间万物的神圣之眼,代表着神明的庇佑与至高无上的权力,这与苏美尔卡巴拉生命之树旁边的鹰头神手持松果的意义类似,只是将松果换成了荷鲁斯之眼。古埃及人也相信荷鲁斯之眼能在重生复活时发生作用,例如在埃及第十八王朝的法老图唐卡门的木乃伊上也绘有荷鲁斯之眼。而埃及正是以金字塔闻名,有人认为美国国玺金字塔图案顶部的全视之眼的概念来源于古埃及的荷鲁斯之眼。

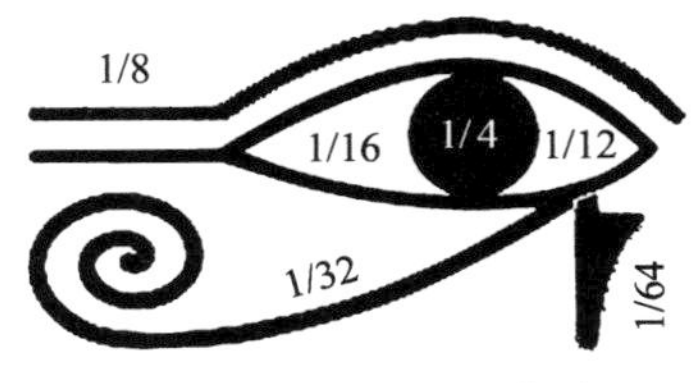

荷鲁斯之眼各部分代表的分数含义

古埃及人也用荷鲁斯之眼来计数。古埃及人将荷鲁斯之眼拆解为6个部分,每个部分各代表着一个分数,构成一个等比级数,相加起来便是一个荷鲁斯之眼,代表着1。

知识加油站——松果体:谜一样的器官

众所周知,自然界有许许多多未解的谜团,然而,我们人体本身的谜也多如繁星,松果体便是其中一颗有趣的星星。松果体是人体大脑中的一个器官,位于两眉中心向后方的沿线上。从生理解剖学的角度上看,松果体的定位是一个已经退化了的、作用不明的器官。但在许多低等脊椎动物中,松果体却大有用处,它位于皮肤表层,既做光接受器,也是可以分泌褪黑素(melatonin)的内分泌器官。松果体分泌的褪黑素由氨基酸组成,黑暗诱导产生,光亮则抑制产生,所以它能调节机体的昼夜规律。

近几年,通过实验和研究,科学家们开始认识到,其实哺乳动物的松果体也具有感光功能。传统学说上认为,视网膜的杆状和锥状感光受体接受了所有的光信号,然后通过视神经传达给下丘脑。而松果体在光亮中抑制褪黑素的产生也依赖于这一途径。但问题是,松果体是密闭在脑中的器官,它很难直接感光。即使假设松果体能感光,但由于视网膜的杆状和锥状感光受体的存在,也很难在整体动物的水平上得到实际的证明。1999年4月,陆卡斯(Lucas)等人在权威性杂志《科学》上发表了一篇科学论文,描述了他们用视网膜感光受体基因缺失的小鼠所做的一些实验,证明了上述的假设。因为在实验中,无论是锥状感光受体基因缺失的小鼠,还是杆状和锥状感光受体基因双缺失的小鼠,它们的松果体在光亮中抑制褪黑素产生的功能丝毫不受影响。由此可见,视网膜感光受体基因缺失的小鼠感光能力依旧正常就是因为松果体的感光性。更令人惊奇的是,其中一种不仅视网膜感光受体基因缺失,还有感光信号传递系统缺陷的小鼠,其松果体受光刺激抑制产生褪黑素的功能仍然不受影响。

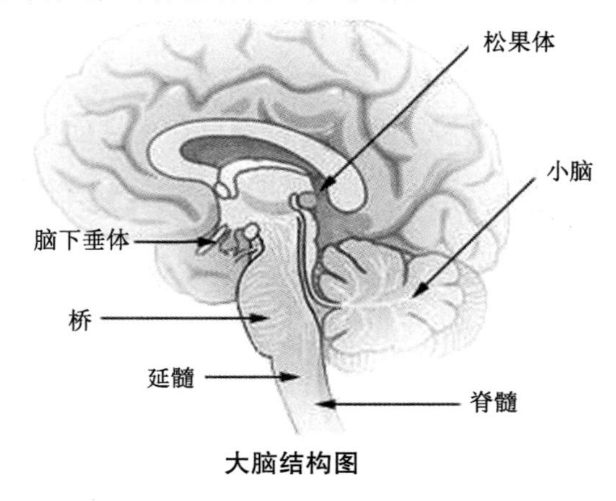

大脑结构图

然而,视觉的经典途径在既没有视网膜感光受体,又没有感光信号传递系统的情况下,是不可能实现的。虽然陆卡斯等人无法解释松果体在密闭的大脑中是如何感光的,但他们因此提出了“非经典感光受体”存在的假说。假说内容是指,视网膜上可能存在非杆状、非锥状的感光受体(非经典感光受体),可以传递“非图像性,非视力性”的光信号,但这篇论文的作者陆卡斯和弗斯特(Foster)后来也对这一证据并不充分的假说提出了疑问,声称有待近一步探讨。但与其恰恰相反的是,有大量的证据表明,松果体可能是直接感光器官。科学家已经认识到,松果体与视网膜非常类似,它的感光是有组织结构基础的,很多只在眼中表达的基因也在松果体表达,所以松果体甚至可以被叫做是“折叠的视网膜”。不仅如此,松果体还有完整的感光信号传递系统,这就意味着,只要有光传导通路,松果体就可以直接感光。但是这样一来,解开“光传导通路之谜”就更显得尤为重要。哺乳动物的松果体可能有一条不为人知的传递光信号的隐秘通路。但如果松果体真的可以感光,那么它在动物体中能派上什么用场呢?这个问题目前在科学界没有答案。

据美国《自然》杂志网站报导,由于没有完整的眼睛结构,科学家一直认为穴居盲鱼不能视物。但在一个偶然的情况下,美国马里兰大学的研究员邱原正辉(Masato Yoshizawa)却发现事实并非如此。有一种并不盲的穴居盲鱼能够利用大脑内部的松果体,来“看”外面的世界,它们的学名为墨西哥丽脂鲤(Astyanaxmexicanus),也被称为墨西哥盲鱼或无眼鱼,鱼体呈长形,尾鳍呈分叉形,头较短,略凹,体长大约八厘米,一般生活在墨西哥一些地下山洞中。有一天,邱原正辉在清理实验室里的墨西哥盲鱼鱼缸时,他发现当他移动吸管时，盲鱼的幼鱼就会产生寻找暗处躲藏的反应，然后朝吸管的影子游去。这是一种居住在光源充足地方的鱼特有的自我保护机制，万万没想到的是，墨西哥盲鱼居然也会有这种反应。邱原正辉说："墨西哥盲鱼已经在绝对黑暗的地方生存了近一百万年了。它们居然会有感光反应，对此我们感到十分吃惊。"

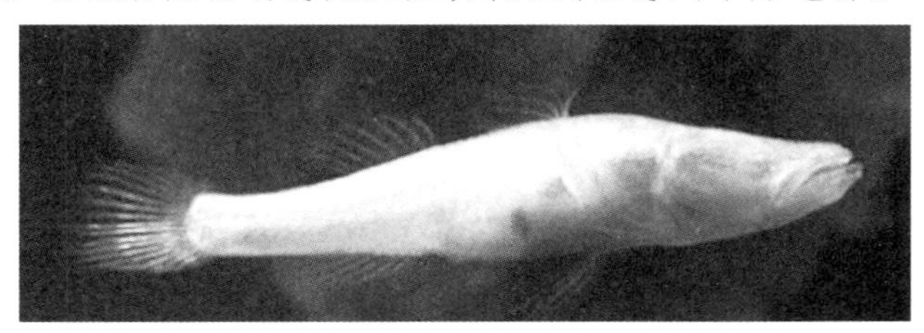

墨西哥盲鱼

这些盲鱼到底是如何视物的呢？其实墨西哥盲鱼的幼鱼虽然拥有非常简单且容易退化的眼部组织，但这些组织却没有任何的感光色素。而且当科学家把这些组织切除后，墨西哥盲鱼的幼鱼却仍然对光有反应。经过一系列的实验，研究人员发现，当松果体切除后，盲鱼不再对光有反应。原来，盲鱼利用的正是它们的松果体。松果体常被人称为"第三只眼"，就是因为它充满视网膜色素。英国的视觉色素专家吉姆·波马克表示："现今涌现许许多多的证据都表明，一些动物的松果体能够就是它们的第三只眼睛，而这项研究直接证实了这一点。"

但令人疑惑的是，盲鱼在黑暗中已经生活了百万年，既然连眼睛都不需要了，为什么还有松果体呢？所以松果体的功能究竟能起什么作用呢？这是个令科学家们都感到头疼的问题。一些学者甚至给松果体披上了神秘的色彩，他们猜想，松果体可能就是人类传说中的"第三眼"，可以透过静心、冥想、练气功、打坐等等，由体内的能量激发它，从而捕捉到人类肉眼所看不见的光。

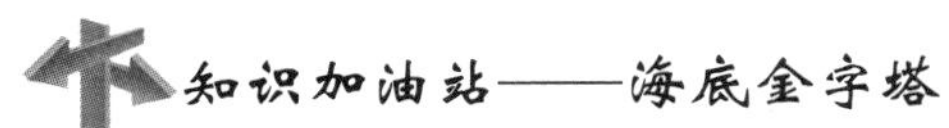

知识加油站——海底金字塔

百慕大海底金字塔

百慕大三角区海底金字塔

前几年,美、法等国一些科学家在大西洋中的百慕大三角区进行探测时,他们惊讶地发现:在那波涛汹涌的海水中,竟耸立着一座无人知晓的海底金字塔!这塔底边长300米,高200米,塔尖离海面仅100米。论规模,它比大陆上的古埃及金字塔更为壮观。塔上有两个巨洞,海水以惊人的高速从这两个巨洞中流过,从而卷起狂澜,形成巨大旋涡,使这一带水域的浪潮汹涌澎湃,海面雾气腾腾。

葡萄牙海底金字塔

在距离葡萄牙首都里斯本以西、大约1500公里的海底,渔夫在大西洋的亚速群岛海底发现有座巨大的海底金字塔。一名渔夫以声呐探测法,在特塞拉岛和萨欧米格岛之间发现了这座高度有60米、宽达8000米的海底金字塔。它位于海面下40米,四面棱线刚好朝向正东、正西、正南与正北,和埃及吉萨的大金字塔类似。发现者认为这绝对不是自然形成的。目前葡国海军也展开勘探,做进一步的研究。

2. 两河流域

两河文明,是人类历史上最古老的文明之一。古希腊人把两河流域叫作"美索不达米亚",意思是"两河之间的地方"。美索不达米亚又分两个部分,南边叫巴比伦尼亚,北边叫亚述。就今天来说,两河流域相当于今天的伊拉克一带。

两河文明时代最早的居民是苏美尔人,他们在公元前4000年以前就来到了这里,两河流域的最初文明就是他们建立的。后来的阿卡德人、巴比伦人、亚述人以及迦勒底人,继承和发展了苏美尔人的成就,使两河文明成为人类文明史上重要的一页。其中巴比伦人的成就最大,因此,两河文明又被称为巴比伦文明。

古代两河流域文明向世人展示了其无尽的辉煌,据考察,《圣经》中描述的天堂伊甸园就位于两河流域的城市乌尔。美国史学家克雷默尔在其专著《历史开始于苏美尔》一书中列举了古代两河流域文明在人类史上创造的39项第一。在这片土地上,两河流域人创造出历史上第一个农业村落、第一座城市、最早的文字、最早的教育,发明出最早的历法、车、船,最早学会制作面包和酿造啤酒、吟唱最早的情歌等等。

早在公元前5000年,苏美尔人就创造了象形文字。阿卡德人对它加以继承和改造后,成为目前已知的世界上最古老文字——楔形文字。这种文字用芦苇秆和动物骨头在软泥上刻画,落笔时力度大速度缓,印痕宽而深;提笔时力量小速度快,印痕窄而浅,好像木楔子,所以称为"楔形文字"。古巴比伦人、亚述人和波斯人都曾经把它们作为自己的文字。苏美尔人还把他们的《吉尔伽美什史诗》刻在泥板上,成为至今仍脍炙人口的最古老的史诗。史诗主要讲述了乌鲁克国王吉尔伽美什一生许许多多的传奇故事。

大约公元前2006年,古巴比伦王国建立。古巴比伦人在苏美尔人的基础上,创造了更加绚丽的文明。在法国巴黎的卢浮宫里,我们可以看到世界上迄今为止最早和保存最完整的成文法典——《汉谟拉比法典》。该法典全文共3500行,内容涉及盗窃动产和奴隶,对不动产的占有、继承、转让、租赁、抵押,涉及经商、借贷、婚姻、家庭等方面,法典对研究古巴比伦王国具有极高的学术价值。最令人神往的莫过于巴比伦的空中花园。空中花园,阿拉伯语称其为“悬挂的天堂”。相传尼布甲尼撒国王为了治愈爱妻的思乡病,特地建造了这座超豪华的“天堂”献给她作为礼物。果然,爱妻思念家乡的愁容一扫而光,白皙的脸上顿时露出了欢快的笑容。空中花园为立体结构,共7层,高25米。基层由石块铺成,每层用石柱支撑。层层都有奇花异草,蝴蝶在上面翩翩起舞。园中有小溪流淌,溪水缘自幼发拉底河。空中花园被誉为古代世界七大奇迹之一。

考古学家在19世纪上半叶于美索不达米亚挖掘出大约50万块刻有楔形文字、跨越巴比伦历史许多时期的泥板书。其中有近400块被鉴定为载有数字表和一批数学问题的纯数学书板,现在关于巴比伦的数学知识就源于分析这些原始文献。

算术:古代时候,具有高度计算技巧的计算家大都是巴比伦人,他们的计算程序是借助乘法表、倒数表、平方表、立方表等数表来实现的。但更值得我们注意的是,巴比伦人书写数字的方法,十分先进,他们引入了以60为基底的位值制,也就是60进制,而希腊人和欧洲人在16世纪也还是将这套计数系统运用于数学计算和天文学计算中,就算是今时今日,在角度和时间等记录上60进制仍被应用。

代数:在出土的许多泥板书中载有一次和二次方程的问题,可以看出,巴比伦人有丰富的代数知识,他们解二次方程的过程与今天的配方法、公式法一致。不仅如此,他们还讨论了某些三次方程和含多个未知量的线性方程组问题。在公元前1900~前1600年间,普林顿322号泥板上记录了一个数表,经研究发现其中有两组数分别是边长为整数的直角三角形斜边边长和一个直角边边长,由此推出另一个直角边边长,亦即得出不定方程 $x^2+y^2=z^2$ 的整数解。

几何:巴比伦几何学的主要特征在于它的代数性质。例如,涉及平行于直角三角形一条边的横截线问题出现了二次方程;讨论棱椎的截体体积时就引出了三次方程。巴比伦的几何学与实际测量更是有密切的联系。他们既有相似三角形之对应边成比例的知识,也会计算简单平面图形的面积和简单立体物体的体积。

古巴比伦的数学成就在早期文明中达到了极高的水平,但积累的知识仅仅是观察和经验的结果,还缺乏理论上的依据。

古代两河流域留下的泥板中,有一块刻着那时的尼普尔城的地图,还有一块则是他们在公元前700年左右所绘制的世界地图,虽然这幅地图与实际情况相去甚远,但它们仍反映了那时的人们已经具备了一些地理学方面的知识。另有一块约公元前17世纪的泥板记载了一种制造铜铅釉药的方法,被认为是世界上最早的化学文献,而在公元前2200年时,美索不达米亚人就已经会制造玻璃了。

知识加油站——伊甸园是否真的存在

《圣经·创世记》中记述:“有河从伊甸流出滋润那园子,从那里分为四道。”这四条支流分别是幼发拉底河、底格里斯河、基训河,还有一条“比逊河,那里有金子,又有珍珠和红玛瑙”。根据这些线索,一些学者开始探寻伊甸园,被古希腊人称为“美索不达米亚”的两河流域,是人类早期文明的发祥地。古时,幼发拉底河和底格里斯河浩浩荡荡,从西北蜿蜒到东南,沿途浇灌着沃野良田,撒播着丰收和希望,是最早宜于人类生息的地方。《圣经》中所说的四条河如今只剩下两条,比逊河和基训河在何处,长期以来人们一直无法确定。

知识加油站——大洪水的传说

人们都知道圣经旧约全书中关于大洪水的描述。长时间以来人们一直认为这不过是一个神话传说,而且可能是成书于公元前850—前500年的创作,然而19—20世纪的考古发现推翻了人们的思想。莱亚德于19世纪中期发掘亚述图书馆时发现了大量的泥板楔形文字。了解了史诗中对大洪水的描述,发现许多细节,如大雨的天数,鸽子带回橄榄叶等均与圣经中的描述一致。这证明圣经中洪水描述还有更早的来源。后来又发现在距今3700年前的泥板中,也有大洪水的记载。两河流域最早的王国“苏美尔王表”也记载埃利都为洪水所灭,洪水之后苏美尔各邦重新立国。这就是说,不仅大洪水的传说早于圣经的记载,而且可能确有其事。

知识加油站——一个流传六千年的故事

考古人员在巴比伦遗址上发掘出的大量的用泥板做的“史书”上,不仅记载了当时社会的风俗人情,也留下了永恒的财富法则。这些以芦苇秆为笔而记录的楔形文字,穿越6000多年的荣辱沧桑,带着时间的风尘仆仆,也带着帝国的荣耀、财富和神秘,展现在世人的眼前。

世间万物,瞬息万变,就像人类遵循的“生老病死”一样,不停地进行代谢更替,但有些财富理念和普世价值,却能历久弥新,亘古不变。在信息爆炸的时代,什么都无法长久地保持新鲜。大多数的人都想追求财富,而财富的境界也一定和这个人能够善于吸收、改变、理解观念所息息相关。如果追求财富的人们能够按照流传了6000多年的财富理念,为人处世,想必一定会达到意想不到的财富境界。在考古人员挖掘出的几块泥板中,就记载了关于一个人如何摆脱奴隶身份,凭借自身努力成为富翁的故事。

年轻的达巴·希尔跟随着他的父亲做生意。但由于收入微薄,就只能靠赊账和借债满足虚荣奢靡的生活,因此欠下了重重的债务,这种自我放纵的行为,无疑是在自掘坟墓,所以最终他陷入困窘的局面。由于无法还清债务,他逃离了巴比伦,后来成为了到处打劫的强盗,但又被士兵抓捕然后被带到了大马士革,卖给一个有钱的大户人家做奴隶。有一次他对女主人希拉讲述了他以前的生活境况,以及如何沦落到这般境地,达巴·希尔说,他并非天生的奴隶,而是自由人的儿子。但女主人却严厉地斥责了他,由于自身的软弱而沦落到做奴隶的地步,怎么能配得上称为自由人。希拉说:"如果一个人的内心有着奴隶的灵魂,无论他的出身如何,他终将成为奴隶;但如果一个人的内心具有的是自由人的灵魂,无论他遭遇多大的不幸与困难,他仍然能努力克服,获得尊敬和荣誉。"女主人的话警醒了达巴·希尔,他意识到,就是这些债务逼着他逃离巴比伦,如果放任债务不予承担,它们就会像滚雪球一样变得越来越强大,从而挫伤人生活的勇气和骨气,再也不能摆脱奴隶的困境。所以要想重新赢得人们的尊敬,只有还清债务。于是他决定回到巴比伦,想要努力还清债务,把亏欠的信用和责任,都弥补回来。他记得希拉所说的:"你的债务就是你最强大的敌人。"在希拉的建议和帮助下,他历经艰辛排除万难,长途跋涉终于回到了巴比伦,开始实行他还清债务的计划。达巴·希尔首先把所有的债务罗列出了一份清单,逐一拜访借钱给他的朋友与亲戚们。虽然有些债主用言语辱骂他,但有些债主则看在他的诚意与勇气上,愿意再次给予他帮助。终于有一次,达巴·希尔把握住了机会。他知道很多关于骆驼的知识,所以在巴比伦国王委托驼商购买大量骆驼时,他开始大展拳脚。就这样,达巴·希尔按照还清债务的计划,慢慢还清了所有的债务,然后靠着踏踏实实的努力,进入了巴比伦的富商之列,重新赢回了自己的人生和他人的敬重。

在这个例子中,人的观念直接影响着人做决定的方向,从而带来完全不同的命运。因为心态对于改变人的处境作用是格外大的,达巴·希尔曾经认为自己沦为奴隶是人生中注定不幸的厄运,因此心理的基调是黯然的灰色,也因此他常常自怨自艾。后来因为女主人的一席话,他改变了自己的心态,"不能因为自己的软弱无能而责怪命运","那些总是想着不劳而获的人,才会总是与厄运相伴。"尽管这段故事记载在6000多年前的泥板上,但这个故事留下的思想,带给我们的告诫,却是古今皆宜互为相通。当人们能够放弃自己旧有的观念,去追寻一个广阔天地时,就会看到不一样的天空,也会看到人生的真正价值和意义,然后大有作为。

知识加油站——古巴比伦的理财观

古巴比伦彼时享有着全世界都向往的首富之都的盛誉,不仅如此,人类历史上的多项先进文明都是由它囊括的。近年来,考古人员在巴比伦考古的进一步研究表明,巴比伦的财富不仅是因为巴比伦人有抓住时机的眼光,更有留住财富的手段,也就是财富管理。现代人一直认为理财是现代金融发展到一定阶段才慢慢产生系统的理论,6000年之前的古巴比伦人告诉我们,并非如此。因为巴比伦拥有"有史以来最完美的理财圣经",这个原来贫困、封闭、落后的城市,在巴比伦人脚踏实地的劳作和超前的理财智慧下，才慢慢成长为世界上最富有的城市。在这里，居然人人都懂得金钱的价值，明白理财的重要性，还充满着如何让人慢慢摆脱贫穷走上富裕之路的种种实用技巧。道理其实很简单：首先，你要学会勤俭，也就是从赚来的钱中省下一定数量的钱；其次，你要学会谦虚，即在不懂的领域向内行的人虚心请教；最后，你要明白如何生财，钱又生钱，财源滚滚。学会如何获得、保持和运用财富，在古代巴比伦人的眼里，这便是致富的秘诀。

古巴比伦人还明确指出：成功的人都是善于管理、维护、运用和创造财富的。致富之道在于听取专业的意见，并且终生奉行不渝。

让我们重温一下古巴比伦财富管理中关于金钱的五大定律。金钱的第一定律：那些有积攒财富意识的人才能让金钱慢慢流向他们，所以每月至少存入1/10的钱，久而久之就能累积成一个可观的小金库。金钱的第二定律：面对懂得运用它的人，金钱才愿意为他们工作，所以那些愿意打开心胸，虚心听取专业的意见的人，就会懂得将金钱放在稳当的投资上，才能做到钱生钱的第一步。金钱的第三定律：只有懂得保护财富的人，才能把金钱留在身边。所以要重视时间报酬的意义，小心谨慎地保护自己的财富，而不贪图快捷与暴利，才能让金钱持续增值。金钱的第四定律：对于那些不懂得管理的人，金钱会从他们身边溜走。世界之大，一眼望去，看似处处都有投资获利的机会，事实上却处处暗藏陷阱，让人作出错误的判断，那些拥有金钱而不善经营的人，常常就会因此损失金钱。金钱的第五定律：对于那些渴望获取暴利的人，金钱会从他们身边溜走。缺乏经验或外行，是造成投资损失的最主要原因，因为金钱的投资报酬通常有一定的界限，渴望投资获得暴利的人常常容易被金钱的诱惑冲昏了头脑，从而被愚弄，所以就失去了金钱。理财这个词从古巴比伦流传至今，而这管理财富的道理也是贯穿古今，这金钱五大定律对于我们今天的投资理财同样有着宝贵的指导意义。

3. 古印度

20世纪的考古学家们惊异地发现，除了尼罗河文明和两河文明之外，公元前2500年的另一处伟大的古老文明，它的谜团迄今未能揭开，是南亚最神秘、最古老的文明，它的领域甚至超过了古埃及与巴比伦亚述两者之和，它，就是神秘的古印度河文明。印度河文明的年代约为公元前2500年至前1750年，它与两河流域的苏美尔文明一样，曾长期埋藏在地下不为人们所知，直到1921年，这个文明才被人们发现。在古印度，并没有任何一个国家以“印度”作为自己的国名，但波斯人和古希腊人称印度河以东区域为印度，而印度在我国历史上的记载也各不相同，《史记》和《汉书》称之为“身毒”，《后汉书》称之为“天竺”，唐代玄奘在其《大唐西域记》中改称为“印度”。

古印度是一个历史上的地理概念，指喜马拉雅山以南的整个南亚次大陆，是一个半岛，其状略如不规则的三角形。它包括了现在的印度、巴基斯坦、孟加拉、尼泊尔、不丹等国的领土。北依喜马拉雅山，南临印度洋，东接孟加拉湾，西濒阿拉伯海。古印度北部有平原，还有两条大河流域，即印度河和恒河。南部有高原、富饶的森林和矿藏。印度半岛主要位于北回归线以南，赤道以北，在气候上，印度半岛基本属于热带季风气候类型，主要受东北季风和西南季风影响，全年高温，分旱雨两季。古印度也是人类文明的发祥地之一，水、耕地、能源是人类农业文化产生的三大必须要素。对于古印度来说，第一，印度河和恒河流域有充足的水源，可以满足农业用水的需求。第二，印度河流域和恒河流域都生长着茂盛的热带森林。两个流域之间的差别在于东半部的森林更为茂密，是一片原始的热带雨林，对使用石器工具的先民来说，是开发难度颇大的区域，而西半部的印度河流域，则是季雨林区域，既有繁茂的林木，又有许多相对开阔、干爽一些的林间草地，这种环境，对石器时代的先民是较理想的生存空间，也提供了耕种的空间。第三，茂密的热带森林，提供了充足的木本能源，为农业的产生与发展提供了基础。也使制陶业、青铜等金属的冶炼和加工、红砖烧制等行业由产生发展，一直达到鼎盛的阶段。所以古印度的文明起源非常早，远在1400万年前，这里就有人类的祖先腊玛古猿活动的痕迹。约公元前4000年代末至3000年代，半岛进入金石并用时代。约公元前2300年左右，印度河流域进入文明时期。众多的出土文物说明印度河文明早已进入青铜器时代。铜制的不仅有武器，还有生产工具。除青铜器外，也掌握了对金、银、铅、锡等金属加工技术，且热加工和冷加工技术已达到较高水平，尤其是还会用焊接法制造金属器。他们用陶轮制作陶器，陶窑设计十分合理，火焰可烧到顶层。不仅如此，他们建立了发达的废物处理系统，包括有盖板的排水系统和倒垃圾的斜槽。纺锤和纺轮在许多遗址中都有发现也可以说明，他们的纺织业也有较高水平。此外，手工艺品的制作也十分精美，既有金银制品，也有象牙和宝石制品。印度河文明的大量建筑物，与同时期埃及和苏美尔的建筑物相比，有明显的独特风格。从建筑材料来看，埃及是巨石建筑，苏美尔是用太阳晒干的砖，印度河文明的则是窑内烧的砖，且尺寸标准；从建筑风格来看，埃及和苏美尔似乎还不及他们更注重实用。在艺术方面，出现了单独的青铜和石制雕刻品，其特产印章上有不少栩栩如生的动物图案。

古代印度河文明神秘符号

这个伟大的文明在800年后突然消失了，毁灭的原因是什么？学者们众说纷纭，有的认为是地震等自然灾害,地震后又接着引起水灾,所谓“水能载舟,亦能覆舟”,地理环境既能孕育文明的形成,也能加剧它们的灭亡。正如印度河流域孕育了古印度文明,但由于先民的社会进步,以及随之而来的早期城市化进程所带来的人口过分集中的压力,导致拓垦耕地数量的快速增加、能源消耗的急剧扩大,使得水土流失加剧、森林面积缩小,最终引发的沙漠化过程,鼎盛的文明至此衰落,直至消失;有的说是外族入侵;有的说是内乱;更有甚者大胆假设是一场史前核战争。众说纷纭,但都没有一个确定的答案。

19 世纪中叶,有关这个文明的第一枚古印在哈拉巴出土了,然后陆陆续续地,近 3 万枚类似的古印又在哈拉巴和摩亨佐・达罗遗址出土了。与印章同时出土的还有刻字的泥板、货币和盖有印章的陶封等。这对于文明的研究是一大突破口,因为这些印章文字代表了一个国家文明的水准, 4500 年前,这些神秘符号曾被印度河流域文明使用,古代埃及和两河流域的历史之所以为人熟知,全靠埃及圣书字和楔形文字的破译,但至今考古学家对印度河文明的印章文字的唯一了解是:它也是从图画文字演变而来,第一行从右往左读,第二行从左往右读,如此往复,就像使牛耕地一样。印章上刻有文字和图案,文字约有四、五百个符号,这是进入文明的标志。有文字的印章可能在政治、经济活动中担任重要角色,或代表权力,或作为商品制造者的印签等,这些文字也许是解开古印度文化之秘的关键。但令人大失所望的是,对哈拉巴出土的印章进行研究之后,却发现没有人能释读印章上的文字。

知识加油站——最早的整形手术:古印度医生从前额切皮肤再造鼻子

古代印度医学著作《妙闻集》中记载,大约两千多年前,古印度出现了一种与现代整形技术非常类似的技术,由于它是由当时著名外科医生“妙闻”创造的,所以也叫妙闻技术。其中一项技术就是修复耳垂。在古印度,人们有拉长耳垂的习俗。所有希望自己孩子能平平安安的父母都要给孩子的耳朵打孔,因为据说这样做不仅可以驱邪避恶,还能使孩子变得更好看。耳朵打孔的具体做法是:医生先在他们的耳垂上钻出一个小孔,再把软麻布塞在里面。在没有受到感染的前提下,每隔三天孩子就会来检查一次,塞上更大的软麻布,再加上木环和铅坠,使皮肤慢慢拉长。但是,除了要造出长耳垂外,还有重要的一环,即对受损的耳垂进行修补。其中手艺最好的就是妙闻,妙闻对拉长耳垂而可能出现的不同损伤都做了系统分类,并提供了相应的治疗方法,从刺入肌肉和拉长皮肤等实践活动中取得的经验,为古代外科提供了样板。

还有一项更为伟大的奇迹——鼻成形术,即修复甚至再造鼻子。为了再造一个鼻子,要从患者的前额切下一块叶形皮肤,在鼻梁上要留下一根“叶柄”。然后将这块皮肤表面朝外,向下翻转,包住两根充作鼻腔的人工导管。

知识加油站——《摩诃婆罗多》:史前核战争毁灭古印度文明

有一部著名的古印度古代梵文叙事诗《摩诃婆罗多》,意译为“伟大的波罗多王后裔”,描写班度和俱卢两族争夺王位的斗争,与《罗摩衍那》并称为印度两大史诗。这部三千多年前的宏伟的印度史诗《摩诃婆罗多》记载了多场激烈的战争,此书记载了居住在印度恒河上游的科拉瓦人和潘达瓦人、弗里希尼人和安哈卡人两次激烈的战争。令人不解和惊讶的是,这两次战争的描写明明是核子战争!书中的第一次战争是这样描述的:“英勇的阿特瓦坦,稳坐在维马纳(类似飞机的飞行器)内降落在水中,发射了‘阿格尼亚’,一种类似飞弹武器,能在敌方上空产生并放射出密集的光焰之箭,如同一阵暴雨,包围了敌人,威力无穷。刹那间,一个浓厚的阴影迅速在潘达瓦上空形成,上空黑了下来,黑暗中所有的罗盘都失去作用,接着开始刮起猛烈的狂风,呼啸而起,带起灰尘、砂砾,鸟儿发疯地叫……似乎天崩地裂。”“太阳似乎在空中摇曳,这种武器发出可怕的灼热,使地动山摇,在广大地域内,动物灼毙变形,河水沸腾,鱼虾等全部烫死。火箭爆发时声如雷鸣,把敌兵烧得如焚焦的树干。”

第二次战争描写的则是一场核弹爆炸及放射性落尘中毒,更令人毛骨悚然,胆战心惊:“古尔卡乘着快速的维马纳,向敌方三个城市发射了一枚飞弹。此飞弹似有整个宇宙力,其亮度犹如万个太阳,烟火柱滚升入天空,壮观无比。”后来考古学家在发生上述战争的恒河上游发现了众多已成焦土的废墟。这些废墟中的岩石被粘合在一起,而在德肯原始森林里,人们也发现了许多的焦地废墟。废墟的城墙被晶化,光滑似玻璃,建筑物内的石制家具表层也被玻璃化了。除了在印度外,古巴比伦、撒哈拉沙漠、蒙古的戈壁都发现了类似的废墟。要知道,岩石的熔点可以达到摄氏一千八百度的高温,一般的大火根本无法达到,只有原子弹的核爆炸才能产生如此高的温度!从考古和研究中我们可以大胆推测,当时的人类能将核能运用于和平用途,同时利用天然地形堆放核废料,这种高度物质文明显然是由相对高度的精神文明下所发展出来的,也就是说,五千多年前人类也曾在印度发展出高度文明,但最后却由于争权夺利而滥用核能,使自身遭到了毁灭。

4. 中国古代技术

一提起中国古代的科学发明,人们往往马上就会想到四大发明——造纸术、印刷术、指南针和火药。这四大发明无疑是极其伟大的,它们对世界文明的发展曾经起过巨大的影响。造纸术的发明为人类提供了质地优良、方便而又经济的书写材料,极大地促进了人类文化的保存、传播、延续和发展。印刷术、指南针和火药的西传,则成为促进欧洲近代文艺复兴和科学革命的有力支撑。英国著名科学家、哲学家弗·培根认为,“这三种发明已经在世界范围内把事物的全部面貌和情况都改变了:第一种(按:指印刷术)是在学术方面,第二种(按:指火药)是在战事方面,第三种(按:指指南针)是在航行方面;并由此又引起难以数计的变化来,甚至任何帝国、任何教派、任何星辰对人类事务的力量和影响都仿佛无过于这些机械性的发现了。”但是我们也应该看到,四大发明毕竟是中国科技文化史上很小的一部分,仅仅知道四大发明,对于了解中国文化史还是远远不够的。据1975年出版的《自然科学大事年表》记载,明代以前,世界上重要的创造发明和重大的科学成就大约300项,其中中国大约175项,占总数的57%以上,其他各国占42%左右。英国剑桥大学凯恩斯学院院长李约瑟博士研究后指出,中国古代的发明和发现,远远超过同时代的欧洲。中国古代科学技术长期领先于世界。我国先进的技术成就和在天文、数学、化学、医药等方面的科学知识,向东传播到朝鲜和日本,向南传播到印度,更重要的是通过丝绸之路和海路,向西传播到波斯、阿拉伯,并且扩散到欧洲,对世界科学技术的发展做出了重要的贡献。

知识加油站——中国古代发明家:鲁班与墨子

在古代中国,发明或科学研究不是用以谋生的手段,而是那些有创造力、想象力、有心探寻天地之理的人,凭借自己的兴趣与一腔热忱而进行的业余活动。中国古代的发明家往往没有在历史上留下太多的印迹,相比于那些帝王将相、才子佳人的经历过往,人们对他们的了解太少了。但是,他们给予了太多贡献与创造,历史因他们向前迈了一大步,所以他们不应该被遗忘。

鲁班就是我国古代出色的发明家之一,他的名字实际上已经成为古代劳动人民智慧的象征。鲁班生于公元前507年,鲁班,姬姓,公输氏,名般,又称公输子、公输盘、班输、鲁般,春秋时期鲁国人。“般”和“班”同音,古时通用,故人们常称他为鲁班。2400多年来,人们把古代劳动人民的集体创造和发明也都集中到他的身上,因此,有关他的发明和创造的故事,实际上是中国古代劳动人民发明创造的故事。

我国的土木工匠们都尊称他为祖师,是因为如今木工师傅们用的手工工具,如锯、钻、刨子、铲子、曲尺,划线用的墨斗,据传说,都是鲁班发明的。这些木工工具的发明使当时的工匠们从原始繁重的劳动中解放出来,劳动效率成倍提高,使土木工艺出现了崭新的面貌。

在工匠们的传说中,鲁班爷的形象已是十分光辉高大。历史上真实的鲁班,也就是战国时代的公输般,他的发明比传说中更加伟大。有人认为,正是他的发明开创了中国战争史的新纪元。

公输般最伟大的发明是虽然没有动力支撑,却能够依靠机械的传动维持天空中的翱翔的“飞机”。《酉阳杂俎》说公输般在凉州建造佛塔时,造了一只木鸢,敲击机关三下,木鸢就可以飞动,他就乘着木鸢飞回家。没有人知道这件事。这只是传说而已,有很大的夸张的成分,但在当时利用简单的空气浮力和空气动力原理,用木料制成能滑行一段时间的飞行器,是可能的,可以看作是最初级的滑翔机雏形。还有记载说,鲁班造过“木鸟”,曾用来探视宋国的情况。如果是这样,那可就算是投入实际的军事应用了,可以看作是最古老的军事侦察机。如果在鸟肚子里装上土炸弹,可就变成原始轰炸机了。公输般造木鸢的故事并非小说家的杜撰,《墨子·鲁问》记载:“公输子削竹木以为鹊,成而飞之,三日不下,公输子自以为至巧。”对这件事情,《论衡》、《列子》、《淮南子》、《韩非子》、《文选》、《初学记》、《太平御览》等典籍中都曾提及,足可见其在当时的影响之大。

倘若说“飞机”的发明未改变历史的形态,那么云梯和钩拒的出现却将中国从春秋时代带入到战国时代。春秋战国时期,云梯也是攻城的重要器械,《墨子·公输》记载:“公输盘为楚造云梯之械,将以攻宋。”《战国策》卷三十二“宋卫策”也有此记载:“公输般为楚设机械将以攻宋……墨子曰:‘闻公为云梯,将以攻宋。宋何罪之有?’”

春秋战国时期,各国都高筑城、深挖池,易守难攻,原有的攻城器械如临冲、楼车等已显得落后,鲁班在原有攻城器械的基础上,发明创造了攻城的云梯。鲁班设计的云梯,弥补了临冲、楼车的不足,既能瞭望城内的情况,又能乘梯登上城墙,这在当时算得上是最先进的攻城军事装备。鲁班发明的攻城云梯,因没有图样流传,故其形制无从知晓。但战国时的云梯,在战国铜器图案纹饰中可以看到一些,它是由三部分构成:底部装车轮,可以移动;梯身可上下仰俯,攻城时靠人力扛抬,倚架于城墙壁上;梯顶端装钩状物,用以钩援城缘,使之免遭守军的推拒破坏。唐代的攻城云梯较战国时有了很大改进,到了宋代,攻城云梯的各种功能已经非常完备。总之,鲁班发明的攻城云梯,是中国古代的重要军事发明,在漫长的古代战争中发挥了重要的作用。

随着兵器的发展、新装备的配置,战争的样式也在发生变化,春秋战国时期,战争的空间已不仅仅限于陆地,而是扩展到了江河湖泊之中。在水战方面,鲁班同样有重要的军事发明——“钩拒”。“钩拒”用今天的话来说,就相当于海军的舰载兵器。根据《墨子·鲁问》记载:“昔者楚人与越人舟战于江,楚人顺流而进,迎流而退,见利而进,见不利则其退难。越人迎流而进,顺流而退,见利而进,见不利则其退速,越人因此若执,亟败楚人。公输子自鲁南游楚,焉始为舟战之器,作为钩强之备,退者钩之,进者强之,量其钩强之长,而制为之兵,楚之兵节,越之兵不节,楚人因此若执,亟败越人。公输子善其巧,以语子墨子曰:‘我舟战有钩强,不知子之义亦有钩强乎?’子墨子曰:‘我义之钩强,贤于子舟战之钩强。我钩强,我钩之以爱,揣之以恭。弗钩以爱,则不亲;弗揣以恭,则速狎;狎而不亲则速离。故交相爱,交相恭,犹若相利也。今子钩而止人,人亦钩而止子,子强而距人,人亦强而距子,交相钩,交相强,犹若相害也。故我义之钩强,贤子舟战之钩强。’”当时的越国,擅长水战,战船的机动性和灵活性是楚国无法相比的,楚国的战船不是打赢了追不上,就是打输了又跑不掉,在交战中经常陷于被动的局面。为此,鲁班专门设计出了“钩强”,这是一种新型的水战兵器,其最大的特点是能攻能防,它有一个长长的钩子,如果敌人要逃跑,就钩住对方的战船,让它跑不掉;而如果自己的船失利,又可以抵住敌人的船,使它无法靠近。就是靠着“钩强”这种先进的装备,楚国军队击败了越国,鲁班为此立下了大功。这种水战兵器在后来的水战中也曾被广泛采用,发挥了重要作用。

事实上在战国时期还有一位著名的发明家,他曾经和公输班进行过一次决定两个国家命运的沙盘演练比试。这次比试是中国历史上独一无二的一次发明家之间的战争,而这位发明家就是中国历史上赫赫有名的思想家墨子。

墨子的本名叫墨翟,工匠出身,是中国古代唯一的一位农民出身的哲学家。墨子开创了诸子百家中著名的墨家学派,被誉为先秦诸子百家中最具科学精神的人。墨子一生中最大的贡献就是创立了墨家学说,他主张生活节俭,反对铺张浪费。他认为吃苦是世间最高尚的事,因而要求他的门徒着短衣穿草鞋。如果你劳动不刻苦,就算是违背了墨子的主张,将受到惩戒。《墨子》一书是墨翟的弟子收集其生平的语录,编撰而成的一本传世之作。该书中除了记录了墨翟本人的思想观念之外,还涉及了力学、光学、声学等自然科学知识。我们所熟知的小孔成像原理最早就是墨子发现的。

墨子是一位可以媲美公输班的伟大发明家。但与公输班不同的是,他的发明主要应用于改善贫苦民众的生活和为墨家的防守战术服务。墨子生平最痛恨的就是那种为了争城夺地而使百姓遭到灾难的混战,他认为战争不应该伤害到平民百姓。上文中曾提到的那次为后人津津乐道的发明家之战,正是发生在战国时期楚国侵略宋国的一次战争中。当时听说楚国要利用云梯去攻打宋国,墨子急急忙忙地跑到楚国,希望可以劝说楚王放弃攻城。据《墨子·公输》记载:墨子从鲁国出发,一路跋涉走了十天十夜终于到达楚国。一到楚国他就找来公输班,和他一同去觐见楚王。他首先从道义上批评楚国入侵行为的不义,让楚王和公输班失了先机。而在面对心有不甘的楚王时,他又提出要和公输班进行一场面对面的较量,以决定两国的命运。在楚王接受之后,墨子解下衣带模拟城墙,拿起木片当作武器,与公输班展开了一场类似今天兵棋推演的模拟战争。公输班主攻,墨子主守,公输班九次进攻都未成功,攻城机械已用尽,而墨子却还保留了好几套防守方法。眼看自己败局已定,公输班说道:“我还有办法对付你,但我不说。”墨子答道:“我知道你要怎样对付我,但我也不说。”楚王不明所以,于是询问墨子。墨子回答说:“公输班想要加害于我。他认为只要杀了我,就没有人可以帮助宋国守城了。他又哪里知道我有三百门徒早已守在宋国等着你们去进攻。”楚王听后大失所望,于是放弃了攻打宋国的念头,墨子用他的智慧保全了宋国。

2000多年前的两位大发明家公输班和墨翟,一个善攻一个善守,但都技艺超群。在当时生产力极低的历史条件下,运用他们非凡的智慧,创造出大量实用的军用或民用科技,虽然这些科技成果今天看来还很原始、很初级,但却蕴含着中国古人特有的灵感和才智,对于我们今天发展现代高科技、创新现代军事技术仍具有积极的启示意义。

知识加油站——中国古代逆天的设计发明

中华民族是一个具有非凡创造力的民族。谈到中国人的发明创造，几乎所有人都会随口说出造纸术、印刷术、火药和指南针这几样令世界瞩目的伟大发明。实际上，中国人的重大发明远远不止于此。比如中国古人发明的粟作、稻作、蚕桑丝织、船闸、算盘、青铜冶铸术、茶的栽培和制备、豆腐等等。在一些网站论坛上，有人提出了“中国有哪些逆天的文物”的提问，我们把部分精彩内容截选于此，大家共同领略一下这些会让你大开眼界的中国古代设计发明。

辽代骨质牙刷，震惊吗？中国是世界文明发源地之一，也是最早使用牙刷刷牙的国家。

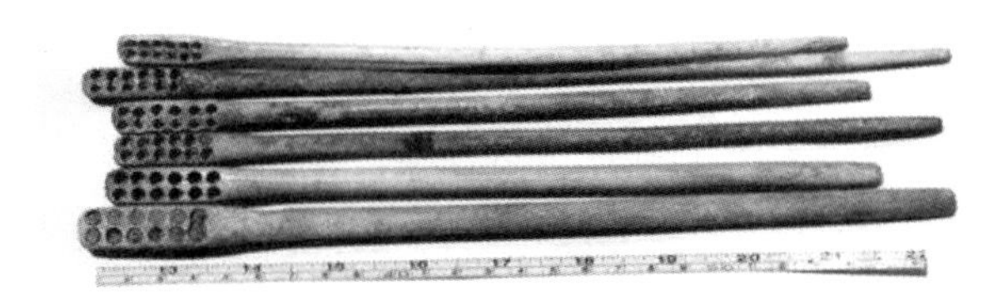

新莽时期的青铜卡尺。

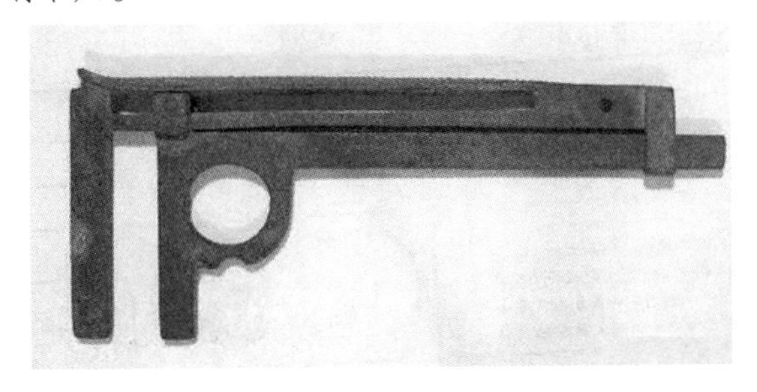

汉朝节能环保无烟雁鱼铜灯。

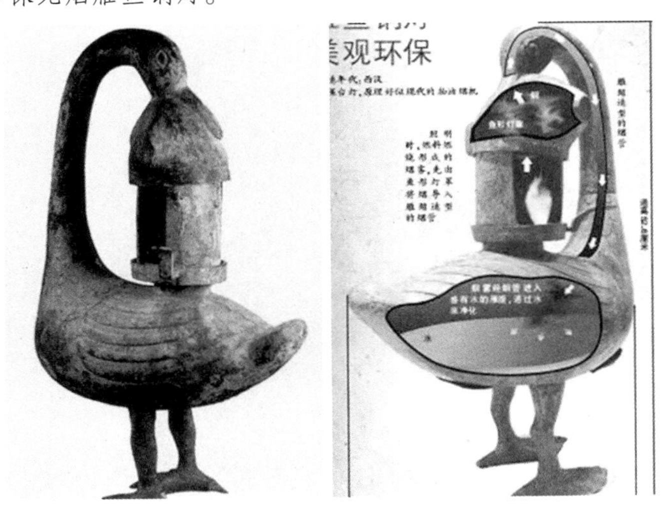

越王勾践剑，现存于湖北省博物馆，不亲眼所见根本感觉不到它的神奇！此剑历时千载而不锈，且具备金属记忆功能。

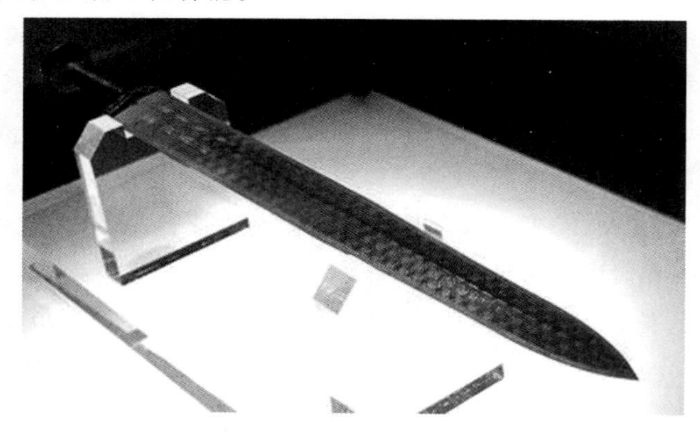

东汉釉陶烧烤炉。古人老早就开始吃烧烤了，烧烤历史源远流长！

第二章　古希腊的科学思想

> 我愿意用我所有的科技去换取和苏格拉底相处的一个下午。
>
> ——乔布斯（美国苹果公司创始人）

科学是对自然奥秘的探索，是发现造物主设定的秘密。某种意义上说，科学的本质是人类智慧的扩张。自从科学诞生以来，科学发现就被视为人类智慧的一把标尺。

科学精神的本质是在理性中好奇，在怀疑中求真。好奇心是求知的动力和源泉，它让我们充满激情和想象力；而怀疑和求真则把求知推向更深层次。怀疑并非缺乏信心，而是要让我们具备更加坚实的立论的基础。

科学有思想方式和社会建制两个方面，作为思想方式的科学起源于古代希腊，作为社会建制的科学是近代以后的事情。所谓科学精神，指的是古代希腊人所独有的一种特殊的思想方式，这种特殊的思想方式在其他各个文明之中并不常见。古希腊文明不是世界上最古老的文明，持续时间也仅仅只有600多年，但它对人类历史具有持久而巨大的影响，究其原因在于它是科学精神的发源地。

那么究竟什么是真正的科学精神呢？众所周知在希腊文明之前或之后的其他文明，都产生和发展了丰富多彩的科学知识。无论衣食住行、生老病死等生活问题，还是管理社会、定国安邦等社会问题，它们都有着丰富的经验和切实可行的方法和对策。这些知识既有零散的也有系统的，既有有效的也有无效的，但是它们无不带有强烈的经验特征和实用特征。与其他任何一种文明的公民不同，希腊人对知识本身的追求远远超越了对知识实用性的需求，他们如醉如痴追寻着知识的确定性问题。这种对知识本身感兴趣，着迷于知识的确定性问题的精神，就是希腊版本的科学精神。

本章话题

话题1：月薪3万的一道面试题

话题2：奇妙的0.618

话题3：神秘的卢奇格斯杯

本章要求

□介绍古希腊的科学精神

□了解古希腊古罗马的科学技术

话题1：月薪3万的一道面试题

这是2005年微软亚洲研究院面试题之一，题目如下：

小明和小强都是张老师的学生，张老师的生日是M月N日，2人都知道张老师的生日是下列10天中的一天，张老师把M值告诉了小明，把N值告诉了小强，张老师问他们知道他的生日是哪一天吗？

3月4日　3月5日　3月8日

6月4日　6月7日

9月1日　9月5日

12月1日　12月2日　12月8日

小明说：如果我不知道的话，小强肯定也不知道。

小强说：本来我也不知道，但是现在我知道了。

小明说：哦，那我也知道了。

请根据以上对话推断出张老师的生日是哪一天？

这道题在挑战你的逻辑分析能力，你算出来了吗？（答案见知识加油站）

对于人类所有科学研究领域，试问科学家进行科学研究，主要有几个要素？大致说来，有四大要素：一个就是人；另一个就是研究对象；还有一个就是实验工具，实验工具是硬件，硬工具；最后一个就是逻辑与其他方法论，逻辑与其他方法论是软件，软工具。

逻辑已经发展成为一门探索、阐述和确立有效推理原则的学科，然而一谈到逻辑就让人想起两千多年前的亚里士多德。在古希腊时代，哲学与科学并没有明显的区别。因此，一个杰出哲学家往往也是优秀的科学家，当时的人们并不把科学与其他问题划分开来。在这个时代里，亚里士多德可以说是科学理性思维的最初推动者，是形式逻辑的创始人，他提出的概念和留下来的著作，一直都是西方科学思考的动力来源，影响不仅广泛而且深远。亚里士多德最重大的贡献，是把逻辑推理，提升到了一个空前的高度。亚里士多德的弟子们将亚里士多德关于逻辑的书稿整理成册，叫作《工具论》。希腊文明，曾经有过美丽的神话，动人的悲剧，悠扬的诗歌，然而自从有了亚里士多德之后，西方的文字变得越来越晦涩，越来越艰深，越来越抽象了。

“没有器官的人体，不是人体；没有逻辑的理论，不是理论。”正是从这个时候起，西方思想开始比东方多了一分理性。因为亚里士多德告诉人们，要用逻辑去思考。亚里士多德的学术王朝已经崩塌了，但他的逻辑王朝仍然在统治着每一个现代人的头脑。

逻辑无处不在。

亚里士多德的逻辑著作总称《工具论》(*Organon*),指探讨学问的工具,总共有六部书,分别是:

(1)《范畴篇(Categories)》:说明事物的基本存在方式。范畴有十个,即:实体、量、质、关系、场所、时间、姿势、状态、主动、被动。

(2)《解释篇(De interpretation)》:讨论判断当两个或两个以上概念联合或分解,就会形成判断。

(3)《前分析篇(Prior Analytics)》:讨论三段论法中的推论。

(4)《后分析篇(Posterior Analytics)》:讨论定义、分类、证明。

(5)《论辩篇(Topics)》:讨论辩证法。

(6)《辩谬篇(Sophistical Fallacies)》:指出辩论应当注意的事项,以及指出诡辩学派的谬论。

在他的《解释篇》书中,他阐述了三个基本的思考定律:同一律、矛盾律及排中律。同一律就是命题本身等于自己;矛盾律是阐述没有同时是真的又是假的之命题;排中律是阐述每一个命题不是真的,就是假的。

但亚里士多德对19世纪以前逻辑学最大的影响,是他在《前分析篇》中所陈述的三段论法(Syllogismus)。

所谓三段论法就是从两个已知的判断得出第三个判断的一种推理方法,它的逻辑形式可书写如下:“若A则B”且“若B则C”,则“若A则C”。

一般人将三段论法的第一个前提称为“大前提”,中间连接大前提与结论的部分称为“小前提”,最后推理的部分称为“结论”。

在历史上最早且最有效使用三段论法且最成功的数学家,就是欧几里得(Euclid),欧几里得在“原本”(Element)中,根据少数几个前提导出了共达13卷的众多定理,这些定理都是依次反复三段论法推出的、建立起来的第一个完整的关于几何学的演绎知识体系。这样展开逻辑的方法叫作“演绎法”。《几何原本》的这种逻辑推理与铺陈方式,深深地影响着后来的数学教学与发展。亚里士多德的逻辑演绎高峰发生在上世纪,也就是计算机的被发明与被广泛应用之时。计算机的发明让逻辑演绎大放异彩,也深深影响着整个世界。IBM设计的深蓝计算机,借助其强大的记忆与推演能力,击败史上最强的西洋棋王卡斯珀洛夫。

知识加油站——与柏拉图为友

“要与柏拉图为友,要与亚里士多德为友,更要与真理为友”是世界顶尖学府之一——哈佛大学的校训,它的拉丁语原文为:Amicus Plato, Amicus Aristotle, Sed Magis Amicus VERITAS.

现在我们就来介绍一下柏拉图(公元前427—前347年)。他是古希腊最著名的唯心论哲学家和思想家,是西方哲学史上第一个使唯心论哲学体系化的人。他的著作和思想对后世有着十分重要的影响。

柏拉图出身于雅典一个大贵族家庭。他生于伯罗奔尼撒战争期间,青年时期和其他贵族子弟一样受过良好的教育,并接触到当时的各种思潮。据说他的名字源于他的宽额头,他的真实姓名却渐渐被人淡忘了。

苏格拉底是柏拉图的老师,对柏拉图一生影响最大。柏拉图20岁拜苏格拉底为师,跟他学习了10年,直到苏格拉底被雅典民主派处死。老师的死给柏拉图以沉重的打击,他同自己的老师一样,反对民主政治,认为一个人应该做和他身份相符的事,农民只管种田,商人只管做生意,手工业者只管做工,平民不能参与国家大事。苏格拉底的死更加深了他对平民政体的成见。他说,我们做一双鞋子还要找一个手艺好的人,生了病还要请一位良医,而治理国家这样一件大事竟交给随便什么人,这岂不是荒唐?

苏格拉底死后,柏拉图离开了雅典。28岁至40岁期间,他都在海外漫游,先后到过埃及、西西里、意大利等地,他一边考察一边宣传自己的政治主张。公元前388年,他到了西西里岛的叙拉古城,想说服统治者建立一个由哲学家管理的理想国,但目的没有达到。返回途中他不幸被卖为奴隶,他的朋友花了许多钱才把他救赎回来。

柏拉图回到雅典后,开办了一所学园。一边教学,一边著作,他的学园门口挂着一个牌子:“不懂几何学者免进”。没有几何学的知识是不能登上柏拉图的哲学殿堂的。这个学园成为古希腊重要的哲学研究机构,开设了四门课程:数学、音乐、天文、哲学。柏拉图要求学生不能生活在现实世界里,而要生活在头脑所形成的观念世界里。他曾经说:“画在沙子上的三角形可以抹去,可是,三角形的观念,不受时间、空间的限制而留存下来。”柏拉图深知学以致用的道理,在他的学园里按照他的政治哲学培养了各方面的从政人士。他的学园又被形象地称为“政治训练班”。

柏拉图为后人留下了许多著作,例如《辩诉篇》、《曼诺篇》、《理想国》、《智者篇》、《法律篇》等。这些作品大多数是以对话体的形式编著的,集中反映了柏拉图在哲学、伦理、教育、文艺、政治等领域的思想体系,其中最有代表性的就是《理想国》一书。

柏拉图哲学体系的核心就是理念论。他认为是世界由一个物质世界和一个非物质的理念世界构成。物质世界仅仅只是理念世界的模糊反映,并不真实,只有理念世界才是真实的。我们将以“美”为例为大家介绍柏拉图的哲学理念,从中大家可以体会柏拉图所说的感觉世界、理念世界和人的思想认识三者之间的关系。柏拉图认为:“当你判断一个事物是否美时,你心中应该已经存在了一个美的原型,而心中那个美的原型的源头则是理念世界中的绝对美。”在柏拉图的观点中,现实世界的任何美的事物都无法与理念世界的那个绝对美相比,因为客观世界中所有的美的事物都是理念世界的绝对美在世间的投影,投影可以有无数个,但美的原型却只能有一个。柏拉图认为世间的万物都是理念世界在现实中的投影,先有理念才有现实,例如世间只有先有了衣服的理念才有各式各样的衣服,只有先有了红色才会有人世间的红色。显而易见,柏拉图的理念论是典型的客观唯心主义,它将理念作为世界的本原,否认了物质的第一性。

柏拉图认为人的理念并不是从后天实践中获得的,而是人先天固有的属性,在此基础上他提出了著名的"认识回忆说"。柏拉图认为人的灵魂是不朽的,人死后肉体会消亡,但灵魂可以不断转生。一个人出生之前,他的灵魂自由地存在于理念世界,并且还携带着上一世的记忆。但是一旦灵魂转世进入肉体,由于肉体的束缚他将失去自由,并且忘记自己本来了解的知识。而要想重新获得知识只有依靠不断的回忆。柏拉图认为"真知即回忆",也就是说认识的过程实际上是不朽灵魂回忆的过程。柏拉图还认为这种回忆的本领是人类的高级技能,并不是所有人都具备,只有在极少数具有天赋的哲学家身上才能发现。

《理想国》是柏拉图所有著作中篇幅最长、内容最丰富的,是柏拉图对自己思想体系的概括和总结,其中探讨了哲学、政治、道德伦理、教育、文艺等各方面内容。书中柏拉图以理念论为基础,向我们描述了他心目中的理想国度。柏拉图的理想国是世界上最早的乌托邦:柏拉图认为一个强大的国家必须有优秀的统治者。只有哲学家,或者是具有哲学家智慧和精神的人,才能治理好国家。柏拉图认为理想国应具有合理的劳动分工。他将理想国中的公民分为治国者、武士和劳动者三个等级。其中治国者是智慧的象征,他们利用自己的哲学智慧和道德力量统治整个国家;武士是勇敢的象征,他们用自己的忠诚和勇敢保卫国家的安全;劳动者则是欲望的象征,他们为全体公民提供物质生活用品。在柏拉图的理想国构想中,治国者和武士不应该拥有私产,而劳动者可以拥有私产但不掌握权力,因为权力和私产的结合是一切邪念的根源。柏拉图的理想国中女人与男人具有相同的权利,存在着完全的性平等,国家的每一个公民各司其职,以满足社会的整体需求。理想国还非常注重教育,柏拉图认为国民素质的优劣决定国家的好坏,因此他认为全体公民从儿童时代就应该开始接受音乐、体育、数学和哲学等方面的教育。理想国是柏拉图心中的完美国度,现实生活中并不真实存在。但他认为:理想国是唯一真实的国家,现存的各类国家应该将它作为模板,即使还做不到完全相同,也应该努力向它靠近。

柏拉图在文学、美学等方面也有很深的造诣。他的著作大多数是以对话体的形式编写成的,人物性格鲜明,场景妙趣横生,语言优美华丽,在欧洲古代文学史上具有极其重要的意义和价值。柏拉图死后,他所创立的学园由弟子欧多克索斯继承,并且代代相传一直持续了900多年,直至公元529年才因战乱而关闭。

知识加油站——洞穴寓言与楚门的世界

你是否曾经考虑过你亲眼所见的那些事物其实并不真实?你又是否曾经怀疑过那些令你坚定不移的真情、真相或者真理其实仅仅只是一场虚幻?就像电影《楚门的世界》中所描绘的那样,你生活的整个世界都是虚构,它总有一天会完全消失。这就好像清晨的露珠,只要一遇到阳光就会瞬间蒸发,消失的无影无踪。当然电影仅仅只是一种艺术表现形式，其中的故事情节大都是虚构的，现实生活中并不存在楚门真人。但是楚门的遭遇却值得我们大家深刻思考，因为我们大多数人都曾经被某些表面现象迷惑而陷入困境，甚至被别人愚弄。

古希腊时代著名的哲学家柏拉图曾经以寓言的形式向人们阐述人类知识的本质，在这则寓言中柏拉图向人们描述了困境的形式、产生的原因、发展及结果。其中提到的将人唤醒的方法，与电影《楚门的世界》中主人公楚门的觉醒过程大同小异。柏拉图在其《理想国》一书中设计了一个非常有趣的洞穴寓言故事：有这么一群人，他们世世代代都居住在一个山洞的洞穴之中过着囚徒般的生活，洞穴只有一条长长的通道通往外面的世界。这些人的脖子和手脚都被锁链捆绑着，他们背对着洞口并且无法转动自己的头和身体。在他们面前是一堵白墙，而他们身后有一堆熊熊燃烧的篝火。每天都有人拿着器物在他们和火堆之间走动，火光将这些人拿着器物影像投影在他们面前的白墙上，久而久之这群人就将这些影子当成真实存在的事物，还给它们取了不同的名字。终于有一天，他们之中的一个人挣脱了身上的枷锁，当他回过头时发现身后的事物跟以前看见的完全不同，他顿时惊呆了，于是他继续沿着通道走到洞外。当他克服了最初的刺眼的痛苦，看到阳光下那个完全不同的现实世界时，他庆幸自己得到解放，并开始怜悯自己的同伴，于是他重新回到了洞穴之中向同伴们描述了自己看到的真实世界，并试图劝导他们走出洞穴。但是他的好心没有换来同伴的感激而是无尽的嘲讽，同伴们认为像他那样跑外面去把自己的眼睛弄坏十分愚蠢，因为这样就再也看不见墙上的影像了。最终在关于幻觉和真理、偶像和原型的激烈争论中，他被激怒的同伴乱棍打死了。

影片《楚门的世界》同样向我们介绍了一个虚幻与现实的故事，主人公楚门还是胎儿时期就被选中为一个大型的真人秀电视剧的男主角。从出生那天开始，他生活中的点点滴滴都被5000台摄像机完整记录，并向全球220个国家进行直播。伟大的导演克里斯多夫主导了这部旷世巨作的拍摄，他倾其才华为楚门打造了一个世外桃源——“楚门的世界”。在他设计的世界当中楚门是当之无愧的男主角：在他快乐的时候总会有意外降临令他保持清醒；在他困惑的时候总有好兄弟帮助他走出困境；当他爱上其他人无法自拔的时候，他的妻子就会神奇地出现在她的身边；当他想念父亲的时候，消失多年的父亲立刻重新出现。一切都那么的凑巧，一切又都那么的完美。

这部真人秀节目无疑是成功的，它吸引了1亿7千万观众的眼球，每天都有成千上万的人聚集在电视机前观看节目。节目的成功为剧组带来了巨大的利益，赞助商和合作伙伴蜂拥而至，节目中的一切道具：大到房子、汽车，小到牙刷、纸巾都有商家赞助。楚门俨然成了剧组心目中的最大摇钱树，一次次意外的遭遇、一个个神奇的故事都发生在他的身边。就这样楚门在导演虚构的“完美世界”中生活了近30年时间，他并不知道自己的一举一动、每一个想法都受到外界无数观众的关注。直到有一天他发现了自己生活中逻辑性的错误：妻子和他说话的口气好像电视中的广告语，每一次赛车的时间好像都计算好似的一刻不差……太多的“完美”让他怀疑有人在幕后操控自己的生活，经过多方的努力他终于发现自己生活在一个虚构的世界之中，于是他毅然决定离开。当他驾驶着小船，历经艰辛来到“天际”时，他感到史无前例的幸福和快乐。正当他准备穿过幕布走向他向往已久的真实世界时，导演克里斯多夫在他耳边响起：“外面的世界和这里一样，一切事物都是虚假的，这个世界充满了各种谎言，你在哪里生活不都一样吗？”于是楚门犹豫了，但是对自由的追求让他穿过了幕布，走向了那个陌生的未知世界，一部持续了30年的真人秀节目就此戛然而止。

无论是柏拉图的洞穴寓言，还是电影《楚门的世界》都值得我们静下心来认真思考。法国伟大的启蒙家、教育家卢梭有一句名言：“人生来是自由的，但无往不在枷锁之中。”如果你是那些洞穴中的囚徒，你会选择走出洞穴还是留在洞中？如果你是楚门，你又会做何选择呢？

知识加油站——关于爱情、婚姻的思考

柏拉图问老师苏格拉底——什么是爱情。

苏格拉底叫他到麦田走一次，要不回头地走，在途中要摘一颗最好的麦穗，但只可以摘一次。柏拉图充满信心地去了，谁知过了半天他仍没有回来，最后，他垂头丧气地出现在老师跟前，诉说空手而回的原因：“很难看见一颗看似不错的，却不知是不是最好的，不得已，因为只可以摘一次，只好放弃，再看看有没有更好的，当发现已经走到尽头时，才发觉手上一颗麦穗也没有。”这时，苏格拉底告诉他：“那就是爱情，爱情是一种理想，而且很容易错过。”

柏拉图问老师苏格拉底——什么是婚姻。

苏格拉底叫他到杉树林走一次，要不回头地走，在途中要取一棵最好、最适合当圣诞树用的树，但只可以取一次。柏拉图充满信心地出去，半天之后，他一身疲惫地拖了一棵看起来直挺、翠绿，却有点稀疏的杉树。苏格拉底问他：“这就是最好的树吗？”柏拉图回答老师：“好不容易看见一棵看似不错的，又发现时间体力快不够用了，也不管是不是最好的，所以就拿回来了。”这时，苏格拉底告诉他：“那就是婚姻，婚姻是一种理智，是分析判断、综合平衡的结果。”

柏拉图有一天又问老师苏格拉底——什么是外遇。

苏格拉底叫他到树林走一次，可以来回走，在途中要取一枝最好看的花，柏拉图又充满信心地出去。两个小时之后，他精神抖擞地带回了一枝艳丽但枯萎的花，苏格拉底问他：“这就是最好的花吗？”柏拉图回答老师：“我找了两个小时，这是盛开最美丽的花，但我采下带回来的路上，它就逐渐枯萎下来。”这时，苏格拉底告诉他：“那就是外遇。外遇是诱惑，它也犹如一道闪电，虽明亮，但稍纵即逝。而且，追不上，留不住。”

柏拉图又问老师苏格拉底——什么是生活。

苏格拉底叫他到树林走一次，可以来回走，在途中要取一枝最好看的花。柏拉图有

了以前的教训，又充满信心地出去。过了三天三夜，他也没有回来。苏格拉底走进树林去找他，最后发现柏拉图已在树林里安营扎寨。苏格拉底问他：“你找到最好看的花了么?”柏拉图指着边上的一朵花说：“这就是最好看的花。”苏格拉底问：“为什么不把它带出去呢?”柏拉图回答老师：“我如果把它摘下来，它马上就枯萎。即使我不摘它，它迟早也会枯萎。所以我就在它还盛开的时候，住在它边上。等它凋谢的时候，再找下一朵。这已经是我找着的第二朵最好看的花。”这时，苏格拉底告诉他：“你已经懂得生活的真谛了。生活是追随与欣赏生活中的每一次美丽。”

人生正如穿越麦田和树林，只走一次，不能回头，要找到属于自己最好的麦穗、树和花，你必须要有莫大的勇气和付出相当的努力。

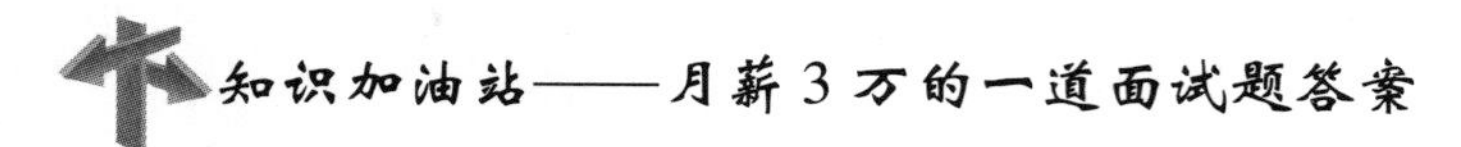

知识加油站——月薪3万的一道面试题答案

解答：

前提：小明和小强各只知道一个正确的数字。

1.小明说：如果我不知道的话，小强肯定也不知道。

小明能肯定小强也不知道→与正确的M值有关的N值数量大于1。

例如，3月的4、5、8日也都出现在别的月份。

因此正确的M值可以限定到3月和9月。

2.小强说：本来我也不知道，但是现在我知道了。

小强原本不能确定，但M值限缩到3月和9月时，他就确定。

表示N值不是3月和9月中都出现的5日。

因此正确的N值可以限定到1日、4日、8日。

3.小明说：哦，那我也知道了。

因为生日组合只剩3月4日、3月8日和9月1日，而小明也表示他知道了。

代表正确的M值是9，而不是3(因为小明不能确定日期)。

所以正确的生日是：9月1日。

话题2：奇妙的0.618

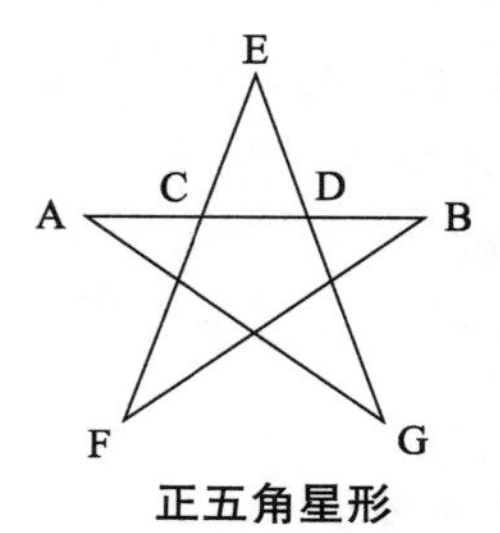

正五角星形

0.618，是一个充满无穷魔力的神秘数字，最早由2500年前的毕达哥拉斯学派发现。在毕达哥拉斯学派的代表徽章——正五角星形(左图)，连接AFGBE就是正五边形，其中AC : BC $=\frac{\sqrt{5}-1}{2}$约0.618。由于它自身的比例能对人的视觉产生适度的刺激，后来被古希腊著名哲学家柏拉图誉为“黄金分割”。0.618最初是因其比例在造型艺术上的悦目而得名。15 世纪末,法兰西教会的传教士路卡·巴乔里发现:金字塔之所以能屹立数千年不倒,与其高度和基座长度的比例有很大关系,这个比例就是5∶8,与 0.618 极其相似。有感于这个神秘比值的奥妙及价值,他将黄金分割又称为“黄金比律”,后人简称“黄金比”、“黄金律”。

除了上文中提到的数学领域,黄金分割还在诸如美学、艺术、建筑、音乐、生物、自然等领域扮演着神奇的角色。在日常生活中,黄金分割直接影响着人们的审美观点。那些我们觉得非常协调的生活物品,例如书籍、国旗、门窗、电视屏幕等,其宽与长的比例基本符合黄金分割。除此之外,在世界上的许多著名建筑中我们同样可以找到黄金分割的踪迹。无论是古代的埃及金字塔、希腊帕特农神殿,还是欧洲中世纪的巴黎圣母院,亦或是近代欧洲的埃菲尔铁塔,尽管它们风格迥异,我们依然可以在其总体结构设计上找到黄金分割法则的运用。

人类作为自然界的“万物之灵”,在我们身上处处体现着奇妙的 0.618:我们的身体从脚底到头顶,肚脐所在的高度恰好是身高的 0.618;从肚脐为起点向上到头顶,咽喉又恰好处于 0.618 的位置;从人脑前端向后延伸 0.618 的距离比例就是神秘的下顶叶区域,该区域涉及人类的空间可视化思维、三维形象思维和数学思维。除此之外,我们的上、下肢的长度比例,臀宽与躯干的长度比例,膝关节与踝关节、肩关节与肘关节、肘关节与腕关节的长度比例,以及心脏与胸腔的比例,都遵循着奇妙的黄金分割比率。中医学研究还发现,人体的许多重要穴位与黄金分割有着千丝万缕的关例:例如头顶至后脑的 0.618 处是百会穴,是人的最高处;脚后跟至脚趾的 0.618 处是涌泉穴,是脚心所在;脚底到头顶的 0.618 处即为关元穴;从下颌算起,头部的 0.618 处是印堂穴;从脚底算起,身体的 0.618 处是丹田穴……

人类的审美观点同样在很大程度上受到黄金分割的影响。古希腊人对于美有着独特的评价标准,他们认为健康的人是最完美的,而健康的人体则需要满足各种优美、和谐的比例关系。古希腊著名的哲学家毕达哥拉斯有一句名言:“凡是美的东西都具有共同的特征,那就是部分与部分及部分与整体之间的协调一致。”从中我们可以看出古希腊人对美的判断,那就是拥有最合度的形体,即符合黄金分割的规律。事实上现代人对美的理解同样离不开黄金分割,那些看上去体态优美的模特或芭蕾舞舞者,其身材比例十分接近 0.618。我们还发现,一个经验丰富的晚会报幕员,通常都会站在舞台一侧的 0.618 处,因为只有这样才具有更加和谐悦目的视觉效果。

科学研究还发现黄金分割与人类的养生学、医学和生物学息息相关。我们都知道让我们觉得最舒适的外界温度是 23℃,它能够确保肌体的生理功能、生理节奏及新陈代谢水平处于最佳状态。而 23℃与人体正常体温 37℃的比值恰恰近似于 0.618。现代养生学发现最佳养生之道是动、静之比为 0.618,即“四分动六分静”。而最神秘的巧合出现在我们生命源泉 DNA 上,众所周知 DNA 分子具有典型的双螺旋结构,它的每一个螺旋结构都是由长 34 个埃与宽 21 个埃之比组成,其宽与长的比例大约是 0.6176,与黄金分割率 0.618 非常接近。

每当面对自然美景时,我们不禁感叹大自然造物之奇妙。大自然用至美而简约的原则和最优化的设计创造了世间万物,而黄金分割比是其不可或缺的手段之一。有些植物的茎干上,相邻的两张叶柄之间夹角一般都是 137°28′,而这个角度恰好将圆周分成 0.618:1 的两个夹角。研究表明,这是植物的通风和采光效果的最佳夹角。此外在向日葵的花盘上同样蕴含着奇妙 0.618,观察发现向日葵花盘上瓜籽有两种螺旋排列布局方式,分别是左 21 条和右 13 条的。经科学计算,这种螺旋排列可在最小的面积上获得最大的数量。但巧合的是 13 与 21 的比值正好接近 0.618。难怪世界著名设计师 Maggie Macnab 不无感慨地说:"大自然是最伟大的创作者和最优秀的设计师"。

欧洲中世纪的物理学家、天文学家家科卜勒(J.Kepler,1571—1630)对黄金分割也做了很高的评价,他说:"几何学有两大宝藏,一个是勾股定理,另一个是黄金分割。前者是金矿,而后者是珍贵的钻石矿。"

目前,我们看的书、报、杂志,其纸张的裁切宽与长之比就接近黄金比率。这样的矩形让人看起来舒服,被称为"黄金矩形"。原为黄金矩形的纸张,对折后仍是黄金矩形。如 8 开、16 开、32 开等,都近似于黄金矩形。

知识加油站——毕达哥拉斯(Pythagoras)

公元前 6 世纪,毕达哥拉斯出生在爱琴海中摩斯岛的一个贵族家庭。这位古希腊历史上著名的数学家的一生充满了神秘的色彩,但是不可否认他对数学的巨大贡献。毕达哥拉斯将逻辑思维方式引入了数学领域,开创了数学发展史上第一个黄金时代。毕达哥拉斯提出了"万物皆数"的哲学思想,将数作为有形世界的构成要素。

毕达哥拉斯自幼聪明好学,曾先后拜在泰勒斯、阿那克西曼德和菲尔库德斯门下,跟他们学习几何学、自然科学和哲学。后来因为向往东方文化,毕达哥拉斯离开家乡去往古印度和古巴比伦游学,据说他曾经还到过古埃及,但由于时间久远已无从考证。在这些文明程度极高的发达地区,毕达哥拉斯吸收了它们的先进文化形成了自己的哲学理念和数学理论。20 年后,他回到家乡摩斯岛,在当地建立了一所学校教授数学与哲学知识。关于毕达哥拉斯教人学数学还有这么一个有趣的故事:当时毕达哥拉斯想教一个穷人学习几何知识,但这个人对几何学不感兴趣,于是毕达哥拉斯答应每学一个定理就支付他三个银钱,这个人才同意跟他学习。几星期之后,毕达哥拉斯发现穷人已经彻底爱上几何学之后,他假装没钱支付而停止上课时,这时穷人反而宁可自己掏钱也要跟他学习几何定理。

公元前 520 年,毕达哥拉斯带着他的母亲和唯一门徒离开家乡萨摩斯,定居在意大利南部的克罗托内。在那里他广收门徒、秘密结社,建立了一个集政治、宗教和学术于一体的团体,这就是后来大家所熟知的毕达哥拉斯学派。毕达哥拉斯学派的成员既有男也有女,他们地位一律平等,成员的一切财产包括个人的研究成果都归集体所有。学派的纪律十分严密,带有浓浓的宗教色彩,每一位成员在入会之时均需宣誓不得将学派的秘密和学说公之于众。他们相信"数是万物之源",人可以依靠数学实现灵魂的升华。

毕达哥拉斯学派的数学成就很多,其中最重要的成就之一就是黄金分割。在数学中黄金分割的定义是:将一条线段分割成长短不同的两段,如果较长部分与全长的比值等于较短部分与较长部分的比值的话,那么这个比值就被称为黄金分割。黄金分割的比值大约是0.618,这个比值被认为是最能引起美感的比例。传说黄金分割是毕达哥拉斯从铁匠的打铁声中发现的:一天毕达哥拉斯经过一个铁匠铺听到铁匠打铁的声音非常动听,于是他驻足倾听,发现这个声音非常有规律,于是他用数学的方式把这个声音的节奏表达了出来。黄金分割被广泛应用于艺术领域,著名的断臂维纳斯雕像和太阳神阿波罗雕像都通过故意延长双腿,使之与身高的比例达到黄金分割。而在建筑领域,无论是古埃及的金字塔,还是古希腊的巴特农神庙,亦或是近代的巴黎圣母院和埃菲尔铁塔,都透露着浓浓的黄金分割气息。

毕达哥拉斯学派的另一个重要成就正是以毕达哥拉斯的名字命名的毕达哥拉斯定理。毕达哥拉斯定理实际上就是我们非常熟悉的"勾股定理",中国周朝的商高和古巴比伦人比毕氏早一千年的时间使用这个定理,中国古代很早就有"勾三股四弦五"的说法,但最早证明这个定理的人却是毕达哥拉斯。他是用演绎法证明了"在一个直角三角形中,两条直角边的平方和等于斜边的平方"。

当然毕达哥拉斯也不是完美无缺的,他同样会犯错误。传说毕达哥拉斯非常痴迷有理数,他认为"数学之美在于有理数可以解释自然界的一切现象"。这种痴迷让他对无理数的存在视而不见,甚至为此处死了自己的一个学生。这个倒霉的学生名叫希帕索斯,他在研究边长为一的正方形时,发现其对角线不能用简单的整数比来表达,也就是说自然界中除了有理数之外还存在着无理数。这个发现让希帕索斯喜出望外,却引起了他的老师毕达哥拉斯的极度不满。因为无理数的出现打破了毕达哥拉斯学派的信条,严重动摇了学派的根基。因而毕达哥拉斯始终不愿承认无理数的存在,后来希帕索斯因为公开这件事而被判决投入大海淹死。二百多年后,欧几里得用反证法证明了无理数。

知识加油站——几何学之父:欧几里得

爱因斯坦曾经说过:"一个人当他最初接触欧几里得几何学时,如果不曾为它的明晰性和可靠性所感动,那么他不会成为一个科学家。"很难想象:我们现在学习的普通几何学体系,是由古希腊数学家欧几里得在公元前300年创立的。从那时到现在,在

2000 多年的漫长历史长河里,他编写的《几何原本》一直都被看作是学习几何的标准课本。

欧几里得(Euclid)是公元前 300 年左右的古希腊数学家,以其所著的《几何原本》闻名于世。对于他的生平,现在知道的人很少。他吸收了前人数学知识的精华,并集其大成,用简洁明了的文字完成这本著作。《几何原本》可说是几何学中的圣经,两千多年来,这本著作已出现 1000 多个版本,影响十分深远。有一个常说的故事:当托勒密向欧几里得询问学习几何知识的快捷方式时,他答道:“在几何学中没有帝王之路。”欧几里得的著作:《几何原本》是众所皆知的,而且在书中所提到的各种定理至今仍然可以拿来教导世人。在书中,他十分有规划地一步一步带着人们走进几何的领域中,虽说一本距今两千多年前出版的书可能是有一点过时了,但是当中的内容却不会因为时间的流逝从对的变成错的,如果细细地将这本书读完,肯定也会收获不小。欧几里得又称为几何学之父,可见他的几何造诣极深,虽说有关他生平的资料因为年代久远使得专家不易了解,而他的《几何原本》更是除了圣经外版本最多的书籍。

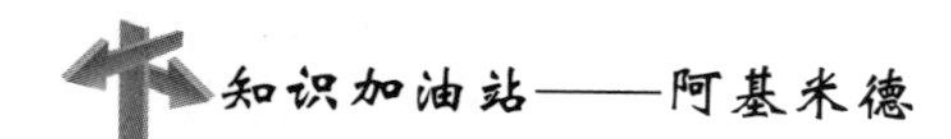

知识加油站——阿基米德

意大利邮票上的阿基米德

“给我一个支点,我可以举起整个地球。”——阿基米德。

阿基米德是古希腊最富有传奇色彩的科学家,关于他的传说故事有很多,而且十分脍炙人口。阿基米德在数学、物理、机械工程学上的发明与发现,使得很多人认为他是除了牛顿以外,世上最伟大的科学家;也有人认为他是有史以来最伟大的三个数学家之一(另外两人是牛顿和高斯)。同学们大都知道他在洗澡时想出判别“真假皇冠”方法的故事,不过阿基米德还有更多有意思的事迹。

旺盛的研究精神:阿基米德于公元前 287 年出生在希腊西西里岛东南端的叙拉古城。在当时古希腊的辉煌文化已经逐渐衰退,经济、文化中心逐渐转移到埃及的亚历山大城;但是另一方面,意大利半岛上新兴的罗马帝国,也正不断地扩张势力;北非也有新的国家迦太基兴起。阿基米德就是成长在这种新旧势力交替的时代,而叙拉古城也就成为许多势力的角力场所。

阿基米德的父亲是数学家和天文学家,从小他就受到家庭影响,酷爱数学。大约在他 9 岁时,父亲送他到埃及的亚历山大城念书,亚历山大城是当时世界的文化、知识中心,学者云集,文学、数学、天文学、医学的研究都很发达,阿基米德在这里跟随许多有名的数学家学习,包括几何学大师欧几里德,因此奠定了他日后从事科学研究的基础。

在经过多年的求学历程后,阿基米德回到故乡叙拉古。据说叙拉古的国王海维隆二世与阿基米德的父亲是朋友,也有另一种说法是:国王与他们是亲戚关系。总之,回国后的阿基米德很受国王的礼遇,经常出入宫廷,并常与国王、大臣们闲话家常或是畅谈国事。阿基米德在这种优越的环境下,做了好几十年的研究工作,并在数学、力学、机械方面取得了许多重要的发现与成就,成为上古时代欧洲最有建树的科学家。据说阿基米德经常为了研究而废寝忘食,走进他的住处,随处可见数字和方程式,地上则是画满了各式各样的图形,墙上与桌上也无法幸免,都成了他的计算板,由此可知他旺盛的研究精力。

当代的数学大师:相较于在物理学和机械制造中的成就,阿基米德在纯理论研究中的成就更加令人赞叹。阿基米德流传于世的著作有十余本,其中大部分都是关于数学和天文学领域问题的探讨。在数学方面阿基米德集中探讨了曲边图形的面积和曲面立方体的体积,例如在《论球和圆柱》一书中,他利用"逼近法"计算出球的表面积和体积;在《抛物线求积法》中他同样利用"逼近法"求出了抛物线和椭圆的面积。而近代的"微积分学"的诞生在很大程度上借鉴了这种"逼近法"。阿基米德还研究出了以自己名字命名的螺旋曲线的性质和计算方法。此外,在《数沙者》一书中,他建立了新的量级计数法,创造了一套记大数的方法。

在天文学领域,阿基米德曾经制作出一座十分精致的天象仪,在天象仪的球面上有日、月、星辰和五大行星。据说这座依靠水力运转的天象仪,可以准确地预测月蚀、日蚀的产生时间。晚年的阿基米德提出了地球是圆球状的,并围绕着太阳旋转的观点,但限于当时的条件他并没有对这个问题进行深入系统的研究。

神话中的百手巨人:在公元3世纪末期叙拉古和罗马帝国的战争中,当罗马帝国的军队在统帅马塞拉斯的率领下包围了叙拉古城,年近70岁的阿基米德眼见国家陷入危急,护国之情油然而起,于是他夜以继日地发明各种御敌武器:他利用杠杆原理制造了一种抛石机,可以把大石块投向罗马军队的战舰;他还利用滑轮技术制造了大型的起重机,可以将敌人的战舰吊到半空中,然后重重摔下使其在水面上粉碎;阿基米德还找来了城里的妇女和孩子,让他们手持镜子排成扇形,将阳光聚焦到罗马军舰的主帆上,烧毁敌人的船只。阿基米德运用自己的科学知识成功地抵御了罗马军队一次又一次的进攻,连罗马统帅马塞拉斯都不得不苦笑地承认:"这是一场罗马军队和阿基米德一人的战争,阿基米德就是神话中的百手巨人。"由于久攻不下,马塞拉斯改变策略,以围城的持久战来断绝城内的粮食,这个妙计使得阿基米德也无可奈何,公元前212年叙拉古终于被罗马军队攻陷,相传罗马军队进城时,阿基米德正在自

家宅前的地上画图研究几何问题,一个罗马战士走近沉思中的阿基米德,并把地上所画的图形踩坏了。阿基米德说:“站开些,别踩坏我的图形!”战士一听十分生气,于是拔出刀来,朝阿基米德身上刺下去,这位伟大的科学家就一命呜呼了。马塞拉斯听到这消息后十分悲痛,于是为阿基米德建了一座刻有圆形和球的图形的墓,来表达他对这位伟大科学家、伟大对手的敬意。

阿基米德的防御利器

知识加油站——医学之父希波克拉底

希波克拉底(Hippokrates,公元前460—前370年)西方医学之父,古希腊医学家,生于爱琴海上的科斯岛。其父赫亚克里德斯是他的启蒙老师,祖父与父亲同是医师,其母是一名助产妇。

医生是一个神圣的职业,维护的是万物之灵的健康。所以医生的职业道德一直为人所重视,从2000多年前的古希腊时代,医生收徒时都要求弟子宣誓遵守并维护医生的职业道德。由于希波克拉底第一个把医生就职宣言用文字记录下来,所以后人就把这个宣言称为“希波克拉底誓言”。作为西方医学之父、希波克拉底最杰出的贡献是首先制定了医生必须遵守的道德规范。

希波克拉底行医

他的医学思想对古希腊的科学一直有着持续性的影响,希波克拉底使用当时盛行的科学理论来解释并且治疗病人。这套理论系统也就是所谓的“四液说”。他认为复杂的人体是由血液、黏液、黄胆汁、黑胆汁这四种体液组成的,四种体液在人体内的比例不同,形成了人的不同气质:性情急躁、动作迅猛的胆汁质;性情活跃、动作灵敏的多血质;性情沉静、动作迟缓的黏液质;性情脆弱、动作迟钝的抑郁质。人所以会得病,就是由于四种液体不平衡造成的。而液体失调又与外界因素影响有关。所以他认为一个医生进入某个城市首先要注意这个城市的方向、土壤、气候、风向、水源、饮食习惯、生活方式等等这些与人的健康和疾病有密切关系的因素。希波克拉底的四液说乃是根基于当时的哲学思想,也就是人与自然界之间相互的关系。无论是四液说或是当时的哲学思想,都认为人与整个世界皆制约于同样的自然规律而生息。希波克拉底的治疗方法是奠基于哲学思想之上,与中国传统"天人合一"、"顺应自然"的思想精髓很一致。

他把疾病看作是发展着的现象,认为医师所应医治的不仅是病而是病人。主张在治疗上注意病人的个性特征、环境因素和生活方式对病患的影响。重视卫生饮食疗法,他对骨骼、关节、肌肉等都很有研究。"知道什么样的人会生病,比人会生什么样的病重要。"

早在公元前400年,希波克拉底就将经穴按摩刺激宣称为"医学就是按摩的艺术"。按摩是很重要的治疗方法,因此他说:"医师必须熟练许多事情,特别是按摩。"希波克拉底说:"体内自然的痊愈能源,是痊愈的最大力量。"希波克拉底在2500年前提到:"让您的食物成为您的药,您的药就是您每天吃的食物",这跟古老医学的整体和均衡观念彼此之间是相互呼应的。希波克拉底有句名言:"人间最好的医生乃是阳光、空气和运动。"

近年来许多研究都显示:"吃"的确和身体健康息息相关。

1970年代,美国前总统候选人乔治·麦嘉文,集合全美许多专家学者,研究饮食习惯与癌症及慢性病的关系,并于1977年发表了长达5000多页著名的麦嘉文报告,报告指出:"大部分疾病的原因来自错误的饮食方式(肉食),成人病与慢性病无法靠医药或手术治愈,只能仰赖饮食加以改善或复原。"

知识加油站——希波克拉底医师誓词与日内瓦宣言

希波克拉底医师誓词(公元前5世纪)

医神阿波罗、埃斯克雷彼斯及天地诸神作证,我——希波克拉底发誓:我愿以自身判断力所及,遵守这一誓约。凡教给我医术的人,我应像尊敬自己的父母一样尊敬他。作为终身尊重的对象及朋友,授给我医术的恩师一旦发生危急情况,我一定接济他。把恩师的儿女当成我希波克拉底的兄弟姐妹;如果恩师的儿女愿意从医,我一定无条件地传授,更不收取任何费用。对于我所拥有的医术,无论是能以口头表达的还是可书写的,都要传授给我的儿女,传授给恩师的儿女和发誓遵守本誓言的学生;除此三种情况外,不再传给别人。我愿在我的判断力所及的范围内,尽我的能力,遵守为病人谋利益的道德原则,并杜绝一切堕落及害人的行为。我不得将有害的药品给予他人,也不指导他人服用有害药品,更不答应他人使用有害药物的请求。尤其不给妇女施行堕胎的手术。我志愿以纯洁与神圣的精神终身行医。无论到了什么地方,也无论需诊治的病人是男是女、是自由民是奴婢,对他们我都一视同仁,为他们谋幸福是我唯一的目的。我要检点自己的行为举止,不做各种害人的劣行,尤其不做诱奸女病人或病人女眷属的缺德事。在治病过程中,凡我所见所闻,不论与行医业务是否有直接关系,凡我认为要保密的事项坚决不予泄露。我遵守以上誓言,目的在于让医神阿波罗、埃斯克雷彼斯及天地诸神赐给我生命与医术上的无上光荣;一旦我违背了自己的誓言,请求天地诸神给我最严厉的惩罚!

日内瓦宣言(世界医学协会1948年日内瓦大会采用)

我郑重地保证自己要奉献一切为人类服务。

我将要给我的师长应有的崇敬及爱戴;

我将要凭我的良心和尊严从事医业;

病人的健康应为我的首要的顾念;

我将要尊重所寄托给我的秘密;

我将要尽我的力量维护医业的荣誉和高尚的传统;

我应将同业视为我的手足;

我将不容许有任何宗教、国籍、种族、政见或地位的考虑

介于我的职责和病人间;

我将要尽可能地维护人的生命,自从受胎时起;

即使在威胁之下,我将不运用我的医学知识去违反人道。

我郑重地,自主地并且以我的人格宣誓以上的约定。

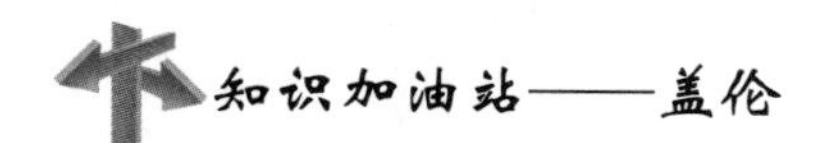

盖伦是古罗马时期著名的医生、动物解剖学家和哲学家,被誉为欧洲古代仅次于希波克拉底的第二个医学权威。盖伦一生致力于动物解剖学研究、写作,他一生中撰写了500多部书。

盖伦出生在小亚细亚的一个建筑家庭,早年他追随当地一名柏拉图学派的学者学习农业、天文学和哲学,17岁时他对医学知识产生了浓厚的兴趣,开始跟随一位精通解剖学的医生学习医学知识。盖伦一生中编著医学著作达500多部,仅有131部保存下来,其中最出名的是《论解剖过程》和《论身体各部器官功能》。在这两本书中盖伦向读者详细阐述了自己在人体解剖生理上的许多发现。古罗马时期,教廷认为人的身体是神圣不可侵犯的,因而禁止一切形式的人体解剖,盖伦只能够将目光转移到猪、山羊、猴子和类人猿等动物身上。通过长期的动物活体解剖实验,盖伦在解剖学、生理学、病理学及医疗学等方面都有新的发现:首先他发现了心脏、脑和脊髓对人体的作用,并对人

体的骨骼和肌肉进行了细致的观察；其次他认识到人体存在着消化、呼吸和神经等系统，而神经系统起源于脊髓；最后他还深入研究了180种动物、540种植物和100种矿物的药用价值，并将其编辑成书。

盖伦一生当中最大的成就是建立了血液运动理论。盖伦认为肝是一切血液活动的中心，是所有有机生命的源泉。当食物被胃肠消化后，营养物质通过肠道被传送到人体肝脏，在这里他们会被转化成深红色的携带着自然灵气的静脉血。随后静脉血从人体的肝脏出发，沿着人体的静脉系统分布到全身各处，与此同时携带着自然灵气的营养物质也不断地被传送到身体的各个角落，然后被吸收。盖伦同时还认为人体内部的血液运行主要分为两条主线：一条是动脉主线，血液从肝脏出来进入心脏右心室，然后从右心室进入肺，再从肺转入左心室。流经肺部的血液，经过提纯排除了废气和废物并获得了生命灵气，因而呈现鲜红色，盖伦称之为动脉血。颜色鲜红的动脉血携带着生命灵气通过动脉系统流淌到全身，为人类的各种活动提供动力源泉。其中有一部分动脉血液经动脉而进入人的大脑，在这里它们将被赋予动物灵气，并通过神经系统而传导到全身上下。另一条则是静脉主线，进入心脏的血液可以直接通过心脏间隔小孔进入左心室，这条主线中的血液由于没有经过肺部的提纯而呈现暗红色。盖伦认为无论是在静脉中血液还是在动脉中的血液，都是以单程直线运动方法往返活动的，就好像海水涨潮和落潮一样朝着一个方向运动，这就是著名的“血液潮汐论”。

盖伦的“血液潮汐论”开创了人类血液运动理论的先河，对描述性生物学的发展与完善做出了重要的贡献。在哈维的“血液循环理论”出现之前长达一千多年的时间，“血液潮汐论”一直被西方医学界奉为经典理论。

话题3：神秘的卢奇格斯杯

英国伦敦的大英博物馆收藏了古罗马时期的神奇酒杯——“卢奇格斯杯”(Lycurgus cup)，这个1600年前的高脚杯能随光照变化颜色。“卢奇格斯杯”是由双色玻璃制成的神奇高脚杯，当光线从不同角度照射时，杯子会呈现不同的两种颜色：当光线从外向内照射高脚杯时，杯子呈现出绿色；而当光线从内向外照射高脚杯时，它呈现出另一种颜色——红色。事实上早在1990年科学家就发现了“卢奇格斯杯”奇特的变色效果，经过二十多年的潜心研究，英国伦敦大学考古学家伊恩-弗雷斯通于2013年宣布他已经揭开了这个神秘高脚杯的变色原理。伊恩-弗雷斯通研究发现“卢奇格斯杯”独特的光学特性与其表面融入的金属微粒息息相关：当光线照射到玻璃表明的金属微粒时，金属微粒的电荷振动能够改变玻璃杯呈现的色彩，色彩变化取决于观测者的观测角度。

那么“卢奇格斯杯”表面覆盖的金属微粒到底是什么物质呢？它又有那些神奇的性能呢？当科学家将“卢奇格斯杯”的碎片放置在显微镜下观察时，他们发现融入玻璃

陈列在大英博物馆的卢奇格斯杯

中的金属微粒是金和银的混合物,其中金和银比例大约为3∶7。更让科学家们诧异的是这些金、银金属微粒居然是纳米级别的,它们的直径仅仅只有50纳米,相当于盐粒直径的千分之一。这是人类迄今为止发现的最早的“纳米技术”,古罗马人也因此被称为“纳米技术的先驱”。科学界都被古罗马精湛的工艺所折服,他们将这种工艺的精确性称之为“令人吃惊的技艺”。在2007年的一份“卢奇格斯杯”研究论文中,科学家们明确指出“即使使用现代化的工具,要造出这种类型的容器仍需要花费大量的时间”。

知识加油站——希腊神话故事之“潘多拉”

潘多拉原名安妮斯朵拉,在希腊语中的意思是“送上礼物的她”。在希腊神话中普罗米修斯为人类盗来了火种,从此人类学会了火的使用,为了抵消火的使用带来的好处,宙斯决定给人类降下灾难。于是他命令火神赫菲斯托斯依照女神的形象,利用水和土混合捏成一个可爱的女性;然后令爱神阿佛洛狄忒为她淋上男人无法拒绝的香味;再命令工艺女神雅典娜为她配备上漂亮的发带、珠链和首饰将其打扮得娇美如画;最后宙斯在其美丽的形象背后注入了恶毒的祸水。“潘多拉”这个名字最早来源于众神使者赫耳墨斯,其中潘的意思是“所有”,而多拉则是“礼物”,连在一起就是“众神送给人类的礼物”。

传说众神在制作出潘多拉之后,将她送给了普罗米修斯的弟弟埃庇米修斯作为她的妻子。为了让潘多拉更具诱惑力:火神赫菲斯托斯给她制作了一件金色长袍;爱神维纳斯赋予了她男人无法抵抗的妩媚与诱惑;众神使者赫耳墨斯赐予她神奇的言语天赋;但是唯独智慧女神害怕其识破众神的意图拒绝给予她智慧。普罗米修斯觉察到众神的目的,劝诫埃庇米修斯不要接受宙斯的礼物。可是埃庇米修斯在见到潘多拉之后,完全沉迷于她的美色,将哥哥的话抛到了九霄云外。

潘多拉在古希腊神话中是灾难的代名词，传说在其降临人间的时候宙斯给了她一个神秘的密封盒子，让她将其送给娶她的男人，同时告诫她千万不要打开这个盒子。潘多拉来到人间，嫁给了埃庇米修斯，但她念念不忘自己带来的盒子。于是在好奇心的驱使之下，她打开了那个神秘的盒子，顷刻之间盒子里面所有的灾难、瘟疫和祸害都飞了出来，唯独智慧女神雅典娜悄悄放置在盒子底层的美好"希望"还没来得及飞出，盒子就被惊慌万分的潘多拉关上了。从此人类开始饱受灾难、瘟疫和祸害的生活。后来人们用"潘多拉的魔盒"来比喻那些会给人带来灾难和不幸的礼物。

知识加油站——西方名牌与西方神话的渊源

Nike（耐克）

西方许多的品牌在命名时，通常喜欢在古希腊神话中寻求灵感，例如我们非常熟悉的运动品牌 Nike。耐克的 SWOOSH 标志（那一钩）的设计灵感，就是来源于希腊神话中的胜利女神。

Nike 是古希腊神话中象征胜利的神灵，她有一双巨大的翅膀，来去如风。历史上胜利女神的雕塑很多，而运动品牌耐克 SWOOSH 标志的艺术源泉是巴黎卢浮宫内萨莫特拉斯的胜利女神雕塑。传说耐克公司的创始人菲尔·奈特起初想给公司取名"第六空间"，但遭到公司员工的强烈反对。后来，公司一位酷爱古希腊文化的员工在睡梦中见到了古希腊传说中的胜利女神 Nike，梦境中女神给他带来了灵感，于是他建议以 Nike（耐克）作为公司的新名字，得到老板的认可。

Hermes（爱马仕）

爱马仕（Hermes）是法国的知名品牌，总部坐落于法国著名的福宝大道 24 号。爱马仕是法国 Hermes 家族的家族企业，距今已经有 160 多年的历史。早期的爱马仕仅仅只是一家专门制作马车配套装饰的马具店，目前已发展成为法国奢华消费品的典型代表。爱马仕的品牌设计灵感直接来源于古希腊中的众神使者赫尔墨斯（Hermes）。赫尔墨斯是宙斯与玛亚的儿子，希腊神话中十二主神之一，是商业与交通之神。他的形象是精力充沛的青年，头戴羽翼小帽，身披短斗披风，腰系钱币袋，脚踏羽翼双鞋，擅长飞行。赫尔墨斯的这个形象与早期爱马仕从事的马具行业非常匹配。

Versace（范思哲）

说起范思哲（Versace），这个来自于意大利的奢侈品牌以其独特的美感、鲜明的设计风格和引领潮流的艺术表现征服了一大批消费者。范思哲的时尚产品涉及日常生活的各个领域，从瓷器、玻璃器皿到羽绒制品，从香水、珠宝和包袋等个人用品到家具产品到处都能看到它的身影。

范思哲始创于 1978 年，其品牌标志的设计灵感来源于古希腊神话中的蛇妖美杜莎。范思哲的 LOGO 设计采用了象征的手法，位于中央的美杜莎造型是其精神象征所在,代表着权威和致命的诱惑力。LOGO 设计中还汲取了古希腊、古埃及和古印度的瑰丽文化,具有鲜明的时代艺术性。美杜莎在古希腊神话中是魔女的形象,她拥有满头的蛇发,眼睛迸发出的骇人光芒可瞬间将人石化。提起为什么要使用美杜莎作为公司 LOGO 的核心形象,范思哲现任设计总监 Donatella Versace 是这么解释的:"美杜莎代表着致命诱惑,她具有令人一见倾心的魅力,见到她的人无不在顷刻间为之慑服,没有人可以逃脱美杜莎的爱。"事实上无论是在古希腊神话中,还是在现代欧洲文化中,美杜莎都是最受欢迎的人物之一。

传说中的美杜莎

古希腊神话中关于美杜莎的故事被称为"凡人的悲剧"。传说美杜莎曾经是雅典娜神庙的一名普通女祭司,她长得非常的漂亮,并且拥有一头披肩的长发,每一位见到她的人都为之倾倒。久而久之美杜莎被描述成人世间最漂亮的女人,就连天上的女神在她的面前都要黯然失色。也许美丽有时也是上帝对凡人的一种惩罚,灾难最终降临在这美丽的少女身上。有一次海皇波塞冬来到雅典娜神庙,他刚看到了美杜莎就被她的美貌迷得魂不守舍、神魂颠倒。于是波塞冬在雅典娜神庙里将美杜莎给强奸了,但是灾难并没有就此结束。雅典娜在听说这件事之后勃然大怒,因为作为贞洁的处女神以及女战神的雅典娜对于贞洁十分看重,她要求雅典娜神庙的祭司都必须要永保处女之身。美杜莎在失去贞洁的情况下依然选择了苟活于世,这个举动触怒了雅典娜,于是她决定惩罚美杜莎。雅典娜施下诅咒将美杜莎的头发变成了无数的毒蛇,让她的迷人的眼睛迸发出--种骇人的光芒,任何看见她的目光都会立刻被石化。雅典娜还将美杜莎的下半身变成响尾蛇的身体,摇动尾巴时会发出恐怖的声音。后来英雄珀尔修斯杀死了美杜莎,并割下其头颅送给雅典娜,雅典娜将它镶嵌在自己的盾牌中央,这就是著名的"美杜莎之盾"。传说美杜莎之盾也具有将敌人变成石像的能力,因而在古希腊时代士兵通常会使用带有蛇发女妖头像的盾牌,主要是为了震慑敌人。

Apple(苹果)

众所周知,美国著名的高科技公司苹果公司的 LOGO 是一只被咬过一口的苹果。苹果公司 LOGO 的灵感部分来源于《圣经》,《圣经》旧约中记载亚当和夏娃在蛇的诱惑之下偷食了上帝禁止的"智慧之树"上的果实,而在后来的传说中有人将智慧之果说成苹果,于是苹果变成了知识与智慧的象征。苹果公司希望用被咬掉缺口的苹果唤起人们对知识的好奇和疑问。

事实上,在古代的神话故事中苹果一直就是诱惑的象征,在古希腊神话中著名的特洛伊战争的导火索据说就是一个金苹果。传说有一天诸神想要举办一场宴会,邀请了所有的女神却唯独没有邀请“不和女神”厄里斯，这令厄里斯非常气愤，于是她想出了一个办法来破坏这场宴会。宴会当天厄里斯提前来到宴会现场，将一个写有“献给世上最美女神”字样的金苹果放在众神都看得见的地方。到场的所有女神都希望获得这个金苹果，其中天后赫拉、爱神维纳斯和智慧女神雅典娜的机会最大，于是三人通过商量请来了特洛伊王子帕里斯作为裁判。爱神对帕里斯许诺“如果我能够获得金苹果的话，就帮助你娶到人间第一美女海伦”。最终爱神和帕里斯各自得偿所愿，但是希腊国王不甘心失去妻子，于是著名的特洛伊战争爆发了。

Hera(赫拉)

赫拉(Hera)是韩国知名女性高档化妆品品牌，其名字也来源于古希腊神话。希腊神话中天后赫拉是神王宙斯的唯一合法妻子，是奥林匹斯山上地位最高的女性，她掌管着婚姻和生育，被认为是已婚妇女的守护神。赫拉一词在希腊语中的意思是“高贵的女性”，这恰恰符合韩国赫拉公司打造“新时尚高贵年轻女性的个性代言”的目的。

Daphne(达芙妮)

达芙妮(Daphne)是中国台湾地区知名的女鞋品牌，该品牌在国内占有巨大的市场份额。达芙妮的名字来源于古希腊神话中的月桂女神 Daphne，她是希腊诸神中最美的女神之一。在希腊神话中流传着一个关于太阳神阿波罗与达芙妮的凄美爱情故事。阿波罗是希腊神话中有名的花美男，具有完美的身材和超高的音乐才华，但他性格十分轻慢，因而经常得罪其他神。有一次阿波罗无意间得罪了爱神丘比特，丘比特为了报复将一支会使人深深陷入爱河的金箭射向了他，同时还将一支厌恶爱情的铅箭射向了河伯的女儿达芙妮。于是悲剧产生了，被爱情之箭射中的阿波罗疯狂地爱上了达芙妮，但达芙妮却不可能对异性动心。于是阿波罗和达芙妮由此展开了一场爱恋与排斥的追逐之战，最后达芙妮为了躲避阿波罗的追求让她父亲将她变成一棵月桂树。为了表达自己的歉意和对爱情的追求，阿波罗把月桂树当作自己一生的最爱，他将月桂树的枝叶编织成桂冠戴在头上，将月桂树的枝干作成竖琴，用月桂树的花来装饰自己的弓。台湾达芙妮公司的品牌创始人以及设计师们在谈到对“达芙妮”一词的理解时说道:“达芙妮寓意着对爱的永恒追逐，希腊神话中阿波罗与达芙妮的爱情神话是公司空间设计的主题，我们希望每一个踏入达芙妮的女人，都像是在谈一场恋爱，体验一场华丽的戏，甚至从中找到真正的自我”。

知识加油站——自动门、闹钟、机器人是谁发明的?

提到希腊文明的成就，很多人会想到古希腊的民主制度、哲学、神话、奥运会、建筑和戏剧等等，虽然希腊在世界地图上只占很小一块，但它却孕育了许多伟大的事物，因而被视为西方文明的源头。现代欧美文化的所有内涵，几乎仍与希腊文明脱不了关系，不过希腊在思想哲学上的辉煌，或多或少掩盖了科学方面的成就，下面我们就来了解一下古希腊的一些科学方面的成就。

1. 自动门

说起自动门很多人的第一反应就是这是现代社会的产物。其实并不然，自动门最早出现在古希腊时期。众所周知古希腊是一个多神崇拜的社会，希腊人崇拜的神祇相当多。为了让信徒对供奉的神灵保持信仰并持续祭祀，祭司们可谓费劲脑筋，自动门就是当时祭司用于展示神迹的重要发明。自动门的机关通常都设置在火坛之下，当信徒们进行祭祀膜拜时，燃烧的火坛会触发下面的开关，于是“神迹”降临了，原本关闭的神庙自动打开了。此外祭祀场所那些可以自行移动的雕像也是利用自动门的原理进行建造的。世界上第一个自动门据说是由古希腊数学家希罗设计的，其工作原理是利用气压或液压带动设备工作：火坛点火燃烧时，内部空气膨胀，水槽内的水因压力增加而流入水桶之中，从而带动神庙大门打开；反之火坛熄灭时，气压减低，神庙大门关闭。

希罗

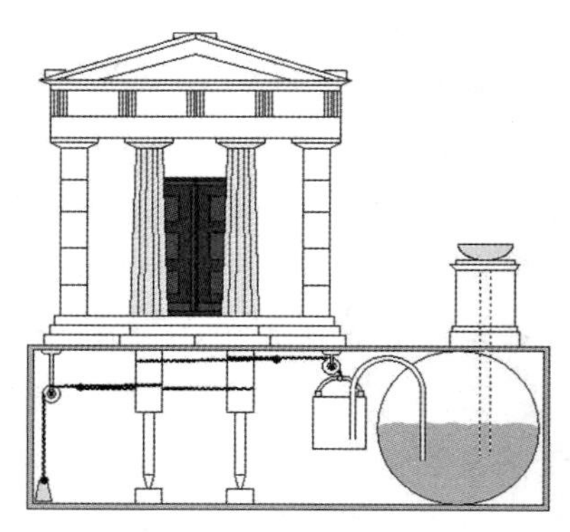

古希腊自动门示意图

2. 机器人与飞行机器

历史上第一个机器人诞生于古希腊时代。这虽然听起来有点不可思议，但是资料记载机器人的原型——机械鸟的确是由希腊学者阿尔库塔斯发明的。阿尔库塔斯是古希腊数学家、科学家，被誉为“机械工程之父”。传说阿尔库塔斯想要了解鸟类的飞行原理，于是他自己动手设计了一只木鸽子，这只机械鸟的动力源泉是其体内存储的压缩蒸汽。通过不断消耗体内的压缩蒸汽，机械鸟可以像鸟类一样在空中自由翱翔。据说这只机械鸟的飞行距离可以达到200至300米，这在当时的条件下已经相当先进了。尽管阿尔库塔斯发明的初衷仅仅只是方便自己的研究，但他不经意间为我们带来了机器人和飞行器的雏形。

神话电影中的机械鸟

3. 水车

水车模型

人类早在新石器时代就已经会用石头制成的石杵和磨盘来研磨食物，到公元前1600年左右，手推磨的早期样式也在今日的塞浦路斯被发现，而到了希腊时代，有证据显示人们已经开始利用水车来磨小麦，在希腊的Perachora当地曾发现水车的遗迹，年代大约在公元前3世纪左右，它的样子与我们今天在古代雅典的市集中所发现的类似，因此许多历史学家认为水车在罗马统治时期之前，就已经被广泛运用在生活中了，而较具体的文献证据则是来源于拜占庭的希腊工程师费隆(Philo)，他在书中提到，在希腊化时期的亚历山大城，水车已经是被普遍使用的工具之一，因此这项发明的年代，大约可推估在公元前250年至前240年之间。

4. 钟楼和气象站

提到钟塔你首先想到的是什么？是布拉格那座老市政厅钟楼还是英国伦敦泰晤士河畔的大笨钟？而提到气象站，我们首先想到的是那些放置了各种各样的复杂的高科技仪器，随时监控着世界各地的天气变化的地方。气象站通常设立在空旷的、人烟稀少的区域，避免受到过多的人为干扰。世界上最古老的钟塔是位于希腊雅典卫城之下的“风之塔”，这座八角形大理石钟塔据说是一个叫安德罗尼卡的人于公元前50年建造的，经过一千九百多年的风吹雨打，它依然矗立在古老的市集遗址供来往的游客参观。“风之塔”还是世界上最早的气象站，塔上安装有日晷、漏壶和风向标等多种测量装置，商人们可以利用它估计货物交付的时间，当地居民则依靠它避开恶劣的天气。

风之塔的外观相当特别

风之塔的八个面分别雕刻了八尊不同的风神像

5. 闹钟

说起闹钟大家应该再熟悉不过了，这种现代化的“打鸣工具”是人们日常生活中必不可少的东西。但是说起闹钟的发明者可能大家就一头雾水了，事实上闹钟的创造者就是古希腊历史上鼎鼎大名的哲学家柏拉图,因而早期的人们称它为"柏拉图的闹钟"。柏拉图发明闹钟的设计灵感来源于古埃及的漏壶罐,它是由四个漏壶所构成的装置:最上层的壶内装有一定量的水,经过精确计算的水量通过漏壶底部的漏斗源源不断地流向第二层漏壶,当第二层漏壶的水量累计到一定水位时,就会通过与其相连的细管迅速流到第三个漏壶中,此时第三个漏壶中的空气由于受到挤压,带动壶上的哨子吱吱作响。此外为了方便重复使用,柏拉图还在最底部设计了一个漏壶用于收集用过的水。柏拉图发明的闹钟每隔固定的时间就会准时的"吹响",据说是提醒他的学生准时前来上课。

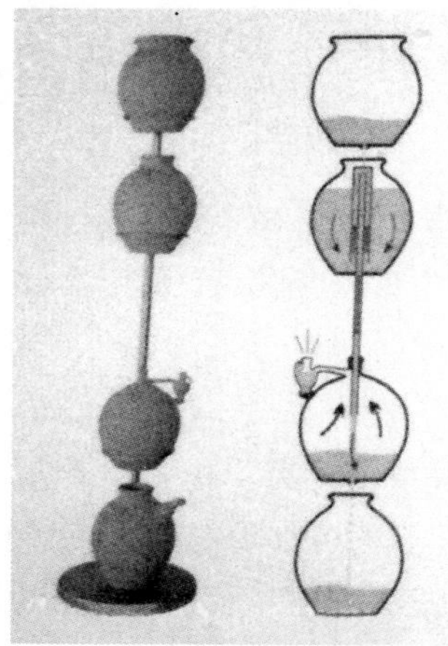
柏拉图的"闹钟"

6. 灯塔

世界上已知的最早灯塔是亚历山大灯塔,这座灯塔由古希腊著名建筑大师索斯特拉特设计并建造。亚历山大灯塔位于埃及亚历山大城边的法洛斯岛的东端,据说是在当时希腊国王托勒密二世的督促下建造的,历时40年。建成后的灯塔高达400英尺,是当时世界上最高的建筑物,因此也被列为古代世界的七大奇迹之一。灯塔建造之初,主要用于指引船舶安全进港。每当夜幕降临,灯塔内就会燃起熊熊大火,海上航行的船只可以通过火光判断自己的位置。据说,灯塔的顶端设计有一个金属凹面镜,它可以反射灯塔中的火光,这样即使是60公里之外的船只也能够遥望到灯塔的方位,从而大大降低了夜间航行的风险。而在白天凹面镜同样可以反射太阳光,为海上航行指引方向。自公元前3世纪建成之后,亚历山大灯塔巍然屹立在亚历山大港外长达1500年,1903年和1923年的两场地震导致灯塔严重受损,1480年灯塔完全沉入海底。

7. 中央暖气

熟悉古罗马建筑的人都知道,罗马人居住的房屋中通常都设计有中央暖气系统,因而很多人将该项发明归结于罗马人的成就。事实上古希腊时期的迈诺安人才是中央暖气系统的真正发明者。20世纪初,英国考古学家阿瑟·埃文斯在对希腊克里特岛出土的克诺索斯宫殿进行考察时发现迈诺安文明的遗址。迈诺安文明可以说是古希腊时代最先进的文明之一,其鼎盛时期曾经遍布整个爱琴海地区。据史料记载,迈诺安人很早就懂得在房子内的地板下方安装管道,让温水流通于各房间之中以达到取暖的效果。而一些更加富有的迈诺安人则请来技术精湛的大师为自己家设计暖气系统,他们用许多柱子支撑起房子的瓷砖地板,地板下因而创造出了一个可供热气自由循环的空间,当使用房屋中央的地下火堆进行取暖时,热气可以快速地通过地下空间和墙壁内的管道在家里的各个房间循环使用,于是整个室内充满温暖。

迈诺安豪族家中的中央暖气示意图

8. 淋浴

在炎热的夏天，当你站在家里的洗澡间内舒服地淋浴时，你也许会默默地感谢古罗马人，因为古罗马人拥有着举世闻名的澡堂和淋浴设备。但是世界上第一座淋浴间的发明者却并不是古罗马人，而是古希腊人。传说古希腊人非常喜欢冷水淋浴而不喜欢热水淋浴，因为他们认为冷水澡可以让他们保持清醒的头脑和健美的体态。冷水淋浴被希腊运动员广泛使用，训练结束之后在更衣室里舒舒服服冲个冷水澡是古代希腊运动员缓解疲劳的最好方法。古希腊时期的淋浴设备与我们现代所使用的设备差异并不大，只不过他们的水源并非自来水，而是由帮仆将水运送到水管源头。

古希腊淋浴图

知识加油站——古罗马的创新发明

西罗马帝国的衰落已过去近1500多年，但其在发明创造方面为后人留下的文化遗产依然鲜活如新。古罗马人不仅是技艺精湛的工程建设者，而且是资深的土木工程专家，数个世纪以来蓬勃发展的社会文明令古罗马人在科技、文化、建筑等领域拥有后人无法比拟的优越性。无论是报刊的创立，还是大型输水道的修建，古罗马人为我们展示了无与伦比的精湛技艺。下文中我们将与读者一起领略古罗马人的创新发明：

1. 战地外科

古罗马人是技术精湛的外科医生，他们发明了许多外科手术工具，并最先尝试进行了婴儿的剖腹产手术。如果要说到古罗马在医学上最有价值的贡献，那就非战地外科技术莫属了。在奥古斯塔斯的统治时期，古罗马曾组建了一支特殊的医疗队——战地医疗队，这是人类历史上最早的专业医疗队伍。这支军队医疗队中的所有医务人员在经过特殊训练后，掌握了使用止血带止血和使用动脉手术钳抑制术中出血等急救措施。在这些医疗创新手段的帮助之下，无数濒临死亡的战士在战乱中得以幸存。罗马战地医疗队还担负着新兵体检、监管军营的卫生条件、遏制疾病传播等重要职责。他们甚至还开创了抗菌手术的先河：在使用医疗用具之前先使用热水对其进行消毒，这种手术形式直到19世纪都未被世人完全接受。古罗马军事医学的先进性主要体现在治愈伤病及保健方面，最直接的证据就是那些士兵虽然饱受战争之苦，却拥有比平民百姓更长的寿命。

古罗马战地外科雕像

2. 十二铜表法及罗马民法大全

几个世纪以来，古罗马的制度在西方法律和政府管理中占有重要的地位。今天我们熟悉的词汇，例如传票、人身保护权益、义务法律、证词等，都出自古罗马的法律制度。古罗马法律起源于《十二铜表法》，该法则为共和党时期制定的宪法中的一个重要组成部分。《十二铜表法》于公元前450年首次通过，其中详细叙述了财产、宗教和离婚等方面的相关条例，并列出了包含盗窃罪和巫术在内的当时所有罪行的刑罚措施。《罗马民法大全》是一部雄心勃勃试图融合整个罗马史法律的百科全书，比《十二铜表法》更具影响力。

查士丁尼一世像

民法大全由拜占庭国王查士丁尼(公元483—565)组织起草,涵盖了很多近代法律原理,例如"除非被告被证明有罪,否则就无罪释放"这些我们熟知的法律概念。即使是罗马帝国灭亡之后,民法大全的影响依然巨大,后来英国普通法和伊斯兰教教法相继颁布,但古罗马法典仍发挥着其不容小觑的影响力,在一些欧洲国家以及美国路易斯安那州等地的民事法案上依然奏效。

3. 马路和高速公路

罗马帝国鼎盛时期的面积近170万平方英里,甚至覆盖了欧洲南部大多数地区。为确保这个庞大领域的管理高效有序,罗马人建造了古代世界最为复杂的道路系统。"条条大路通罗马"描述的就是古罗马庞大的道路工程,这些罗马公路至今仍被大量使用。古罗马的公路都是由花岗岩或硬化火山熔岩形成的泥土、碎石和砖构造而成。在设计公路时,罗马工程师秉持严格的设计标准,创建笔直的道路,以利于排水。据资料记载,截至公元200年,古罗马人已经建造长达50 000英里的道路,此外道路上还设立了一系列的网状驿站。古罗马的道路工程主要服务于军事战争,平实的道路允许罗马军团每天步行25英里,而网状驿站可以确保信息和其他情报以惊人的速度快速传递。古罗马人管理道路的模式有点类似于现代高速公路的管理模式:道路每隔一段距离就设有一个醒目的里程碑,上面记载着道路的名称、归属的城市、下一个城市的名称及距离、到达罗马的距离等信息。罗马帝国时期,一些被民众广为歌颂的士兵的名字也被记录在石碑上,成为了"公路巡警"。

4. 纸质书

在人类历史发展的早期,文学作品大都被记录在笨拙的泥板或卷轴之上,罗马人通过创造法典使这种方式得以简化。法典被后世的许多学者认为是最早的书的原型。首部法典由蜡质的纸制成,随后就被动物的皮毛羊皮纸所取代,因为后者可以更清晰的显示纸页。最早的法典形式是由尤利乌斯·恺撒所创造的莎草纸页版本,但这种纸质法典直到公元1世纪左右才被推广。早期的基督教徒成了首批利用该项革新的民众,他们运用这项技术大批量的印制《圣经》。

5. 福利事业

福利事业最早出现在古罗马时期,现代政府的很多福利事业的雏形都起源于古罗马,其中包括救助贫困居民所制定的发放粮食补贴标准、教育经费以及其他费用补贴的发放标准。早在公元前122年,古罗马著名政治家盖约·格拉古在担任保民官时颁布了《粮食法》,该法律要求国家政府要满足罗马公民低价购进谷物的需求。在图拉真皇帝统治期间,不仅保留了之前的福利,还大力推行一项"供给"福利,这项福利主要用于孤儿的养育,确保他们衣、食、住、行和受教育权利。此外,为了抑

图拉真雕塑

制物价的飞速上涨，罗马政府还颁发了一种“代币券”，使得玉米、猪肉、面包、粮油和酒品等生活必需品的价格都得以控制。图拉真皇帝的慷慨福利换来了罗马民众的尊敬和爱戴，但有些历史学家却将罗马帝国经济的衰落归因于他如此慷慨的行为。

6. 报刊雏形

公元前131年，古罗马发布了世界上最早的报刊——《罗马公报》，报刊内容涉及军事、政治、法律和民事等问题，通过报刊民众可以了解这些事项的处理结果。与现代报刊以纸质或电子图书的形式传播消息不同，《罗马公报》通常会被刻录在石头或金属之上，并放置在诸如市政广场之类的闹市区以便市民浏览。如果按现代报刊的分类方法来看，《罗马公报》应该是一份综合性报刊。因为它涉及的内容非常丰富，既包括战争捷报、行政命令等军事政治内容，还包括了比赛事项、格斗回合场次、出生喜讯和讣告等民生内容，有时甚至还会登载一些民众喜欢的故事。据史料记载，在古罗马共和国时期还有一份名为《元老院记事录》报刊，这份报刊主要用于记录罗马元老院会议的讨论和决议。早期的《元老院记事录》被设置为保密内容，仅供元老院内部传阅，禁止公之于众。直到公元前59年，古罗马执政官尤列乌斯·恺撒实行民主改革，下令将元老院及公民大会的议事记录公之于众，《元老院记事录》才得以在普通民众中流传。

刻在石头上的古罗马报刊

7. 混凝土

古罗马的许多建筑，诸如万神庙、斗兽场、古罗马广场等直至今日依然屹立，主要是因为古罗马人掌握了先进的混凝土技术。大约在2100多年前，罗马人就开始利用混凝土建造房屋。混凝土被广泛应用于引水渠、桥梁和纪念碑等大型建筑的建设之中。罗马的混凝土在强度上远比不上现代混凝土，但罗马混凝土独特的成分使其更加持久耐用。罗马混凝土的主要成分是火山灰、石灰石、沙子和海水。罗马人利用熟石灰和一种在维苏威火山地区发现的粉尘物与海水混合制成一种具有很高黏性的糊状物，然后再加入火山凝灰岩等。罗马混凝土具有超强的抗化学腐蚀性，由于其中加入了维苏威火山地区的粉尘物使得罗马混凝土即使在海水中也能够迅速凝结硬化。得益于此，罗马人才能够精心建造各种浴场、码头和港口。

古罗马广场遗址

8. 引水渠

为了方便罗马人的生活,古罗马修建了大量的公共设施,例如地下广场喷泉、排污系统、公共厕所和公共浴池等等。但是如果没有罗马引水渠的发明,一切与水有关的创新设施都将无法实现。公元前312年罗马人建造了第一条引水渠,他们以石管、铅管和陶管作为输水管道把200多公里之外高山上的水引入城区供公民使用。引水渠的成功修建不仅解决了罗马人的引水问题,而且大大加快了罗马城公共健康和卫生设施的发展。在引水渠出现之前,其他文明例如埃及、巴比伦和亚述都建成了原始运河引水系统用于农田灌溉,而罗马人则是首先将土木工程技术运用到运河改造中,从而发明了引水渠。古罗马帝国时期引水渠遍布整个帝国,数量多达数百条,其中最长的大约有60英里。古罗马的引水渠历经千年岿然不动,甚至有部分引水渠至今仍然在发挥作用,这让我们不禁为古罗马人精湛的技艺所叹服。意大利罗马市久负盛名的特莱维喷泉正是修建在古罗马十一条大型水渠之一——维戈水渠的水源地。

嘉德水道桥

第三章　中世纪的科学技术

“至今最不为人所了解的阶段。这就是中世纪——许多世纪黑暗之中的摸索。巨大的努力花费在解决一些虚假的问题，主要是把希腊哲学的结果同各种宗教的教义调和起来。就他们的主要目标而言，这一些努力自然是毫无结果的，但他们却带来了许多附带的结果。主要的结果就是实验精神的酝酿。”

——［美］乔治·萨顿

古希腊有辉煌的科学，德谟克利特的原子学说、毕达哥拉斯的数学、欧几里得的几何学体系、阿基米德的物理学、托勒密的宇宙模型，无一不令人震惊；古罗马有精湛的技艺，奇妙的卢奇格斯杯、神秘的混凝土技术、宏伟的引水工程，无一不令人叹服。那么中世纪的欧洲有什么呢？

公元476年西罗马帝国灭亡以后，灿烂辉煌的古代希腊、罗马的学术传统被一扫而光。欧洲随之进入了一个充塞着暴力、混乱与苦难的时代，这个时代一直持续到15世纪中叶。学者们通常把这个时期称为“黑暗的中世纪”，他们认为这段时期对近代科学的负面影响远远大于其正面影响，是欧洲科学史上的黑暗时代。但是，随着史学家对历史的更全面、更客观的研究，这种持全面否定的观点暴露出其片面性，并在不同程度上遭到质疑。因为这个时期中所传承的古希腊、古罗马文化对后来文艺复兴运动的开展和近代科学的兴起起到了重要而积极的作用。

科学史学家认为欧洲中世纪文明史可分为两个阶段：中世纪早期和中世纪后期。11世纪之前的几百年被称为“中世纪早期”，这段时期才是中世纪真正的“黑暗时期”。由于这个时期的欧洲没有一个强有力的政权来统治，封建割据带来了频繁的战争，加上基督教对人民思想的禁锢，鼓吹“不学无术是信仰虔诚之母”，造成科学技术和生产力发展的停滞。中世纪后期的科学在对自然界进行理性探索以及拓展亚里士多德自然哲学的局限性等方面收获颇丰。11世纪以后，伴随着十字军的东征，欧洲人开始重新发现和认识了古希腊文化。欧洲人接受并吸收了阿拉伯人的科学成果，并且在学术研究工具方面取得了巨大的进步。亚里士多德的自然哲学为中世纪打开了一个思想的新世界，并最终成为文艺复兴的直接思想源泉。

事实上对于中世纪的划分，西方学者还有其他不同的看法，例如有的学者将11世纪以后到文艺复兴的几百年称为中世纪。其实无论如何界定中世纪，我们都必须承认中世纪传承了古希腊文化，孕育了近代科学，是历史上不可或缺的重要一环，而并非仅仅只是漆黑一片。中世纪犹如一颗播在冰川下的火种，在文艺复兴时期破冰而出，燃烧出近代科学的熊熊烈火。欧洲中世纪所取得的科学成就为16、17世纪的科技革命打下了良好基础。正如丹皮尔所说："在科学历史学家眼中，中世纪是现代的摇篮。"

本章话题

话题1：大学的起源

话题2：机械钟带来的改变与中世纪的欧洲建筑

本章要求

- □了解大学的起源与发展
- □了解机械钟带来的改变与中世纪的欧洲建筑

话题1：大学的起源

"大学"是拉丁文"universitas"一词的译名，专指12世纪末期在西欧兴起的一种高等教育机构。这种机构形成了自己独有的特征：组成了系（faculty）和学院（college）；开设了规定的课程，实施正式的考试；雇佣了稳定的教学人员；颁发被认可的毕业文凭或学位等。目前全世界大约有4.5万所大学，而中国大陆地区约有2800多所。

1. 大学之前的欧洲高等教育

大学是什么时候诞生的？对于这个问题，历史学家们有着不同的看法，德国哲学家汉娜·阿伦特认为大学起源可以追溯到古希腊时代。公元前387年希腊哲学家柏拉图就在雅典附近的Academos建立了著名的柏拉图学园，它被认为是欧洲大学的萌芽。尽管柏拉图学园并未成为长期性的教育机构，但其在哲学、修辞、几何和法律等方面的教学成就却闪耀着永恒的光辉。

公元前399年，柏拉图在获悉恩师苏格拉底被判死刑后，毅然放弃了工作，离开雅典到世界各地游学。在长达12年的游学生涯中柏拉图先后到达了梅加腊、西西里岛、南意大利、埃及等地，当他再次踏上故土时已是不惑之年。公元前387年，柏拉图在雅典西北郊外开办了一所学校，学校坐落在美丽的克菲索河边，两岸林木茂密，学校的建筑和雕塑就掩映在一丛丛绿色林荫深处。为纪念当地一名叫阿卡德米（Academus）的战斗英雄，他将这座学园命名为阿卡德米学园。今天的大学中"学院"（academy）一词实际上就是来源于"阿卡德米"。阿卡德米就是后来举世闻名的柏拉图学园，它是欧洲第一所综合性学校，开设的主要课程有哲学、政治、法律、算术、几何、天文、音乐等。柏拉图学园的教学方式与现代大学有着很大的不同，主要是师生之间进行对话与辩论。柏拉图学园是古希腊科学的摇篮，吸引着众多的有志青年来这里深造，亚里士多德和马其顿王亚历山大都毕业于这所学校。

除此之外，柏拉图学园还是一所研究机构，许多慕名而来的学者和学成留校的学生让这所学园渐渐变成了一座颇具盛名的研究院。这所学校还有一项特别的服务——提供政治咨询，因此许多周边的城邦在建国、立法、组建政府时遇到麻烦，都会来这里求助。学园的独特功能使其具有了一种特别的生命力，学园一直持续了 900 年，直到公元 529 年才因战乱而关闭。当然，柏拉图学园还不能称之为大学，因为“像苏格拉底这样伟大的导师，他是不发毕业证书的”。

柏拉图学园遗址

在欧洲中世纪大学创办之前，高等教育已经存在了数千年。古代埃及、印度、中国等都是高等教育的发源地，古希腊、罗马、拜占庭及阿拉伯国家都曾建立了较完善的高等教育体制。虽然许多教育史家把上述地方的高等学府也称之为大学，但严格地说，它们并不是真正意义的大学。

2. 中世纪大学的起源

美国现代主义诗人托马斯·斯特尔那斯·艾略特曾说过：“如果基督教不存在了，我们整个文化也将消失。一切将从零开始，你得经过若干个世纪的野蛮状态。”

事实上，最早的大学之所以会在中世纪的欧洲出现是具有一定的社会历史背景的。对中世纪大学的诞生影响最为直接的莫过于当时欧洲的两大权力机构：神圣罗马帝国和基督教会。公元 476 年西罗马帝国灭亡之后，统治西欧的各大蛮族忙于四处掠夺，而在文化教育方面可以说是乏善可陈。在那个时代，基督教会的一代代修道士和教会学校成了辉煌古希腊和古罗马文明的继承者和传播者。公元 529 年，诺尔西亚的本尼狄克创建了著名的蒙特长西诺修道院，从此开启了中世纪高等教育的崛起之路。后来在基督教会的不断努力下，各地陆续出现了一些修道院学校、大教堂学校和堂区学校，致力于教人读书识字、钻研古代典籍和培养学术人才。当时教会学校的学习课程就是大名鼎鼎的“七艺”。“七艺”是古希腊、古罗马的传统课程,它又可分为比较基础的“三科”和较为高阶的“四学”。所谓的“三科”指的是修辞、辩论和文法;而“四学”则是指柏拉图所提倡的算术、几何、天文和音乐。虽然这七门课程早在古希腊后期就已经逐渐成为学校普遍教授的科目,但是最早系统提出“七艺”概念的是卡希欧多尔。他在《神学与世俗学导论》一书中首次提出“七艺”这个词,并强调世俗文献对于基督教徒也具有重要意义,“七艺”因此成为了中世纪高等教育的基础。

中世纪大学被誉为是黑暗时代的“智慧之花”,在其诞生之初就被赋予了浓浓的宗教色彩。在那个被基督教笼罩的年代,大学在很大程度上还是教会的附属机构。由于教皇垄断着证书颁发的权力,因而任何新建的大学都必须经过教皇谕旨批准。大学不仅为基督教传播交易、抵御世俗权利和地方封建势力做出了重大贡献,而且为教廷培养了大批的神学和法学人才。11 世纪中期,随着欧洲封建制度的确立,商业贸易越发频繁。专职的工商业者聚居在一起,从事生产和贸易活动,逐渐形成了中世纪的城市。在城市发展的进程中,原有的修道院学校和大教堂学校再也无法满足社会发展的需要。在巴黎、博洛尼亚和牛津等地,师生们为了保障自己的权利和利益仿照手工艺人行会的方式,组成了教师行会和学生行会:教师联合成特殊的组织被称为系或教授会(faculty),后来把系理解为教授某部分知识的大学分部;学生则按籍贯组成同乡会(nation)。起初两个行会各有自己的权利和义务,后来这些学生行会和教师行会结合成学习和研究的组合——大学(拉丁语:universitas)。universitas 一词是 1228 年由教皇颁布的敕令确定并首先对教师和学生使用的。

意大利的博罗尼亚大学被认为是中世纪第一所正规大学,它是欧洲最著名的罗马法研究中心,1158 年神圣罗马帝国皇帝弗雷德里克一世的敕令使之成为正式的大学,随后欧洲各地相继出现了大学。巴黎大学是由巴黎圣母院的附属学校索邦神学院发展而来的,以研究神学著称。1200 年法皇路易七世承认巴黎大学的学者具有合法的牧师资格,具有司法豁免权。1215 年教皇取消了圣母院主事对巴黎大学的控制权,巴黎的教师协会获得了合法团体的资格,至此巴黎大学完成了由习惯认可的大学到被法律承认的大学的转变。巴黎大学被誉为“世界大学之母”,后来欧洲建立的许多大学都与它有着千丝万缕的关系,其中著名的有牛津大学、剑桥大学、比萨大学等。1168 年留学巴黎大学的学者们回到英国创办了牛津大学。1209 年由于与当地居民发生冲突,牛津大学部分学者逃离牛津、落脚剑桥创建了举世闻名的剑桥大学。12、13 世纪的欧洲是科学的沃土,那个时代诞生的著名大学还有法国的蒙彼利埃大学(1181 年)、图卢兹大学(1230 年),意大利的帕多瓦大学(1222 年)、那不勒斯大学(1224 年),西班牙的帕伦西大学(1212 年)和葡萄牙的里斯本大学(1290 年)等。

欧洲中世纪的大学是一种独立自主的机构,享有高度的自由权,实行完全的自治。它既不受上级机关的管辖,也不受地方政府的限制。如果学校与地方政府发生冲突,或者对当地的条件及环境感到不满意,学校可以搬到其他地方继续办学。中世纪大学的自治性还表现在它享有某些特权:免受兵役、免纳捐税、司法自治等。当然这种独立自治权并不是与生俱来的,而是学校在与教会、世俗君主以及自治城市当局的摩擦和斗争中,为自己争得的。在争取自治的过程中,几乎所有的大学在其成立之初都曾与当时的地方政府或教会发生了激烈的冲突,甚至发生过大规模的械斗。

博洛尼亚大学的校园

中世纪的大学按领导体制的不同一般可划分为两种类型。第一种类型是以最早兴起的博罗尼亚大学为代表的“学生大学”。在这种类型的大学中管理大学的各种重要的权利都掌握在学生的手里,他们自己组成行会主持校务。教授的选聘、学费的数额、授课的时数和学期的时限等相关事项都是由学生行会自行决定。中世纪欧洲南部的大学,例如法国(巴黎大学除外)、西班牙、葡萄牙等地的大学大多属这种类型。

另一种类型的大学被称为“先生大学”,与“学生大学”不同的是“先生大学”的校务是由教师掌管,法国的巴黎大学就是这种类型。除此之外英格兰、苏格兰、瑞典、丹麦、德国等欧洲北部的大学大多属此种类型。

巴黎大学前身——索邦神学院

中世纪大学拥有自治和学术自由,而且是民主、平等的机构。大学里没有特权阶层,教师人人有权竞选校长或院长;大学生更多的来自市民或农民家庭而不是贵族家庭,上大学同当神职人员一样,成为平民子弟跻身上流社会的途径。皮科洛米尼出身于一个破落的贵族家庭,他通过大学教育,最终成为教皇庇护二世(Pius II)。他在批准建立巴塞尔大学的信中说:“学习科学有助于帮助出身寒微者向上发展,使他们成为贵族。”中世纪许多学者闻名遐迩,但却无人知道其出身门第,这与大学的民主不无关系。

知识加油站——现代大学的诞生

1810年10月，也就是德国惨败于拿破仑的四年之后，由普鲁士王国国王威廉三世出资，内务部文教总管廉·冯·洪堡负责筹建的柏林大学正式开学，威廉三世还将其豪华的王宫捐献出来作为大学的校舍。柏林大学是依据“研究教学合一”的理念创建的，被誉为“现代大学之母”。与在此之前建立的欧洲和美洲的大学不同，柏林大学首次被赋予了大学神圣不可侵犯的自治权，即高等教育三大自由：学习自由、教学自由和研究自由。根据洪堡的理念，现代大学应该是“知识的总和”，教学和科研同时进行，教师的教学和学生的学习都应该具有很大的自由。因而19世纪的德国大学，既没有教学大纲，也没有必修和选修之分。学校只规定最低限度的必修科目，学生可以自由选学其他各种课程，学生可以选择教师，还可以随意转到别的大学去学习。正是这样的自由，诞生了伟大的卡尔·马克思，他一年级在波恩大学，二年级在柏林大学，三年级在耶拿大学，最后在耶拿大学获得博士学位。

洪堡还认为现代大学还应具备科研自由，科学研究不能由政府下令，只能任其自由发展，并且科学研究的目标、对象以及方法和途径，必须留给科研工作者自主解决。此外大学教授和学者应该处于政治和社会环境的彼岸，远离社会实际政治与经济利益。在这种理念的指引之下，德国的重要科学成果迅速超越英国和法国，跃居世界第一。1800—1900年间，英国和法国取得的重要科学成果分别为198项和219项，而德国却足足有356项。19世纪末一位法国学者谈道：“在科学的各个领域，德国毫不例外居领先地位。德国一国所取得的科学成就已远远超过世界其他各国的总和。这是不争的事实。德国在科学上的优势可以和英国在贸易和海上的优势相媲美。”

大学职能的转变是现代大学与传统（中世纪）大学的根本区别所在。传统大学是已有知识的传授场所，将研究、发现知识排斥在大学之外，而现代大学则将科学研究作为自己的主要职能，将增扩人类的知识和培养科学工作者作为自己的主要任务，崇尚“学术自由”，推行“教学与科研的统一”。柏林大学精神推动了德国的科学事业发达昌盛，在短短的几十年间，德国重大科学发现超过了世界同期重大科学发现总数的25%，德国也因而取代法国成为新的世界科学中心。这一思想对世界高等教育也产生了深远影响，为近代大学的形成奠定了基础。

19世纪30年代，德国进行了深入的大学改革，首创了大学导师制，将教学与科学研究紧密结合起来。全新的科研教育体制，吸引了世界上最优秀的科学人才慕名而来。细胞学说、相对论、量子力学等重大科学理论和学说就是在这个时期诞生的，此外德国还为世界贡献了爱因斯坦、玻尔、欧姆、高斯、李比希、霍夫曼等一大批顶尖科学家。19世纪70年代，德国一跃成为世界工业最强国并率先进入电气化时代。大学的改革使德国的科学技术在19世纪取得举世瞩目的成就，直到今天仍然使德国保持了旺盛的科技创新能力。

现代大学与传统(中世纪)大学的根本区别在于大学职能的转变。传统大学是传授已有知识的场所,将研究和发现知识排斥在大学之外,而现代大学则将科学研究作为自己的主要职能,将增扩人类的知识和培养科学工作者作为自己的主要任务,推崇"学术自由"和"教学与研究的统一"。柏林大学精神推动了德国的科学事业发达昌盛,19世纪初到20世纪初德国成为世界科学的中心。这一思想对世界高等教育也产生了深远影响,为近代大学的形成奠定了基础。

知识加油站——中国大学的起源

在现代教育体系中,大学是位于学制结构金字塔尖端的高等教育。倘若溯流而上,纵向考察中国古代社会的高等教育,我们会发现中国早在公元前27世纪的虞朝就出现了"大学"一词。虞夏商周时期的上庠、东序、右学、辟雍等,从某种意义上讲已经具备了高等教育的一些属性,应该可以说是高等教育的雏形。儒家经典《大学》一书开宗明义地道出了大学的理念:"大学之道,在明明德,在亲民,在止于至善。"其中"明明德"是指通过教育发扬人性中本来的善,培养健全的人格;"亲民"是指通过教与学的统一,达到修己立人、推己及人、化民成俗、更新民众,从而改变整个社会的风气;"止于至善"指出了教育的终极目标,即通过教育,使整个社会达到古之谓"至善"的理想境界。

"大学"一词从广义上来说泛指古往今来整个人类文明曾经出现过的所有施行高等教育的组织机构。如果从这个意义上理解,中国的高等教育远远早于欧洲。中国古代的高等教育一直存在着官学和私学两种类型。在中国封建社会,太学是官学中的最高学府,也是中国古代规模最大的高等学府。"太学"一词本身就是由"大学"衍生而来的。太学起源于汉代,此后历代封建王朝都设立有太学,只不过叫法不一样:晋武帝时期称之为"国子学";隋炀帝时代改名为"国子监"。明清时期国子监兼具国家教育管理机构和最高学府两重性质,后来逐渐衰败,成为了科举的附庸。私学是中国历代私人开办的学校,是封建社会学校的重要组成部分。伟大的教育家孔子是最早开办私学的人之一,他广收门徒、传授学问,并将自己的政治理想寄托在后学身上。中国古代书院就是由私学经馆发展而来,是中国古代学者研究学问、聚徒讲学的教育场所。中国有着悠久的书院史,北宋四大书院之首的石鼓书院(位于湖南省衡阳市)始建于公元810年,迄今已有1200多年历史;如果追溯到长安太学,中国私立高等教育则已有2100多年历史。

狭义的"大学"一般是指"现代大学",它起源于欧洲中世纪后期。最早是由学者与学生组成的独立、自治的行会组织,后来逐渐将教师、学院、课程、考试、毕业典礼和学位等有关知识学习的组织形式永久地制度化,然后一直延续发展至今,成为当今世界现代高等教育的主要形式。尽管在草创之初我国的学院制度与中世纪欧洲大学具有很多的相似性,但是在中国却没有诞生最早的现代大学。中国现代大学从起源来说是"西学东渐"的产物,它出现的时间比较晚。

中国最早的现代大学是哪一所大学呢？关于这个问题长期以来一直众说纷纭。有人认为是具有千年历史的湖南大学的前身岳麓书院，有人认为是创办于1893年的武汉大学的前身湖北自强学堂，有人认为是创办于1895年的北洋大学堂和1896年的南洋公学，也有人认为是北京大学的前身京师大学堂。近年来，一些学者的研究表明1594年天主教耶稣会在澳门创办的“圣保禄学院”才是中国现代第一所大学。澳门圣保禄学院不仅是中国的土地上出现的第一所西式大学、教会大学，也是整个远东地区创办最早的西式大学之一。学院的课程结构、考试方法、学校建筑、设施条件、人才培养等各方面已经具备了大学性质。名列《辞海》的圣保禄学院师生包括汤若望、毕方济、艾儒略等十余人，此外中国著名学者吴渔山、陆希言也是该校毕业生。圣保禄学院1762年被关闭，历时仅仅168年。1879年，美国圣公会传教士施约瑟在上海创办了圣约翰书院，后经改组、扩建成立了由文理、医学和神学三科组成的大学部，并得到美国圣公会布道部的确认。1905年，该校在美国成功注册并更名为“圣约翰大学堂”，并获得授予美国大学毕业同等之学位。圣约翰大学创造中国大学教育史上多个“第一”：第一份文理综合性大学学报，第一场运动会，第一个校友会，第一个研究生院，第一份学校发行以及学生自办的英文刊物，第一次引入考试名誉制、选科制等西方教学制度，第一座现代化的大学体育馆等。这所实力一直很雄厚的民办大学最终在解放后被强行解体，相关系、科并入到上海其他高校。在1895年之前圣约翰大学是中国唯一一所大学，当然也是最好的大学了。

中国近代史上最早的官办大学是创建于1895年的北洋大学堂。北洋大学堂的前身是天津中西学堂，1895年改为北洋大学堂，1903年改名为北洋大学。北洋大学参照美国哈佛大学、耶鲁大学的教育模式，进行专业设置、课程安排和学制规划。建校之初，学校设有头等学堂和二等学堂：二等学堂为预科，招收13-15岁学生，学制四年；头等学堂为大学本科，学制也是四年。这是中国近代教育分级设学之始。该校主要培养工程技术人才，早期首设土木工程、采矿、冶金等专业，是中国近代工程学科的鼻祖，也是我国近代最早的一所工科大学。后几经变革，1929年后改名为国立北洋工学院，抗战时参与组建西安临时大学、国立西北工学院，直至1942年恢复国立北洋工学院。1945年抗战胜利后，国立北洋大学正式在天津复校。1951年，北洋大学与河北工学院合并，定名为天津大学。

北洋大学堂

中国第一所由中央政府设立的国立综合性大学，是创办于1898年的京师大学堂。京师大学堂在戊戌变法时应运而生，它是光绪帝设立的清代最高学府，1912年改名为北京大学，严复为首任校长。1916年蔡元培担任北京大学校长，“循思想自由原则、取兼容并包之义”，提倡民主、科学，反对旧思想、旧礼教；提倡白话文，反对文言文，北京大学迅速发展为名副其实的全国一流大学。北京大学不仅是当时的国学中心，更是全国新文化运动的发祥地和马克思主义传播的中心。北京大学是中国最早创立中文系、历史系、哲学系、经济系、数学系、物理系、化学系、地质系的大学。

知识加油站——挂在哈佛校门上的“猪头”

哈佛大学创建于1636年，比美利坚合众国早成立140年。故有“先有哈佛，后有美国”的说法。哈佛大学被誉为美国政府的思想库，曾走出8位美国总统、47名诺贝尔奖获得者和34名普利策奖获得者；曾培育了一大批知名的学术创始人、世界级的学术带头人、文学家和思想家。据传全世界一半以上亿万大亨都与哈佛“有染”，其中还有比尔·盖茨、马克·扎克伯格这样的著名辍学学生。

哈佛是美国最古老最著名的大学，但是每一位访问哈佛的人，第一印象却是那高挂在校门上的“猪头”。

哈佛大学校门上的猪头

那么这所著名学府的校门顶上，为何要挂着“猪头”呢？这其中必有缘故和典故：

典故1：建校之初，为了庆祝哈佛皮划艇代表队夺得冠军，学生们兴高采烈地宰杀了一头猪，并把猪头悬挂于校门，以示庆贺；

典故2：建校之初，学校对面是一个猪头俱乐部，学校的优秀学生才能加入该俱乐部，成为俱乐部的成员，如今学校对面是一个中餐馆；

典故3：今天人们赋予“猪头校门”更多的寓意，哈佛教育研究水平顶尖，即便是猪头猪脑般的“蠢材”来到哈佛，也能够学有所成，成为世界顶尖级人才；

典故4：哈佛大学是美国最古老最著名的大学，在学校的校门上刻着一个猪头，是为了时时提醒哈佛的学子不要恃才自傲,要像猪一样谦虚。

“猪头”并不意味着愚蠢,哈佛大学校门上的那个猪头也许暗喻着哈佛对他的学生的期许:像猪一样不好高骛远,像猪一样现实,像猪一样热爱生活,像猪一样低调,像猪一样厚道。

知识加油站——数百年的对抗:揭秘牛津与剑桥的“恩怨”

当我们谈论起英国的大学时,我们首先想起的就是合称为“牛剑”的牛津大学和剑桥大学。它们是英格兰最古老、最著名的大学,同时也是世界一流的知名学府,素有“艺术的牛津,科学的剑桥”的说法。牛津大学以文科著称,所出元首数不胜数;而剑桥大学则以理工科著称,出了70多位诺贝尔奖得主。作为英格兰民族知识界的双驾马车,牛津、剑桥之间的互不服气也算历史久远了。

牛津大学与剑桥大学的恩怨可以追溯到12世纪剑桥大学成立之初。1209年,也就是牛津大学建校42年后,牛津大学的一位学生在练习射箭的时候,误杀了镇上的一名妇女,从而激化了早已蕴含在牛津市民与学校学生、学者之间的矛盾。整个牛津大学人心惶惶,学校不但停课,更有教师和学生,以个人或团体的方式逃离牛津。这一群从牛津逃离的师生来到剑桥镇之后,发现这个宁静的小镇十分适合学习和研究。他们在当地教会的帮助下,在剑河旁安营扎寨,潜心于文化传播和学术钻研,从而开创出一片新的学术天地,成立了著名的剑桥大学。说到这里我们又不得不提到前文中介绍到的美国著名的大学——哈佛大学,1637年,剑桥大学伊曼纽学院的毕业生——约翰·哈佛移居美洲,他在去世前将自己一半的产业和图书馆捐献出来,建立了哈佛学院。该学院在形式上完全仿照当时剑桥大学的伊曼纽学院,这个学院以后便发展成为哈佛大学。因而有人戏称“牛津是剑桥的母亲,剑桥是哈佛的妈妈”。

12世纪以后牛津和剑桥之间展开了长达数百年的竞争与对抗,这场对抗从最早的学术对抗发展到后来的全方位对抗。在两所大学一系列的对抗中最受瞩目的要数一年一度的赛艇对抗赛了,每年春天两所学校的体育精英齐聚泰晤士河,在此一决高下。前一年的失败者就成为下一年的挑战者。在过去的151届比赛中,剑桥赢了78次,而牛津赢了72次。

说起牛津剑桥赛艇对抗赛的起源就很有趣了,最早的活动发起者是两个分别就读两大名校都叫查尔斯的好友——牛津的查尔斯·华兹华斯和剑桥的查尔斯·麦利维尔。1829年,两位查尔斯突发奇想:既然两所大学在学术教育上互不服输,那为什么不举行一次划船对抗赛来较量一番呢?原来这两所大学都位于河畔,分别依傍着康河和查韦尔河,划船运动在两校都很受欢迎,唯一的不同是划船的方法:在剑桥,船头朝前,划船人站在船尾;而在牛津,则是船尾朝前,划船人站在船头。两人可能没有想到正是他们的突发奇想开启了两所被河围绕的学府长达百年的赛艇对抗赛。为了调侃两所学校对赛艇对抗赛的痴迷和执着，英国媒体甚至把他们比作“泰晤士河上的罗密欧与朱丽叶”。

几百年来，牛剑两校激烈地竞争着，但他们同样互相尊重、难舍难弃。或许正是这几百年来互不服输的竞争，才促使这两所世界名校不断发展。

话题 2：机械钟带来的改变与中世纪的欧洲建筑

中世纪欧洲的理论科学是贫乏的，但是技术却在缓慢地积累和进步。战争虽然给欧洲科学带来了毁灭性的打击，但同时也带来了不少前所未有的农业生产技术；中世纪末期欧洲北部的贸易发展带来了航海技术的变革；中国的四大发明在欧洲重新发扬光大。在一系列的技术成就中较为突出的是机械的发明和教堂建筑。

1. 机械钟的出现

中世纪的欧洲文明是依靠水力和风力驱动的，水力机械和风力机械作为最主要的动力机械系统被广泛应用于生产和生活之中。水车、风车、齿轮机构和传动装置的发展促成了机械文明的出现，而带来这场变革的发明是——机械钟。

古老的机械钟

机械钟是人类智慧的结晶，有记录的最古老的机械钟诞生在 13 世纪。有个叫维克的德国人，用八年时间为当时的法国皇帝做了一个机械钟，据文献记载这个钟极为精美，可谓鬼斧神工。欧洲早期的机械钟是重锤式机械钟，这也是欧洲最早的一种依靠擒纵装置进行守时的计时器。它是由挂在绳子一端的重锤所驱动，绳子的另一端绕在一个轴上，随着重锤的下降，轴相应地转动，再通过齿轮带动钟的指针旋转。1510 年，德国锁匠彼得 · 亨莱思首创性地利用钢发条取代重锤，创造了用冕状轮擒纵机构的小型机械钟表。然而这种钟表的计时效果却并不理想：发条若是上得太紧，指针就会走得过快；发条若是上得过松，指针就会运行得慢。但是很快捷克人雅各布 · 赫克就改进了这一缺点，他设计了一个由锥形涡轮和一卷发条组成的驱动机构：当发条卷紧时，力作用于锥形涡轮的顶端；当发条放松时，拉力减弱，力作用于涡轮底部，这样一来机械钟就可以保持匀速运转。

后来随着经典物理学的发展，人们发现了弹簧、单摆等的机械振动具有固定的周期。通过测量和计算物体机械振动的固有周期来计量时间，这就是机械钟表计时原理。伽利略发现单摆的等时性以后，建议研制利用单摆作为核心守时装置的计时器，这一提议在惠更斯手中得到实现。这样以重锤提供动力，以单摆为计时基准，使用擒纵机构的惠更斯摆钟在 1656 年诞生了。这也是人类历史上第一架摆钟。

钟表的发明带给人类对时间体验和时间感知的巨大改变。在此之后,人们对时间的直观感受,不再是日晷、打更的声音,而是圆形的表盘,计时被视为精密的技术而不是一种感觉估计,人类活动不再按时辰而是按小时和分钟进行安排。钟表预示了机器时代的来临,机器的运用导致了工业革命。

2. 中世纪的欧洲建筑

建筑技术是中世纪技术的璀璨明珠。中世纪是欧洲建筑发展的重要时期,这段时期的东西欧由于宗教的不同,建筑也有很大的不同:东欧发展的是古罗马的穹顶结构和集中式形式;而西罗马发展的则是古罗马的拱顶结构和巴西利卡形式。两种类型的建筑都各有各的特点,并且都对现代建筑的发展起到一定的促进作用。

公元 395 年,罗马帝国分裂,东罗马迁都君士坦丁堡,成立拜占庭帝国。东罗马帝国的建筑在继承古罗马建筑特点的基础上,汲取了波斯、两河流域、叙利亚等东方文化要素,形成了独具风格的拜占庭建筑。建造于公元 5 世纪的圣索菲亚大教堂是拜占庭建筑最具代表性的作品。

圣索菲亚大教堂

圣索菲亚大教堂是东正教的中心教堂,是拜占庭帝国极盛时代的纪念碑。圣索菲亚大教堂是一个典型的以穹顶大厅为中心的集中式建筑:东西长 77 米,南北长 71 米;中央穹顶突出,四面体量相仿但有侧重;前面有一个大院子,正南入口有两道门庭,末端有半圆神龛。中央大穹顶直径 32.6 米,离地 54.8 米,在 17 世纪圣彼得大教堂完成前,它一直是世界上最大的教堂。

圣索菲亚大教堂内部空间设计丰富多变,大小空间前后上下相互渗透,穹顶底部密排着一圈 40 个窗洞,将光线引入教堂,使整个空间变得飘忽、轻盈而又神奇,营造出强烈的宗教气氛。门窗采用的是彩色玻璃,柱墩和内墙面用白、绿、黑、红等彩色大理石拼成,有的地方镶金,穹顶内贴着蓝色和金色相间的玻璃马赛克,璀璨夺目。

10世纪之后随着经济的复苏，西欧建筑逐渐摆脱初期简单的木结构形式，开始模仿往日罗马建筑恢宏的气势。罗马式建筑有圆屋顶和半圆的拱门，许多早期的教堂采用的正是这种样式。意大利比萨教堂建筑群是罗马式教堂建筑的典型代表。该建筑群是由大教堂、洗礼室、钟楼和墓地构成。相比起主教堂本身来说，它的钟楼名气似乎更大一些。钟楼位于主教堂东南方20多米，圆形，直径大约16米，高8层，中间6层围着空券廊。这座建造于1174年的建筑由于地基不均匀导致沉降，塔身开始倾斜，成为享誉世界的比萨斜塔。

比萨教堂建筑群

12世纪末，法国北部最早兴起哥特式建筑。它的主要特点是有尖角的拱门、肋形拱顶和飞拱、高耸的尖塔以及高大的窗户。其高耸入云的感觉很好地表达了中世纪基督徒对上帝的膜拜和对天堂的向往。由于哥特式建筑比罗马式建筑气势更为宏大，意境更为深远，所以很快流行起来。现在可以见到的法国巴黎圣母院和兰斯大教堂、德国的科隆大教堂、英国的林肯大教堂、意大利的米兰大教堂，都是著名的哥特式建筑。

世界上最大的哥特式建筑——米兰大教堂

第四章　近代、现代与未来科学

科学的真正的、合法的目标说来不外是这样：把新的发现和新的力量惠赠给人类生活。

——[英]培根

发展独立思考和独立判断的一般能力，应当始终放在首位，而不应当把获得专业知识放在首位。如果一个人掌握了他的学科的基础理论，并且学会了独立地思考和工作，他必定会找到他自己的道路，而且比起那种主要以获得细节知识为其培训内容的人来，他一定会更好地适应进步和变化。

——[美]爱因斯坦

近代以来，从经典力学的建立到相对论、量子论的提出，人们对世界变化的认识开始由宏观世界深入到微观世界。生物学领域经历了创世神话到生物进化的理论演变。三次科技革命分别使人类进入蒸汽时代、电气时代和信息时代，改变了世界的面貌和人类的生活方式。本篇我们将从天文、能源动力、化学、生物、航空、航海、地球勘探和制造业等角度出发，探讨改变我们世界的科学技术。

本章话题

话题1：望远镜——打开通往宇宙的窗口

话题2：动力与能源的求索之路

话题3：从炼金术到会识别酸碱的花

话题4：显微镜下的世界

话题5：上天、入地、下海，谁与争雄

话题6：让你目瞪口呆的制造业

话题7：未来的思考

本章要求

□了解近代、现代科学技术的成就

□了解 21 世纪科学发展的趋势

□思考人类面临的危机和挑战,展望未来科技

话题 1：望远镜——打开通往宇宙的窗口

在人类发展的历史长河之中,我们从未放弃过对宇宙的观察和思考。因为孕育了人类文明的浩瀚宇宙不但壮丽无比,而且蕴含着无穷的神秘。截至目前,人类对宇宙的认识还处于一个初级阶段,还没有哪一种理论可以完全揭示宇宙的奥秘,就连宇宙的起源这个看起来再简单不过的问题,其理论也依然在不断争论和发展之中。是什么物质创生了宇宙？创生宇宙的物质又从何而来？又是什么力量促使宇宙的创生？一个个的疑问,一个个的问题,促使人类不断地思索,无尽地遐想,这种遐想甚至超越了常人思维的极限。随着我们对宇宙问题不断深入的研究,问题也越来越多。但是如果这些问题有朝一日得以解决,必将会带来自然科学的重大突破。

古人常用“上知天文、下知地理”来赞美一个人学识渊博、无所不知,其实这又何尝不是对天文学学科的一种肯定呢？天文学是一门既古老又前沿的学科:一方面天文学是最古老的科学,它几乎伴随着人类的产生,有关现代天体和宇宙的所有新概念都建立在人类对自然界不断探索和追求的基础之上的;另一方面天文学又是最前沿的科学,它的研究需要用到人类最新的知识和最先进的技术。在 19 世纪以前,天文学家的研究对象主要是天体力学,研究工具是光学望远镜。到了 19 世纪,随着照相术和光谱学的引进,以测定恒星和星云的亮度、温度、化学性质为内容的物理研究成为可能,随之而来的是对恒星和星云的结构的理论分析。20 世纪以来,量子论、相对论和其他物理分支的发展大大促进了天体物理学的兴起和发展。目前天文学的研究空前繁荣,人们发现了诸如类星体、脉冲星等前所未知的天体,解决长期困扰人类的诸如宇宙、化学元素、地球和生命起源等基本问题的可能性出现了。

天文望远镜的发明与应用

天文望远镜是观测天体的重要工具,可以毫不夸张地说,如果没有望远镜的诞生和发展,就没有现代天文学。望远镜的发明者是荷兰的眼镜商汉斯·利伯希,1608 年,他偶然发现用两块镜片可以看清远处的景物,受此启发进而制造出人类历史上的第一架望远镜。望远镜的发明打开了人类通往宇宙的窗口。

1. 折射望远镜的发明与应用

折射镜是天文望远镜的最早形式,人类历史上第一位利用望远镜对准天空进行天文学观测的科学家是著名的物理学家伽利略。伽利略观测星空所用的望远镜正是自制的折射望远镜。折射望远镜是利用光的折射原理进行工作的,它的基本原理是:光来自

于我们所见到的物体，然后它通过望远镜的镜片后，集中在焦点上，然后再向望远镜目镜射去，产生影像重生。根据光路的不同，折射望远镜可分为伽利略望远镜和开普勒望远镜两种。

1609 年伽利略自制了一架口径 4.2 厘米，长约 1.2 米，放大倍数为 40 倍的双镜望远镜。这台望远镜结构比较简单，管子两端放置两个透镜，属于折射望远镜。伽利略用自制的望远镜观察夜空，第一次发现了月球表面高低不平，覆盖着山脉并有火山口的裂痕。此后它又发现了木星的 4 个卫星、太阳的黑子运动，并得出了太阳在转动的结论。

望远镜的使用让伽利略发现了许多新的天文现象，也使他对哥白尼的日心说体系有了明确的认同，结果为他带来了终身的麻烦。1624 年至 1630 年间，伽利略断断续续地写作他的著作《关于托勒密和哥白尼两大世界体系的对话》。该书历经艰辛最终于 1632 年出版，但很快遭到罗马教会的查禁。1633 年，教会判处伽利略终身监禁，此后他一直在受监视之下住在佛罗伦萨城外阿切特里的一幢别墅里。

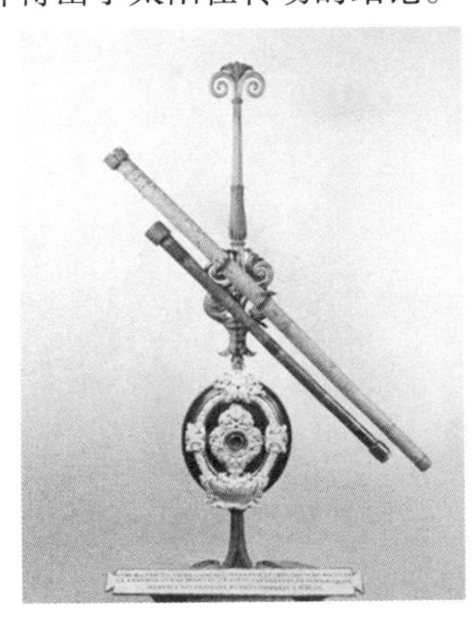

伽利略的折射望远镜

与伽利略式望远镜由一个凸透镜和一个凹透镜组成不同，开普勒式望远镜的物镜组和目镜组都是凸透镜，其工作原理图如图所示。这种望远镜成像是上下左右颠倒的，但视场可以设计得较大，它最早是由德国科学家开普勒于 1611 年发明。为了成正立的像，采用这种设计的某些折射式望远镜，特别是多数双筒望远镜都会在光路中增加一个转像棱镜系统。目前世界上几乎所有的折射式天文望远镜的光学系统都是开普勒式。

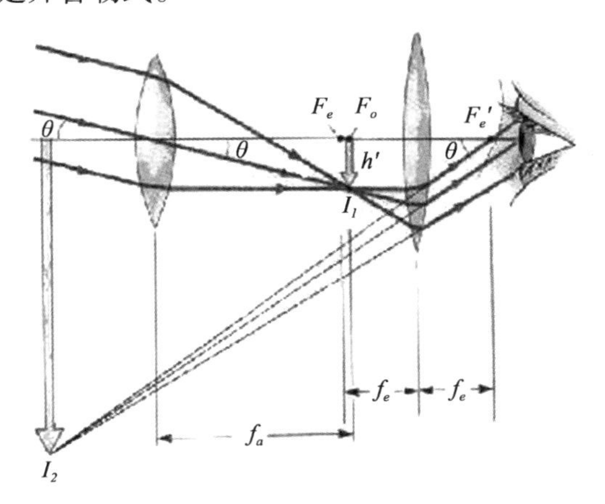

开普勒式折射望远镜工作原理图

由于透镜大小受到材料和技术的限制，折射望远镜通常不能做得很大，目前世界上最大的折射望远镜坐落于美国叶凯士天文台。这台折射望远镜具有1.02米的口径，是由美国光学大师克拉克建造的，与天文台一起落成启用的。1928年，年轻的中国天文学者张钰哲在美国的叶凯士天文台发现了一颗小行星，按照他的意见，国际小行星中心将这颗星命名为“中华小行星”。1957年10月30日，已经担任南京紫金山天文台台长的张钰哲又发现了另外一颗小行星，这颗新发现的小行星被命名为“中华星”。

2. 反射望远镜的发现与应用

世界上最大的折射望远镜

折射望远镜的出现引起了英国数学家、物理学家牛顿的巨大兴趣，他开始加入望远镜的研究行业。但是由于折射望远镜是使用透镜作物镜，即使加长镜筒，精密加工透镜，也不能消除色像差，牛顿曾认为折射望远镜的色差是无法补救的。1670年，牛顿制成了他的反射望远镜。这种反射望远镜采用抛物面镜作为主镜，光进入镜筒的底端，然后折回开口处的第二反射镜（平面的对角反射镜），再次改变方向进入目镜焦平面。牛顿的反射望远镜结构紧凑合理，便携性好，焦距可达1000mm以上，具有卓越的观测性能。此外由于该望远镜的目镜位于望远镜筒前端，并且与物镜成90度角，便于观测。放射望远镜的出现为后来巨型望远镜的发展铺平了道路。

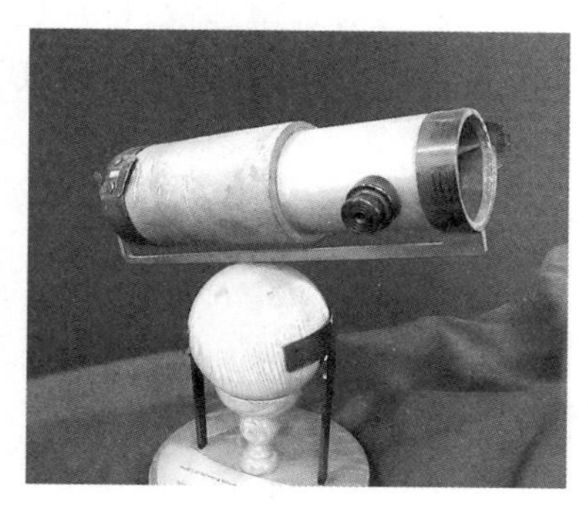

牛顿的反射望远镜

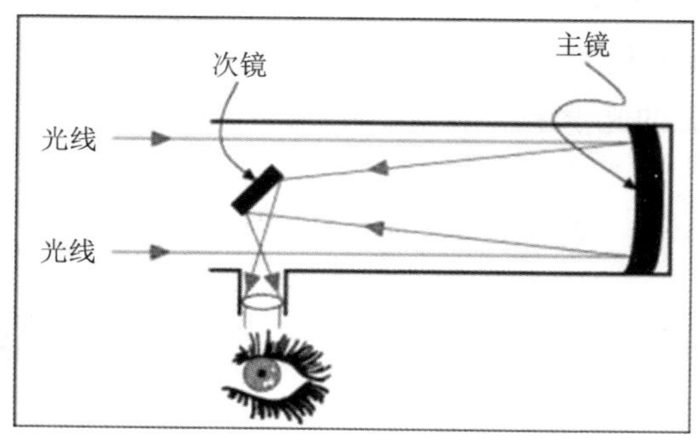

反射式望远镜结构示意图

反射望远镜的制造者中，做出最为突出贡献的是英国天文学家威廉·赫歇尔。18世纪的天文学界有个重大的成就，是发现了太阳系的第七颗行星——天王星，事实上天王星的发现有一半功劳要归功于天文望远镜。1781年，威廉·赫歇尔和凯洛琳·赫歇尔兄妹利用自制的望远镜在金牛座搜寻恒星时，发现一颗“星云状恒星或者彗星”显出了圆面。威廉·赫歇尔起初认为它是一颗彗星，并作了报道。但后来发现，它像行星那样有明朗的边缘，而且进一步观测表明，它的运行轨道像其他行星一样呈近似一个圆形。在经过多次观测之后，威廉·赫歇尔终于确认并宣布了自己的发现，土星轨道之外的太阳系内又一颗行星被发现了。最终这颗行星被命名为乌兰纳斯，与希腊神话中的天神同名，中文翻译为天王星。其实，在威廉·赫歇尔之前有人也曾经看到过这颗新行星，但是由于观测工具的问题，他们将它误认为是恒星或是卫星而错过了一举成名的机会。只有赫歇尔望远镜才使之呈现出一个圆面，证实了它的真实身份。当有人问到为什么他的望远镜与众不同时，他解释说，他不仅追求放大率，而且还注重采集光线的能力。望远镜镜面越大，捕捉到的光线就越多，可以看到的恒星和星云也就越多。

正是由于天王星的发现让威廉·赫歇尔看到了先进观测工具的重要性，因而他一生都没有停止过改进和制造新的望远镜。正如他在书中写的："我要比所有前人都看得更远。"1789 年赫歇尔制成了一台口径 1.5 米、焦距 12 米的反射望远镜，如图所示。这架竖起来有 4 层楼高，光是镜头就有 2 吨重的巨型大炮似的望远镜在使用的第一夜，就发现了土星的第一颗卫星——土卫二，两个月后又发现了土卫一。在此后的 25 年中这台巨型望远镜辅助威廉·赫歇尔完成了一系列重大天文学观测，被誉为 18 世纪的天文学奇迹之一。这台望远镜的出现使人们进一步认识到大型望远镜对天文观测的重要性。

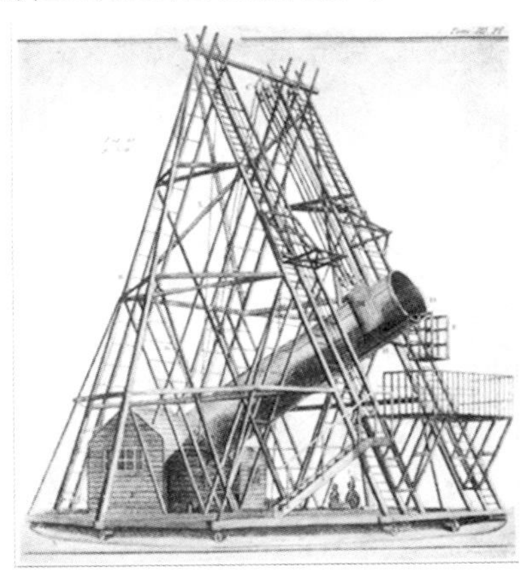

威廉·赫歇尔的大型反射望远镜

赫歇尔的望远镜制作之路并不是一帆风顺的：有一台"巨人"望远镜，当赫歇尔爬上它的底座时，它由于不堪承重而塌了下来；另一台由于计划要安装一面直径 3 英尺的镜面，于是，他不得不用一大堆马粪作为镜片铸模，热心的凯洛琳加工制作了这些马粪。就在浇铸的那一天，过热的铸模熔化了，熔化的金属随之流到地板上，顿时作坊变成了一座恶臭熏人的小型"维苏威火山"，凯洛琳和赫歇尔只得拔腿就跑。但是这所有的困难都没有浇灭赫歇尔对那片神秘天空的热爱。

赫歇尔对天文学的热爱是永不停止的。1816 年赫歇尔被封为爵士，但是一时的荣誉并没有浇灭他对天文学的热情，直到 1822 年去世时为止，他几乎从未中断天文学观测。正是由于这些天文学家孜孜不倦的努力，才使天文学走向现代。赫歇尔的望远镜观测使理性时代思想家的思辨变成了现实，这些思想家看到并且开始重新定义人类在宇宙中的地位——承载着人类文明的是一颗名为"地球"的行星，它与那些游荡着的恒星和星系一样，只不过是浩瀚宇宙中的沧海一粟而已。

在反射望远镜发展过程中，另一位做出巨大贡献的是大英国属爱尔兰天文学家罗斯伯爵威廉·帕森斯，他是 19 世纪最大反射望远镜的制作者。1845 年，罗斯伯爵耗资约达 3 万镑在爱尔兰建成了举世闻名的"帕森城的利维坦"的望远镜。这台 72 英寸的反射望远镜光底盘就有四吨重，整个机器的重量达到 16 吨。但是当时的人们认为这项工程充满着“堂吉诃德”的色彩，因为当时爱尔兰的天气条件极差，以至罗斯伯爵很少能够有机会使用这架笨重仪器。即使如此，罗斯爵士还是能做出一些重要的观测。就是在“帕森城的利维坦”望远镜建成的当年，罗斯伯爵成功地利用它探测到第一个旋涡星系，到了 1850 年他共发现了 14 个旋涡星系。1848 年罗斯伯爵将梅西耶星云表内列为第一号的那个不规则雾状斑点命名为“巨蟹座星云”，原因是他觉得这些雾状斑点看上去好像一只幸福蟹，这个名字被一直沿用到现在。除此之外罗斯伯爵还对猎户座大星云进行了广泛而详尽的观测，留下了许多宝贵的天文学观测资料。

“帕森城的利维坦”望远镜

1908 年，罗斯伯爵的一个孙子以望远镜已经变得摇摇晃晃十分危险为由，卸下了这架巨大的望远镜，至此当时世界最大的反射望远镜退出了历史的舞台。

光谱仪、照相术的发明和天体物理学

1. 光谱仪和天体物理学的诞生

自从伽利略在 1610 年首先把望远镜用于天文学以来，关于宇宙的研究迈出了巨大的一步。现在天文学家已经探明木星的四大卫星、土星光环和月亮的表面。到 18 世纪，由于望远镜的改进，威廉·赫歇尔发现了第七颗行星——天王星，这是自古代以来首次看到的新行星。但是同样还有许多问题困扰着天文学家：科学家在对天王星的轨道进行研究时发现至少还有一个行星存在于太阳系。那么它在哪里呢？18 世纪梅斯尔详尽列出的星云究竟是什么？太阳和恒星是由什么组成的？为了解决这些问题，科学家们需要更高的精确度、更有效的计算方法和更好的仪器。面对这一挑战，许多富有激情、奉献精神和聪慧机敏的头脑被吸引到这个领域。但是在 19 世纪里，有两项非凡进展大大推动了天文学家的工作：一项技术是光谱仪，通过它可以测定恒星由什么组成；另一项技术是照相术，它可以记录望远镜所指向的天体。

光谱仪的发明者是基尔霍夫和本生，它的灵感是来源于夫琅和费发现的神秘谱线，于是就有了一系列元素的发现。1859 年的一天傍晚，基尔霍夫和本生正在海德堡的实验室工作，这时他们看见十英里远处曼海姆城附近大火燃烧。他们把光谱仪瞄准大火，发现从火焰的谱线排列可以检测到现场有钡和锶的存在，即使相隔这样远的距离。本生开始想到，有没有可能让光谱仪瞄准太阳光，检测太阳有什么元素呢？1861 年，基尔霍夫把这一想法付诸实践，从太阳发出的光中，他成功地辨认了九种元素：钠、钙、镁、铁、铬、镍、钡、铜和锌。这是一个令人惊讶的发现，天空中那个曾经被古人崇敬为神的巨大光源竟然含有和地球完全一样的元素。

1864 年，一位名叫哈金斯爵士的业余天文学家，首次把光谱仪对准深空天体。他把光谱仪安装在望远镜上，研究两颗亮得可以用肉眼观察的恒星所发出的谱线，这两颗星是毕宿五（金牛座中的一等星）和参宿四（猎户星座中的一等星）。在这两颗恒星的光谱中他辨认出了属于铁、钠、钙、镁和铋等元素的谱线，表明遥远的恒星的化学组成与地球并非完全不同。然后他又试着观察一个星云，带着悬念和敬畏的心情。他在杂志上写道："难道我不是在深入观察创世这一神秘之处？"也许此刻他将为不同星云理论的对错给出最终判决。

遗憾的是，哈金斯一开头就走错了路，由于这颗星云是气体状的，他就假设所有的星云，包括椭圆形状和旋臂形状的星云，都是由气体组成的。但是，无论如何，第一次把光谱仪用在天文学上确实是惊人之举。光谱仪对天文学研究的意义就好比化石对地质学研究的意义，它为气体星云和恒星的温度、组成以及运动提供了无比珍贵的信息。正如基尔霍夫证明的那样，热的、发光的、不透明的物体会发射连续光谱——彩虹所显现的各种颜色，没有谱线出现。然而，观察一团冷却的气体，在光谱中就会出现吸收暗线。这些暗线揭示了气体的化学成分。但是，如果从一个角度观察气体，看到的会是另一种不同模式。这些工具成了天文学家研究气体星云的罗塞塔石碑。

通过光谱仪能够精确测定恒星的径向速度，因为它与恒星的距离无关。无论多远的天体，只要能够获得它们的光谱就可以知道它们的径向速度，而测量垂直于径向的横向速度，只有那些距离非常近的天体才有可能。光谱仪的发明为我们打开了一座新的科学大门——天体物理学。同时在地球上的物理学与化学和统治恒星的物理学与化学之间建立了另一种联系。

2. 摄影术在天文学的应用

法国人涅普斯和达盖尔于 1839 年发明摄影术后，阿拉果当即预言它将在天文学引起巨大的革命。它不仅可以大大提高天文学家的观测速度，而且对天文光度学和分光学的发展起到无法替代的作用。阿拉果的预言不久就应验了。达盖尔的铜板银盐摄影方法虽然不太灵敏，但天文学家还是用它照下了几张太阳照片。图中所示是约翰·威廉·德雷帕在 1840 年用银板照相法拍摄出一张月球的照片，这是人类历史上第一张月球的照片。

1851年,斯科特·阿切尔发明了用柯格酊湿片作底片的摄像术,大大提高了摄像的清晰度。使用这一更先进的摄像术,科学家陆续拍摄到更多的天象照片。1882年位于华盛顿哥伦比亚的美国海军天文台派遣了八支远征队遍布世界各地观测金星的轨迹。期间共拍摄了大约1700多张星位图,但是大部分照片都已遗失或损坏,仅有几张幸存。

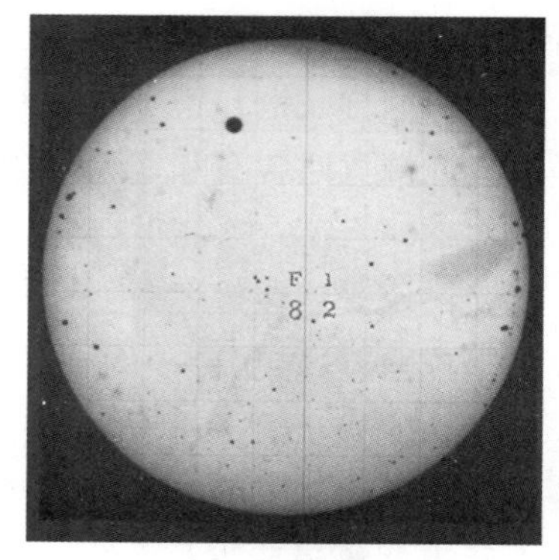

幸存的金星轨迹图

摄影术最大的好处就是天文学家再也无须实时工作,他们可以根据照片作出判断,也可以在获得照片后,在任意时间里与照相图片打交道。他们可以用放大镜或望远镜聚焦在特殊的区域,比较不同时间拍摄的照片。它们留下的记录之精确,为任何手工操作所不及,无论一个人的视觉有多敏锐。随着摄影术的运用变得越来越方便,它可以让底片在很长的时间里曝光,以捕捉那些甚至用望远镜往往也很难看到的细节。

摄影术用于光谱分析之后,天文学家更是如虎添翼。大量的天文照片记录下来自宇宙深处的每一零星信息,望远镜视野里的每一细枝末节都不会遗漏。19世纪初,德国物理学家卡尔·普尔费里希发明了闪视比较仪。这是一种可以通过对比两张不同拍摄时间底片来搜索光度有变化(如新变星)或位置有变动(如小行星、大自行恒星)的天体的仪器。太阳系第九颗大行星(2006年被重新分类称为矮行星)就是在闪视比较仪的帮助下发现的。虽然天文学家帕西瓦尔·罗威尔和威廉·亨利·皮克林早已预言太阳系第九颗大行星的存在,但一直没有人发现它。克莱德·威廉·汤博利用闪视比较仪,有计划地在不同夜晚巡天拍摄的同一天区星空的照片比较,并最终发现了冥王星。图中所示照片图版是克莱德·汤博于1930年1月18日与23日在亚利桑那州弗拉格斯塔夫市的天文台用13英寸的望远镜相隔6天拍摄的。

冥王星的发现

射电天文学的诞生

1. 河外星系的观测与哈勃的发现

随着科学的发展，到了20世纪，人类的观测手段有了很大的发展。1917年，胡克望远镜在美国加利福尼亚州帕萨迪纳市的威尔逊山天文台建成。这台望远镜的主反射镜直径为2.54米（100英寸），在其建成后的30年中，它一直是全世界最大的天文望远镜。与此同时能够确定空间距离的天体物理学也迅速发展起来，人类已经无限接近星云的本质了。

1924年，美国天文学家埃德温·哈勃借助胡克望远镜观察仙女座大星云，第一次发现它实际上由许多恒星组成。由于其中恰好有造父变星，就可以运用光度方法来确定它的距离了。计算的结果表明仙女座星云位于70万光年之外，远远超出了银河系的范围。经过多方考证，哈勃最终证明了某些星云确实是银河系外的遥远星系，此后10年他致力于观测河外星云，并找到了测定更远距离的新的光度标准，将人类的视野扩展到了5亿光年的范围。

胡克望远镜

同一时代的另一位美国天文学家斯莱弗同样将目光瞄准了河外星系，通过对恒星光谱的研究他发现恒星的光谱线普遍存在着向红端移动的现象。如果按照多普勒效应解释，这就意味着这些星系都在远离地球而去。1929年，哈勃考察了斯莱弗的工作，并结合自己对河外星系距离的测定，提出了著名的哈勃定律：星系的红移量与它们离地球的距离成正比。哈勃定律向我们展示了一幅宇宙整体膨胀的图景：从宇宙中任何一点看，观察者四周的天体均在四处逃散，就像是一个正在胀大的气球，气球上的每两点之间的距离均在变大。

2. 宇宙大爆炸理论的诞生

在爱因斯坦广义相对论面世之后，许多科学家就据此构造了宇宙模型，弗里德曼、德西特和勒梅特先后构建了一个宇宙膨胀模型。但是由于他们的理论主要是数学推导，看不到物理内容，因而大家都不重视他们的发现。1929年哈勃定律公布后，人们惊喜地发现，它所展示的宇宙大尺度膨胀现象正是弗里德曼模型所预言的现象。科学界一下子被震动了，就连相对论的鼻祖爱因斯坦也为这一发现欢呼。

1948年美国加利福尼亚帕洛马山上建成了当时世界最大的反射式光学望远镜。这台被命名为海尔望远镜的仪器直径为200英寸（约5.1米），远远超过了此前哈勃所使用的望远镜。天文家们利用新的望远镜继续证实了哈勃定律，但对哈勃关系中的哈勃常数提出了疑问。经过研究发现,哈勃常数比实际数值小了10倍,这个发现解决了此前一直困扰科学界的星体年龄的问题。

海尔望远镜

在星体年龄解决之后,科学家们开始着手研究宇宙早期密集状态。19世纪40年代俄裔美籍科学家伽莫夫等人提出了宇宙大爆炸模型。他们认为宇宙起源于一次巨大的爆炸,之后宇宙连续膨胀,同时温度也在由热到冷逐步下降。在宇宙的早期,不仅密度很高,温度也很高,所有的天体和化学元素都是在膨胀过程中逐步产生的。1964年贝尔电话工作室的射电天文学家彭齐亚斯和威尔逊意外地观测到了这种宇宙微波背景辐射。这次意外的发现,使宇宙大爆炸模型得到了广泛的认可,从而成为宇宙学界的标准模型。

一直到今天,现代宇宙论并未真正结束,宇宙大爆炸理论还面临着多方面的挑战。例如红移究竟能不能用多普勒效应来解释,一直存在争议。但是对大多数宇宙学家来说,宇宙大爆炸理论在今天成了天体物理学的聚合力量,它使天体物理学与粒子物理学相关联,也使整个天文学成为一个统一的整体。

3. 射电望远镜的发明与贡献

传统的天文观测均是收集宇宙天体发来的可见光信息,但这只是它们所发射的大量电磁波中很小的一部分。这些电磁波之中的紫外光和红外光的大部分,在通过大气层时被吸收了,只留给人类一个狭窄的可见光段的窗口。1931年,美国无线电工程师央斯基运用改进过的天线,以确定无线电话联络的干涉源,由此创建了天文学中一个崭新的学科分支——射电天文学。他在1932年发表了第一篇论文,1933年确定他发现的天体射电辐射来自银河系。

和其他大多数的科学领域一样,射电天文学在其始创之初并没有被科学界广泛认可。直到第二次世界大战之后射电天文学才迅速兴起,很快发展成了天文学中最有活力的新领域之一。1946年,英国物理学家赖尔在曼彻斯特大学建造了一台直径66.5米的固定抛物面射电望远镜。1955年英国又建成了当时世界上最大的可转抛物面射电望远镜,这台被命名为 Lovell 的射电望远镜的直径达到 76 米。此后美国、加拿大和澳大利亚先后建成了大型射电天文台。1962 年,英国剑桥大学卡文迪许实验室的马丁·赖尔发明了综合孔径射电望远镜,这种利用光的干涉原理设计的望远镜大大提高了射电望远镜的分辨率。20 世纪 60 年代出现的四个重大天文学发现都与射电天文学观测有关。

第一个天文发现是类星体。1963 年,天文学家发现了一种体积极小、辐射能量极大的奇异星体,更为奇特的是这种星体的红移量相当巨大。这类新天体的发现给红移问题带来了巨大麻烦。因为根据多普勒红移理论,类星体与我们的距离非常地遥远,有的类星体甚至距离地球上百亿光年。但是距离我们如此之远的它们的亮度却非常大,那么这些天体又为何能够向我们辐射出如此巨大的能量呢?这显然与我们已知的任何物理规律不相符合。随着越来越多的类星体被发现,其红移量也越来越大,许多科学家开始对红移的本性产生了怀疑。红移的本性究竟是不是多普勒效应造成的呢?这个问题引起的科学争论至今尚未平息。

第二个天文发现是宇宙微波背景辐射。1964 年,一座由美国贝尔电话实验室投资的供人造卫星使用的天线在新泽西州的克劳福德山上建成。射电天文学家彭齐亚斯和威尔逊正利用这座天线来测定银河系平面以外区域的射电波强度。在调试过程中正当他们想尽办法避免地面的噪声干扰,以提高设备的灵敏度时,发现总有一个十分稳定的噪声无法消除,这个噪声相当于 3.5K 的射电辐射温度。彭齐亚斯和威尔逊非常纳闷,因为他们一直也无法找到这个噪声的源头。后来他俩的试验结果无意间被传到了普林斯顿大学,当时天体物理学家迪克等人正在准备做实验,以验证大爆炸模型所预言的背景辐射。得知这个消息之后,迪克立即断定这个无法消除的噪声就是他们苦苦追寻的宇宙微波背景辐射。于是他迅速与彭齐亚斯和威尔逊取得了联系,他们通力协作、继续观测,终于证实了迪克猜测的正确性。迪克等人观测到的背景辐射是黑体波谱且各向同性,这与宇宙大爆炸学说的预言完全符合。彭齐亚斯和威尔逊的发现强烈地支持了宇宙大爆炸理论,从而掀起了宇宙学的理论研究的新高潮,他俩也因此获得了 1978 年诺贝尔物理学奖。

第三个天文发现是星际分子。长久以来,天文学家认为在茫茫宇宙空间中,除了恒星、恒星集团、行星、星云之类的天体物质之外,再没有什么别的物质了。但是 20 世纪 60 年代星际分子的发现,震惊了整个天文学界。1963 年,射电天文学家在仙后座发现了羟基分子的光谱;仅仅 5 年之后他们又在人马座方向发现了氨分子的发射谱线。而 1969 年多原子有机分子——甲醛分子的发现更是引起了整个科学界的高度重视。我们都知道甲醛分子在适当的条件下可以转化为氨基酸,而氨基酸是生命物质的基本组成形式。宇宙中甲醛分子的发现可能意味着,在宇宙空间确实存在着生命发生的适宜条件。随着星际分子发现得越来越多,一门新的天文学科——星际分子天文学也诞生了。

第四个天文发现是脉冲星。脉冲星是 1967 年天文学家用射电望远镜在狐狸星座首次发现的一种新型的天体,它可以在很短的周期内有规律地发出短促的射电脉冲。

天体物理学家已经论证出，脉冲星是一种超高温、超高压、超高密、超强磁场、超强辐射的中子星。脉冲星的发现对于我们进一步了解宇宙的物理本质具有极高的价值。

全波段天文学的开启

每当我们从地球仰望太空时，即使是通过位于高山之巅的望远镜并远离城市的灯光，也总有大气层的遮挡，因而扰乱且模糊了视线。许多天体有可能看不清楚，某些处于可见光范围之外的辐射有可能完全观测不到。1957 年 10 月，苏联成功发射了第一颗人造地球卫星，开创了空间观测和太阳系探测的新时代。特别是观测可以在各个波段进行，全波段天文学的时代到来了。

1962 年 6 月，意大利科学家焦孔尼及其同事在探测火箭上搭载了一台 X 射线探测器，希望能够找到月亮上荧光的证据。这颗从新墨西哥的怀特桑兹发射的火箭，第一次发现了宇宙 X 射线源天蝎座 X-1。随后科学家们进行了一系列火箭探测和气球探测，到了 1970 年，天文学家在我们的银河系中找到了大约 30 个 X 射线源。

1983 年，美国国家航空和航天局与荷兰和英国合作实施太空计划，发射红外天文学卫星，普查整个天空的电磁波谱红外波段的红外源。这些卫星上装有液氦冷却的光学系统，连续勘查了近 11 个月，直到氦用完。数据在经过分析和整理之后，得到的卫星观测目录非常广泛，其中包括织女星周围的尘埃外层，5 颗新彗星和有关发射红外辐射的各种天体的广泛信息。

随着空间观测技术的不断提高，天文家们得到的数据越来越多，这极大地激励了他们探索宇宙的激情。1990 年 4 月，美国国家航空和航天局（NASA）成功发射了“发现者号”航天飞机，这一次航天飞机上搭载的是大名鼎鼎的哈勃太空望远镜。哈勃太空望远镜是以著名天文学家爱德温·哈勃为名，在地球轨道上并且围绕地球的太空空间望远镜。其轨道高出地球表面 381 英里，这样可以很好地避免云层和地球湍流大气带来的扭曲效应。

哈勃空间望远镜是人类天文史上最重要的仪器之一，它长 13.3 米，直径 4.3 米，重 11.6 吨，造价近 30 亿美元。它以 2.8 万公里的时速沿太空轨道运行，清晰度是地面天文望远镜的 10 倍以上。同时，由于没有大气湍流的干扰，它所获得的图像和光谱具有极高的稳定性和可重复性。

哈勃空间望远镜搜集到的太空数据首先会被储存在航天器中，然后才会被发送出去。存储在航天器中的太空数据每天会分两次被送到地球同步轨道跟踪与数据中继卫星系统上，然后会再次被传送到位于新墨西哥的白沙测试设备上，并通过那里的直径为 60 英尺的高增益微波电线，将数据信息传送到戈达德太空飞行中心和太空望远镜科学研究所进行最终存档。

事实上太空望远镜传送回来的太空数据不仅数量巨大而且杂乱无章，必须要经过

哈勃太空望远镜

一系列处理才可以被天文学家使用。空间望远镜研究所利用自己开发的软件自动地对数量巨大的数据进行校正,然后从中选取出所需要的数据。在过去的二十多年中,哈勃望远镜源源不断地为天文学家的宇宙研究提供详细的数据支持,截至 2015 年 4 月,哈勃望远镜已直接或间接为 12 800 余篇科学论文提供了有价值的研究成果,其中还包括几个问鼎诺贝尔奖的项目。

巨型望远镜的发展

20 世纪 70 年代以来,随着天体物理学的发展,科学家们对望远镜提出了更高的要求。众所周知,望远镜的集光能力随着口径的增大而增强,望远镜的集光能力越强,就越能够看到更暗更远的天体,这其实就是能够看到了更早期的宇宙。但是随着望远镜口径的不断增大,一系列的技术问题接踵而来。望远镜的自重引起的镜头变形相当大,温度的不均匀使镜面产生畸变也影响了成像质量。

近年来,随着光学、力学、计算机、自动控制和精密机械等领域的高速发展,使望远镜的制造突破了镜面口径的局限,并且降低造价和简化望远镜结构。特别是主动光学技术的出现和应用,使望远镜的设计思想有了一个飞跃。因而从 20 世纪 80 年代开始,国际上掀起了制造新一代巨型望远镜的热潮。

目前世界上最大的地面基础望远镜就是加那列大型望远镜,它位于西班牙帕尔马加那列岛屿中的一个小岛上。该望远镜的镜面直径为 10.4 米,是由 36 个定制的镜面六角形组件构成,安装需要精确至 1 毫米范围。它共投资 1.75 亿美元,是由西班牙政府、两所墨西哥研究机构和美国佛罗里达州大学共同合作建造的。2007 年 7 月 13 日在西班牙的加那列群岛首次试运行,它观测的第一颗恒星是非常接近于北极星的“第谷 1205081”。加那列大天文物理研究所表示,新望远镜能够观察最远、光线最弱的星体,亦可捕捉新星体诞生的一刻,深入研究黑洞的特征,以及替宇宙大爆炸产生的化学物解码。研究人员最希望能够借望远镜,发现与地球环境相似的星体。

加那列大型望远镜

非洲南部大型望远镜,简称为 SALT,位于非洲南部的一个小山顶上,它是南半球最大的单光学望远镜。它是由 91 块镜面六角形组件构成,整体镜面实际有效直径为 10 米。望远镜能够探测到月球距离如同烛光的微弱光线,该望远镜于 2005 年首次投入使用。来自南非、美国、德国、波兰、英国和新西兰等国家的天文学家均使用过非洲南部大型望远镜。

非洲南部大型望远镜

美国大型双目望远镜(LBT)属于新一代巨型望远镜,它是由两个紧紧相邻的 8.4 米直径望远镜构成,它们可以分离工作,当合并工作时就像一个单一、更大型的望远镜。这台大型双目望远镜于 2004 年在亚利桑那州首次投入使用,并在 2008 年首次实现双目并用。该望远镜可以观测到数百万光年以外的天体,它的聚光能力远超哈勃太空望远镜,拍摄照片的清晰度也要超过哈勃望远镜约10倍。天文学家们可以使用新设备以前所未有的精确度探测宇宙的过去。LBT的2个直径27英尺的镜片使其拥有了相当于单个直径39英尺的镜片的聚光能力,以及直径75英尺的望远镜的解析度。亚利桑那大学的彼得·斯奇特马特教授说:“我们从未曾见过有如这个望远镜所拍摄到的图像。”

双反射镜的大型双目望远镜

2012年10月28日,总体性能名列全球第四、亚洲第一的射电望远镜——天马望远镜在上海佘山正式落成。这台望远镜整个天线结构重约2640吨,主反射面直径为65米。它可以“听到”来自宇宙深处微弱的射电信号,观测到100多亿光年外的天体。目前天马望远镜先后参加并成功完成了2012年的嫦娥二号奔小行星探测、2013年的嫦娥三号月球软着陆、2014年的嫦娥五号飞行试验器的VLBI测定轨任务,大幅提高了VLBI系统的测量能力,为探月卫星的测定轨做出了卓越贡献。除此之外,天马望远镜成功开展了谱线、脉冲星和VLBI的射电天文观测。探测到了包括长碳链分子HC7N在内的许多重要分子的发射和一些新的羟基脉泽源,探测到包括北天周期最短毫秒脉冲星在内的一批脉冲星, 实现了对外开放。

天马射电望远镜

总部设在德国慕尼黑的欧洲南方天文台，将耗资11亿欧元，在智利阿塔卡玛沙漠建造世界最大的天文望远镜——欧洲特大天文望远镜（E-ELT）。这架望远镜的直径将达到42米，重5.5吨，集光能力比世界现有最大的光学望远镜强13倍，成像清晰度将达到“哈勃”太空望远镜的16倍。据报道称，镜面直径达到39米的E-ELT可以首次直接观测到绕遥远恒星轨道运转的行星，并通过分析其大气层的氧气含量及与生物学过程有关的有机化学物质来确定它们是否拥有过生命。

欧洲南方天文台表示E-ELT将在2018年投入使用，它既可以用作普通可视观测，还可以被用作红外线观测。科学家们坚信，“欧洲特大天文望远镜”的建成将是一个里程碑式的跨越，它会像400年前的伽利略望远镜一样，给人们对于宇宙的认识带来革命性的影响。

“欧洲特大天文望远镜”效果图

知识加油站——太空望远镜之最

自400年前问世以来，望远镜承担着重新定义我们在宇宙中的位置的重要任务。时至今日，这个曾被认为是有史以来“最亵渎神明”的科学仪器，已然成为最不可或缺的科学研究观测工具之一。太空望远镜更是望远镜领域的“佼佼者”，比如大名鼎鼎的哈勃太空望远镜。然而，它并不是科学家安插在太空的唯一“眼睛”。在哈勃望远镜发射之后的20多年里，有大量轨道观测平台加入哈勃太空望远镜行列。

以意大利科学家恩里科·费米的名字命名的费米伽马射线太空望远镜是目前世界上最强大的望远镜。黑洞被称为太空中的旋涡，将一切东西吸引在其周围。但是，当黑洞吞噬恒星时，它们还会以近乎光速的速度向外喷涌释放伽马射线的气体。为何会发生这种情况？费米伽马射线太空望远镜有望揭开这个谜底，这部望远镜的目标就是研究高能辐射；另外它还有可能揭开暗物质的神秘面纱，因为暗物质是伽马射线爆发的来源。

费米伽马射线太空望远镜

费米伽马射线太空望远镜的工作都依赖于它所携带的摄像机，它可以对宇宙展开深入探测，可探测从太阳系内部到距地球数十亿光年的遥远星系，以寻找称为伽马射线的高能射线的来源。费米太空望远镜让我们的眼睛可以探测到能量是可见光1.5亿倍的射线，研究团队综合了费米望远镜从2008年8月4日到2008年10月30日历时87天的观测数据，制作的太空全景图向我们展示了一个神奇的宇宙。

正如美国斯坦福大学广域空间望远镜项目首席科学家彼得·米切尔森所说："相比以前的太空望远镜，费米太空望远镜可以让我们对太空实施更深入、更清晰的观测。我们将会看到遥远星系中超大质量黑洞喷发的火焰，看到高质量的双星系统、脉冲星，甚至是太阳系中的球状星团。"

斯皮策太空望远镜是目前世界上最大的红外望远镜，它能将波长在3微米至180微米之间的红外辐射尽收"眼"底。而这个波段一直是地面望远镜的盲区，因为在这个范围内的辐射抵达地面时会被地球大气层阻挡，因此斯皮策望远镜能探测到宇宙中那些难以探测到的天体，比如一些暗淡的小型恒星。

斯皮策是以观测天体红外波段为主的太空望远镜，自2003年8月发射至今取得了丰硕的观测数据。2010年3月，由樊晓辉领导的研究小组利用斯皮策太空望远镜发现了距离地球130亿光年的两个最小的类星体——J0005-0006类星体和J0303-0019类星体。2012年美国天文学家利用斯皮策太空望远镜发现一颗大小只有地球三分之二的太阳系外行星。这颗行星名为UCF1.01，距地球约33光年，表面温度非常高，可能是与太阳系距离最近的小于地球的系外行星。2014年4月24日，美国宇航局的斯皮策太空望远镜首次拍到银河系"郊外"的年轻恒星影像。

斯皮策太空望远镜

话题 2：动力与能源的求索之路

人类利用能源的历史，实际也是人类认识和征服自然的历史。人类能源利用的历史是从火的使用开始的，从和动物一样畏惧火，到逐渐熟悉火并开始使用火，开启了人类自主使用和改进能源的新篇章。采集狩猎时代的薪火相传、农耕时代的驯化自然、工业革命的煤与蒸汽、现代社会的电磁动力，无不为人类文明的不断进步提供了源源不断的动力。从火开始，回顾人类曾经走过的足迹，能源形式的改进和更替推动着人类文明的不断前行。

燃烧的岁月——火与烹煮

1. 火的发现与利用

人类的采集狩猎文明时期比之后任何一个文明时期都漫长得多，从距今约 300 万年前一直持续到 1.2 万年前。在很长一段时间内，人类过着极其简单的原始生活，靠狩猎为生，吃的是生肉和野果。发现、掌握和利用火是人类历史上伟大的突破，也是人类利用能源的开端。以柴薪为基础的火是那段时期最重要的能源利用形式。

火，可以说是人造的小太阳。强烈的光芒照亮黑暗的道路和漆黑的洞穴；高温的火焰远胜过猛兽的利牙尖爪；温暖的篝火帮助人类度过那寒冷的冬天；大火烧毁丛林可以帮人类平整出辽阔的领地。这些还仅仅只是外部生存环境的改变。后来利用火来烹煮食物，让人类成为“熟食餐厅”的专有会员，人类的生理和基因的进化速度也因此远远抛开其他动物。

万事开头难，我们的祖先对火的使用，当然不可能像我们点燃火柴那么简单。偶尔发生的火山喷发和闪电都是十分危险的，人类必须远离，然后逐步靠近，去尝试捕捉那最宝贵的燃点。我们的祖先为人类文明迈出这一步所付出的代价，可能比以后任何时期的探索和发明付出的代价都大。我们无法重现历史，但可以用一种尊敬和感恩的态度来共同想象历史上的这一幕：一次火山喷发，摧毁了我们祖先的领地，甚至有一些人还未来得及逃跑就被滚烫的岩浆掩埋。幸存的人们四处奔跑，也不知道身边那些被点燃的木头会不会像岩浆一样到处喷射。经过岁月的积累，他们可能逐渐掌握了逃跑的方向，也逐渐熟悉了"岩浆每次点燃木头的规律"，有些人开始尝试去拾取柴火，但在被烫伤后就不敢再去碰了，有些人则恰巧拿到了温度不高的部位，迈出了利用火的第一步。为保持燃烧，保存火种，又经过了无数代人的探索和思考。闪电虽然经常发生，但是稍纵即逝，留给人类的"课堂时间"十分有限，所以我们很难判断人类用火的"执业证书"究竟是在"火山课堂"还是在"闪电课堂"上取得的。

经过无数次探索和尝试，人类终于摆脱了对自然界产生的火苗——火山和闪电的依靠，发明了自己生火的办法：把干燥的可燃物快速摩擦，或者用石块大力撞击产生火花，聚集的热量使可燃物局部位置达到燃点以完成生火。这是物理和化学方法的共同作用，可能比我们现代任何一个复杂的工程都要伟大，而且整个过程也相当漫长。

原始人类钻木取火

2. 烹煮与人类进化

火对于原始人类的作用除了改善人类的生存环境，如照明、取暖、抵御猛兽的攻击外，还有一个重大的作用就是烹煮。

比较人类和黑猩猩及猿类身体，我们会发现人的大脑容量更大，牙齿及相关的骨骼结构和肌肉组织却较小，而且肠道也较短，这和烹煮有着密切的联系。经过高温加工的食物，更加容易被咀嚼和吸收；脂肪等有机物的芳香烃大量挥发，味道诱人可口；大量的细菌和病毒被高温消灭，有利于预防和减少疾病。烹煮是人类独特的，迄今为止还没有其他动物学会这项技艺。这种独特的技艺让人类在生理和基因上的进化速度远远领先于其他动物，其中最具代表性的就是牙齿变小，肠道变短，脑容量变大。

烹煮是如何改变人类的牙齿和肠道的呢？打一个比方，烹煮好比是牙齿、胃肠道的助手或者说辅助工序。在此之前，食物的咀嚼和消化吸收工序全部都是进入人体后进行的。有了烹煮之后，食物中坚固的皮、壳、筋肉组织在进入人体之前被高温加热，物理和化学性质都发生了变化，原本很难被咬碎、咬断的，现在变得轻而易举。原来我们的消化只能依靠胃酸和胃的蠕动，而现在增加了柴薪1000℃左右的强大“火力支援”，消化更加充分和高效，肠道吸收到更加优质的营养，为我们节省了很多的体力。在今天，如果不经烹煮，我们基本不能吃下生的稻谷和肉。由此可见，有了烹煮将咀嚼和消化吸收食物的一些工序在体外“提前外包”，我们才有条件将体内的部件——牙齿、胃肠道进行优化和精简。

那么脑容量变大又和烹煮有何关系呢？民以食为天，在高度发达的今天，我们一日三餐花费的时间都不算少。不难推断，人类在学会烹煮之前，估计除了睡觉以外的大部分时间都用在了“吃”上。而烹煮让我们吃得快、吃得好、吃得更省力气，有更多的时间和体能去做其他的事情。黑猩猩每天要花6个小时来咀嚼食物，而学会了烹煮后的人类只需要花1个小时。400万年里，每天5小时，在“适者生存，优胜劣汰”的大自然竞赛中，人类获得了宝贵又充足的时间优势。这么多的时间用来做什么呢？思考：山川和河流有何关系？日夜轮转与四季变化有何规律？居住的地方如何建造得更加舒适？采集果子和狩猎、烹煮的劳力如何分配更加有效？脑力劳动比例的增加让人类的脑袋得到充分的锻炼，与之相伴，人类的脑容量也越来越大，以满足高负荷的脑力劳动的需求。积累至今天，我们的脑容量比400万年前的人类整整大了3倍。

由此可见，烹煮不仅仅让食物变得更加美味可口，而且让我们利用自然能量的形式登上了一个新的台阶，让我们的大脑、肠胃道及牙齿等器官等更加快速地沿着新的文明迈进。或者可以说，人类已经不是草食动物，也不是简单的肉食动物，而是“烹食动物”了。薪火相传的文明延续至今，从生日蛋糕上的蜡烛到野外聚会的篝火，从节日庆典的烟花到奥林匹克运动会的圣火，无不诠释着人类对这一伟大能源形式的钟爱和尊敬。

驯化自然——畜力、风力、水力

在人类发展的历史长河中，很长一段时间内人类过着以农为本的生活，农业的发展同样离不开人们对各种动力能源的追求。传统农业时代的动力能源除了人力本身之外，还有那些被人类“驯化”的自然力，其中最具代表性的是畜力、风力及水力。

1. 畜力与传统农业

传统农业指的是自然经济条件下，采用人力、畜力、手工工具、铁器等为主的手工劳动方式，靠世代积累下来的传统经验发展，以自给自足的自然经济居主导地位的农业。在欧洲，传统农业开始于古希腊、古罗马的奴隶制社会（约公元前6世纪—公元5世纪），直至20世纪初现代农业的形成。中国的传统农业延续的时间同样十分长久，大约在战国、秦汉之际已逐渐形成一套以精耕细作为特点的传统农业技术，直至今天，在我国的一些丘陵山区及偏远地区，传统的农业耕作方式应用依然比较普遍，这种现象可能还要维持相当长的时间。

在漫长的农耕文明时代，最早被人类“驯化”的自然力是畜力。例如人类将野猪驯化为家猪，把野马和骆驼训练成为坐骑等。人类对畜力的利用几乎涉及农业生产的全过程：耕播、灌溉、运输、农产品加工等都有畜力参与。牛、马、驴、骡等大牲畜都曾被作为役畜或农业动力来使用。人类整天与耕牛役马为伴，积累了丰富的畜力利用经验，并有曲辕犁、牛转水车等许多相关的发明创造。

在畜力的帮助之下人类构筑了相对稳定的居住场所，积累了相对充裕的食物和工具，从此人类开始有条件地去征服和利用更高级别的能源，向更先进的文明迈进。与此同时，人口的增加和对更高生活质量的需求，促使人类发掘更高级别的能源以创造更高效的生产效率。

2. 自然之子——风力和水力

在人类“驯化”畜力之后，下一步人类文明又将走向何方呢？在我国唐代著名诗人李白的《行路难》收尾之处写到，“行路难，行路难，多歧路，今安在。长风破浪会有时，直挂云帆济沧海。”此外李白在《早发白帝城》诗中还描述“朝辞白帝彩云间，千里江陵一日还。两岸猿声啼不住，轻舟已过万重山。”在这两首诗中我们体会到风能和水能的伟大力量，这种力量推动着人类文明走得更快、更远。

风是自然界空气流动的现象。古代人类很早就发明了风车这种不需燃料、单纯以自然风作能源的动力机械，利用风车桨轮的转动将风能转化为动能。2000 多年前，在古代中国、古巴比伦、波斯等地就已经开始利用古老的风车提水灌溉、碾磨谷物，风车后来在欧洲迅速发展。利用风能除了可以提水灌溉、碾磨谷物以外，还能实现供暖、制冷、航运和发电等，直至今日，风车依然在伊朗东南部、中国沿海及欧洲等多风地区广泛应用。

水车或水力磨坊是利用水流的机械能（势能或动能）推动水车轮或者涡轮来驱动机械，研磨面粉、切割木材或生产纺织品等。水力利用最早可能出现在公元前 3 世纪的希腊，约公元前 2 世纪希腊人斐罗对此已有描述。我国关于水能利用的史书记载可以追述到汉代。东汉哲学家桓谭的著作《新论》中描述了神话中的太古三皇之一伏羲发明了杵与研钵，后来又研制出水磨。公元 31 年，东汉官员杜诗发明了一种复杂的机械装置——水排，它可以利用水力传动机械，使皮制的鼓风囊连续开合，将空气送入冶铁炉来铸造农具。

后来人们又学会建筑引水槽和斜坡渠，让水从高处流泻至水车顶端冲击它，同时利用了水能和地心引力，即水流倾泻而下的重量与冲击力。这种精心制造、转动顺畅的“上冲式水车”可以产生四五倍以上的马力。根据法国历史学家费尔南·布罗代尔的研究，平均每个水力磨坊所能碾碎的谷物，是两人一组手磨机的 5 倍。12 世纪初，仅在法国就已有两万台水车用来碾碎小麦、矿石等，相当于 50 万名劳动者所贡献的能量。

从那个时代起,从欧亚大陆到北非,从大西洋到太平洋,凡是靠近大河与溪流的地方都可以见到水车。水车逐渐遍及全世界,成为那个时代的动力源泉。直至今日,许多地区仍然在使用水车,只是我们把那种用来发电的“水车”改名为水力发电机。

风车和水车是人类与大自然和谐相处的最伟大杰作,使我们得以巧妙地利用大自然的风力和水力作为动力而没有污染之患、耗尽之虞。但是,正如人类学会了用火之后就必须学会怎么取火一样,我们对水力和风力的应用同样具有很大的不确定性:水所能提供的能量会随着不同年份和季节而不断变化;风力更是时有时无、飘忽不定。随着人类文明的发展和工业化程度的推进,我们必须继续寻找和掌握更加有效和稳定的能源。

知识加油站——“风车之国”

说起风车我们不得不提的一个国家就是被誉为“风车之国”的荷兰,风车已经成为荷兰的象征。荷兰坐落在地球的盛行西风带,一年四季盛吹西风,同时又濒邻大西洋,是典型的海洋性气候国家,海陆风常年不息,缺乏水力和其他动力资源的荷兰得到了上天赐予的优厚补偿。

18 世纪末,荷兰全国约有 1200 架风车,每架约有 6000 匹马力,最大的有好几层楼高,风翼长达 20 米。荷兰人非常喜爱他们的风车,将每年 5 月的第二个星期六定为“风车日”,在这一天全国所有的风车都会转动起来。风车也在荷兰金德代克村的大规模围海造田工程中发挥了巨大作用,这里的风车闻名遐迩,有当今世界上最大的风车群,已成为一道独特的风景线,被世界遗产委员会列入“世界文化遗产”。

荷兰风车

工业革命的动力——煤与蒸汽机

煤炭与蒸汽机的完美结合,替代柴薪成为生产的主要动力,广泛应用于矿井、磨粉、造纸、纺织、冶炼等行业,使手工业生产迅速发展为机器大生产,推动了工业大发展和大繁荣。这是继驯化自然力之后,人类能源利用史上的又一次伟大变革与飞跃。

18 世纪初,人类只是学会了利用水力和风力,大部分工作仍然依靠人类或者动物的肌力去完成:依靠人体的肌力推动石磨碾磨谷物、踩踏水车;或者"培训"出马、牛、骡子等动物,帮助我们完成工作。在 18 世纪,欧洲庄园主通过奴役奴隶,最大限度地集中劳动力,来满足种植业的生产需求。即便如此,仍然远远不能满足历史发展对动力的需求。

18 世纪上半叶,人类发明了以煤炭为能源动力的蒸汽机,开启了以大规模工厂化生产取代个体化手工生产的生产科技革命。第一次工业革命从英格兰开始席卷整个欧洲大陆,19 世纪传播到北美地区,后来又传播到世界各国。从英国中部到德国鲁尔工业区的居民,从辽阔的美洲到大洋彼岸的亚洲大陆,除了住在极其偏远地区且数量不断减少的采猎者,几乎每个人都受到了影响并从中受惠。

英国是工业革命的发源地,要问工业革命到底为何在英国诞生,该国地底蕴藏着大量的煤炭资源绝对是关键因素之一。森林资源的短缺刺激英国人转而采用煤炭作为主要能源。1500 至 1630 年期间,英国的木材价格猛涨 7 倍,速度比通货膨胀还快许多。1608 年的树木普查数据显示,英国当时七大森林合计拥有 232 011 棵树木,而到了 1783 年骤减为 51 500 棵,于是人们只得开采更多的煤炭。

在蒸汽机发明和应用之前,煤仅能作为燃料用于取暖、照明和烹煮等,主要是一个单纯地从化学能转化为热能的过程。此时人和其他动物的肌力,乃至风车、水车的力量,对于满足工业发展的需求,都显得捉襟见肘、力不从心。整个社会都在期待新发明的出现,蒸汽机因此应运而生。

事实上人类对蒸汽的认识由来已久,人们在烧水时就目睹了壶盖被蒸汽掀开的场景,并从中发现了蒸汽的力量。公元 1 世纪,古希腊科学家希罗曾经制造出以蒸汽驱动且可以旋转的草地洒水装置。17 世纪中叶,德国人奥托·冯·格里克将两个大小相同的半球体接合,并将其中的空气抽空,结果 16 匹马齐力拉扯都无法将球体分开。1680 年,荷兰人克里斯蒂安·惠更斯认为,在金属筒里的活塞底下爆破火药,可以将活塞顶上筒顶并驱散筒中的气体,使金属筒内实现至少是部分的真空,然后大气压力又会将活塞推下真空,有人受此启发想到能够以此来"做功"。真正发明蒸汽机的是英国人托马斯·纽可曼,他是西欧经济增长环境下所培养出的优秀工匠,虽然没受过什么正式教育,但是为他作传的作家认为他是"史上第一位伟大的机械工程师"。

1712 年,纽可曼在英国斯塔福郡杜雷城堡深达 46 米的煤炭矿井附近架设起一台蒸汽机。这台机器的汽锅可容纳 673 加仑(约合 3060 升)的水,汽缸直径 53 厘米,高 2.4米,活塞与气缸之间的空隙需要用湿皮革来充填。纽可曼燃烧煤炭以加热汽锅来产生蒸汽将活塞上推,之后将冷水喷入气缸内部使蒸汽凝结成少量的液体,使气缸变成真空,最后大气压力会将活塞推进真空的气缸中,动力引擎就此诞生了。活塞的运动可以通过与之相连的摇杆推动一连串的活塞和风箱等。第一部蒸汽机每分钟有 12 个冲程,每个冲程可举起 10 加仑(约合 45.5 升)的水,约为 5.5 马力(4.1 千瓦),在当时动力匮乏的英国与欧洲引起了巨大的轰动。仅在 18 世纪全世界就制造了至少 1500 台纽可曼蒸汽机,足以证明当时的社会需求有多么旺盛。当纽可曼于1729年离开人世时,他的发明已在萨克森、法国、比利时等地出现,到了1753年,第一代纽可曼蒸汽机也已经在美国新泽西州北阿灵顿出现。

纽可曼的发明是第一部能够提供大量动力的机器,其动力并非来自传统的肌力、水力或风力,而是一种全新的动力——蒸汽。它利用煤的燃烧把水加热,产生蒸汽,然后用来做功。这也是第一部在气缸中使用活塞的机械,可以夜以继日地连续运转。如果没有纽可曼蒸汽机的适时出现,18世纪英国的煤炭产业将不是趋于消亡就是停滞不前,无法继续迈向工业化。

詹姆斯·瓦特是新一代工程师中的杰出代表人物,他接受过良好的教育,而且与科学家和创业资本家关系良好。1764年,瓦特改良了纽可曼蒸汽机,与其对着炽热的气缸喷冷水,为什么不干脆利用蒸汽自己的动力与正在下降的活塞力道,将蒸汽推入相连但尚未加热的空间里使其自己凝结?十多年后,瓦特安装了两部这类蒸汽机,运行效果令人满意。到1800年,瓦特蒸汽机每单位重量煤炭所产生的动力是最新式纽可曼蒸汽机的3倍,应用范围从矿井抽水扩展到磨粉、造纸和冶炼等各种行业。但是,瓦特的原始蒸汽机仍然需要消耗太多煤炭,又过于庞大和笨重,无法真正成为车辆或船只的动力来源,并且和纽可曼的机器一样需要依赖大气压力将活塞推入气缸,动力和速度受到局限。

18世纪与19世纪之交,在瓦特的专利过期后,各式各样的蒸汽机改良与应用技术如雨后春笋般涌现,高压蒸汽机仅仅在几年内就问世了,它利用蒸汽拉出与推进活塞,还连接曲柄和连接杆,大幅改革了英国的工业生产活动,数年后就传播到世界各地。1800年,英国的特里维西克设计了可安装在较大车体上的高压蒸汽机。1803年,他把它用来推动在一条环形轨道上开动的机车,找来喜欢新奇玩意儿的人乘坐,向他们收费,这就是机车的雏形。英国的史蒂芬孙将机车不断改进,于1829年创造了“火箭号”蒸汽机车,该机车拖带一节载有30位乘客的车厢,时速达46千米/小时,引起了各国的重视,开创了铁路时代。

知识加油站——马可·波罗眼中的黑石头

13世纪意大利著名的旅行家马可·波罗,曾在中国游历了17年,并曾担任了元朝官员,回国后写了一本在西方世界广为流传的《马可·波罗游记》,在该书中他谈道:“中国的燃料,既非木,也非草,却是一种黑石头。”

马可·波罗书中提到的黑石头就是今天我们所熟悉的煤炭。煤炭主要由碳、氢、氧、氮、硫和磷等元素组成,其中碳、氢、氧三者总和约占有机质的95%以上。煤炭是由古代植物埋藏在地下经历了复杂的生物化学和物理化学变化逐渐形成的固体可燃性矿产,包括泥煤、褐煤、烟煤、无烟煤、半无烟煤等。在地表常温、常压下,植物遗体经泥炭化作用或腐泥化作用,转变成泥炭或腐泥;泥炭或腐泥被埋藏后,由于盆地基底下降而沉至地下深部,经成岩作用而转变成褐煤;当温度和压力逐渐增高,再经变质作用转变成烟煤、无烟煤。

煤炭是中国最早利用的能源之一,早在古代地理文献《山海经》里就有相关记述,被称为"石涅",还被称为石炭、乌薪、黑金和燃石。在中国东北地区抚顺民居的火炕里和中原地区炼铁的遗址中,都曾发现燃烧过的煤炭和未燃烧的煤饼,这说明中国古代已经普遍使用煤炭作为取暖和炼铁的能源。

另一部古代地理文献《水经注》,曾经记述了公元210年三国时代的曹操在邺县(今河南省临漳县西)建造的冰井台煤矿。矿井深达50米,储存煤炭数千吨。到了宋代中国煤炭开采获得较大发展,发现了若干大煤矿并设立了专门负责采煤的机构,政府还实行了煤炭专卖制度。当时的首都汴梁地区"数百万人,尽仰煤炭,竟无一燃薪者。"对河南鹤壁宋代煤矿遗址的发掘表明,那时的采煤业已经具有较高的技术水平和比较完备的设施。

明代《天工开物》中记述,当时的人们对于煤矿的头号大敌——瓦斯的处理很有创意:开采前把一根粗大而中空的竹竿前面削尖,送到井下插入煤层中以将其中的大量瓦斯引出井外。早在2000多年前的春秋战国时期,中国人就已经开始使用煤,到东汉末年煤就已作为重要的燃料进入普通百姓家,而欧洲直到16世纪才开始使用,难怪马可·波罗不识其为何物。

知识加油站——蒸汽机改变世界

纺织业是受到蒸汽机影响最大的产业,也是第一个因为引入蒸汽机而商业化的产业。早在1800年,用蒸汽驱动的走锭细纱机每单位时间的产量,就已相当于200—300名纺纱工人每单位时间的总产量。

19世纪后半期,蒸汽动力已渗透到西方世界及其各地的经济生活的方方面面。动力技术与其他发明携手并进,在欧洲和世界其他地区之间"挖开"了一道"鸿沟",也使得全球的权力平衡重新布局。例如,英国工厂在蒸汽机的帮助下的生产速度与产量几乎重创了印度的传统纺织业,致使成千上万的印度农民失去生计。在18世纪,印度、中国与欧洲的GDP累积占全球总GDP的70%,三者大致各占三分之一;然而到了1900年,中国占全球制成品的比率跌到7%,印度更是暴跌到2%,而欧洲却提升到60%,美国提升到20%。

蒸汽机对全球交通运输业的影响更是令人震惊。19世纪初期,原始的蒸汽机车已经开始"轰轰"运转。1830年,名为"火箭"的火车头拖着一列火车从利物浦来到曼彻斯特,十年后,英国的铁路线已经长达2253千米,欧洲大陆为2414千米,美国则绵延7403千米。1869年,两岸人口密集但内地空旷的美国建造了第一条横跨大陆、连接东西海岸的铁路,而世界各地都在计划进行例如建造从开普敦到开罗、跨西伯利亚铁路等一系列令人咋舌的投资。

蒸汽机在航海上所创造的革命也很壮观。1838 年,“天狼星号”与“大西方号”竞相从英国港口出发前往纽约,争夺第一艘实现远洋航行的蒸汽动力轮船的荣耀,最后“大西方号”赢得了胜利。“天狼星号”用时 18 天又 10 小时完成了全程,平均时速为6.7节(约合 12.4 千米/小时);而“大西方号”仅仅花费 15 天就完成了整个航程,平均时速达到 8 节(约合 14.8 千米/小时)。它们的航行时间大约比依靠风力航行横渡大西洋节省了一半时间。

蒸汽动力不仅大幅提高了货物运输的速度与可靠性,而且促进了人口流动,人们借助铁路从乡村到城市、从发达地区到不发达地带,还有大量欧洲移民乘坐蒸汽轮船前往欧洲在海外的各个殖民地和美国。同时,还有数百万人离开印度与中国前往美国、南非、东非、毛里求斯、太平洋群岛以及世界各地,出卖劳动力去种植作物或者建造船坞、公路与铁路。从 1830 年到 1914 年,越洋移民的总数高达 1 亿人,无论移民者来自何方、去往何处,他们绝大部分都是靠蒸汽轮船漂洋过海。生产力巨额增长,全球权力与影响力重新洗牌,全球霸权中心转移,人口移动频繁等情形前所未有。

美国政治家丹尼尔·韦伯斯特极力颂扬蒸汽机:“它可以开船、抽水、挖掘、载物、拖曳、举物、捶打、织布、印刷。它仿若一个人,至少属于工匠阶级。停止你的体力劳动,终止你的肉体苦力,用你的技能与理智用来引导它,它将承担这所有辛劳。不再有任何人的肌肉感到疲倦,不再有任何人需要休息,不再有任何人会感到上气不接下气。我们无法预测未来会如何改进运用这种惊人的动力,任何推测都将徒劳无功。”

现代工业的核心——石油与内燃机

18 世纪 70 年代以后,科学技术的发展突飞猛进,各种新技术、新发明层出不穷,并迅速被应用于工业生产,大大促进了经济的发展。蒸汽机作为当时工业生产中的动力源泉受到广泛的关注,科学家们通过对蒸汽机的改良,不断提升其使用效率。据记载,1900 年的动力蒸汽机的运转效率是 1830 年的蒸汽机的五倍,螺旋桨被发明并用于代替原始桨轮以便于产生更大的动力。但是即便如此,改良后的蒸汽机依旧无法满足工业生产的需要,人类迫切地希望寻找出一种更加有效的能源形式。

石油是一种比煤炭能量密度更高且更容易输送的燃料。但是在 19 世纪石油工业的发展缓慢,人们提炼石油仅仅是用来作为油灯的燃料,这种情况一直持续到内燃机的发明。内燃机和石油的精妙配合,产生了更加高效的能量,迅速得到了人们的青睐,迄今为止石油一直是最重要的内燃机燃料。

交通运输行业的革命是促使内燃机发明的主要动力之一,早期人类出行的主要交通工具是马车,马匹尽管实用但却容易疲倦,有时还不太合作,而且“坏了”也无法修理。19 世纪中叶,蒸汽机取代马匹繁忙地在大大小小的城市之间,运送着大量的旅客和庞大笨重的货物，但是由于蒸汽机的发动机与汽锅十分笨重并且建造成本昂贵，很难融入日常生活，限制了人们进行短途旅行的交通需求。

但是包括蒸汽机的发明者纽可曼在内的许多工程师与发明家都觉得蒸汽机燃烧源自太阳的燃料，然后将水转换成蒸汽以推动活塞的运作原理间接而又低效率，为什么不直接在活塞“内部”燃烧燃料呢？“内燃机”难道不比蒸汽机更好吗？这一思路一直启发着后来的许多发明家不断努力。17 世纪，部分受到枪炮原理启发的发明家，试图制造出由火药驱动的活塞却未成功，因为他们无法控制爆炸的速率或无法在爆炸后持续为汽缸填装火药，然而“内燃机”的理念延续了下来。

世界上第一台实用型内燃机是德国人尼古拉斯·奥古斯特·奥托发明的，1876 年他为这台以自己名字命名的“奥托发动机”申请了专利，并开启了人类内燃机时代。

尼古拉斯·奥古斯特·奥托

尼古拉斯·奥古斯特·奥托，德国发明家，世界上第一台四冲程内燃机的制造者。在美国人麦克·哈特编著的《影响人类历史进程的 100 名人排行榜》一书中，他被排在 61 位。

尼古拉斯·奥古斯特·奥托

1832 年，尼古拉斯·奥古斯特·奥托出生在德国霍兹豪森镇，他在襁褓中父亲就去世了。奥托读书时是一个出色的学生，但却在 16 岁从中学辍学，参加了工作，获得了经商的经验。开始他在一个小镇上的一家杂货店工作，随后在法兰克福市当一名店员，接着又成为一名推销员。1860 年他建造了一台以煤气为动力的机器，这台外观与纽可曼蒸汽机类似的机器是通过在气缸内部引爆煤气而向上推动活塞，然后再靠活塞本身的重量与大气压力将活塞推回汽缸。虽然这台机器为他带来了一些名气，但还不是他心中所设想的那种力量强大且运作顺畅的机器。1876 年，奥托经过长期的努力终于制造出可以容纳一连串爆炸并能控制其进度的机器。他为这台划时代的四冲程发动机申请了专利，并命名为“奥托发动机”。

“奥托发动机”是由电池或手摇曲柄启动第一个步骤，即将活塞拉回，让燃料和空气进入气缸；然后活塞推进，将燃料和空气混合，确保燃料可以完全且均匀地燃烧；接着火焰或火花会点燃空气与燃料的混合物，以小规模的爆炸将活塞推回，这是四冲程中的动力冲程；最后一次冲程中活塞再度推进，将燃烧后的废气排出，至此内燃机依照惯性自行运作，理论上将持续到燃料耗尽为止。奥托发动机是第一台可实际应用的内燃机，至今仍然应用在我们的汽车中。

后来随着石油的开发，比煤气易于运输携带的汽油和柴油引起了人们的注意，首先获得试用的是易于挥发的汽油。1883 年，德国人戴姆勒创制成功第一台立式汽油机，它的特点是轻型和高速。当时其他内燃机的转速不超过 200 转/分，它却一跃而达到 800 转/分，特别适应交通运输机械的要求。1885—1886 年，汽油机作为汽车动力运行成功，大大推动了汽车的发展。同时，汽车的发展又促进了汽油机的改进和提高，不久汽油机又用作了小船的动力。1892 年，德国工程师狄塞尔受面粉厂粉尘爆炸的启发，设想将吸入气缸的空气密度压缩，使其温度超过燃料的自燃温度，再用高压空气将燃料吹入气缸，使之着火燃烧。1897 年狄塞尔研制成功世界上第一台压缩点火式内燃机，也就是我们所熟知的柴油机。柴油机发明为内燃机的发展开拓了新途径。

内燃机的发明和改进为交通运输行业带来了翻天覆地的变化，汽车就是那个时代最伟大的发明之一。1885 年，奔驰、戴姆勒和迈巴赫三人造出的三轮汽车是第一部可以实际上路行驶的汽车，第一部梅塞德斯 · 奔驰汽车于五年后正式上路。汽车起初被认为是马车的延续、富人的玩物，1903 年以亨利 · 福特为首的美国人，生产出 A 型福特汽车，再经过五年的努力，试验了 20 种车型之后，生产出“便宜小汽车”——T 型福特汽车，其后又以这款底盘为基础生产了其他九种车型，包括双人座小汽车、轻型卡车等。T 型车坚固耐用，易于操作和维修，成为适合个人和家庭的廉价交通工具。1925 年一辆 T 型车的售价仅为 260 美元，从中产阶级到在福特公司工作的普通员工都能买得起，到 1928 年 T 型车停产之前，累计产量达 1600 万台。汽车工业让各国的汽车数量与日俱增，到 20 世纪结束时，全球马匹数量减少，但汽车数量却高达 5 亿辆，这还未包括卡车、公共汽车、拖拉机和坦克等在内。

奔驰第一辆三轮汽车

内燃机的诞生不仅带来地面交通的变化，还实现了人类翱翔天空的伟大梦想。法国人克雷芒 · 阿德尔成功地发明了第一架飞机，他的“飞机三世”是一架拥有类似蝙蝠双翼的飞行器，配备两台 20 马力（约合 15 千瓦）的蒸汽机，于 1897 年成功起飞，然而配备着装满水汽锅的蒸汽式飞机实在过于笨重，本身就给飞行带来了巨大的负担。1903年，莱特兄弟利用自己独创的可产生12马力(接近9千瓦)的内燃发动机，成功地将总重量达到200磅(约90.7千克)的飞机带上天空，实现了人类翱翔蓝天的梦想。飞机为人类插上了翅膀，使飞天的梦想成为现实，让科技不仅伟大而且神奇。

莱特兄弟的飞机试飞试验

知识加油站——现代工业之血液

石油又称原油，是一种黏稠的、深褐色液体，存在于地壳上层部分。石油与煤一样，是古代生物经过漫长的演化形成的，属于化石燃料。与煤炭相比，石油的能量密度大约高出50%，并且是液态，更容易包装、储存与输送。

早在公元前10世纪之前，古埃及、古巴比伦和古印度等文明古国就已经开始采集石油渗出地表经长期暴露和蒸发后的残留物——天然沥青，用于建筑、防腐、粘合、装饰和制药等。古埃及人甚至能估算油田中渗出石油的数量，楔形文字中有关于在死海沿岸采集天然石油的记录。到了公元5世纪，波斯帝国的首都苏萨周围已经出现了用手工挖成的石油井。最早将石油用于战争的中东人，在荷马史诗《伊里亚特》中描述了"特洛伊人不竭地将火投上快船，那船顿时升起难以扑灭的火焰"的场景。当波斯国王塞琉斯预备篡夺巴比伦时，有人提醒他巴比伦人可能会进行巷战，塞琉斯回答可用火攻:"我们有许多沥青和碎麻，可以很快把火引向四处，那些在房顶上的人要么敏捷分开，要么被火吞噬。"

最早从原油中提炼出煤油用作照明的是欧洲人。19世纪40—50年代，利沃夫的一位配药师在一位铁匠辅助下做出了煤油灯。1854年，灯用煤油已经成为维也纳市场上的商品。到了1859年，欧洲开采了36 000桶原油，当时欧洲石油的主要产地是加利西亚和罗马尼亚。

在现代的工业体系之中，石油的重要地位是毋庸置疑的。首先，石油是优质动力燃料的原料，现代交通工具汽车、内燃机车、飞机与轮船等都是以石油的衍生产品——汽油或柴油作为动力燃料的;新兴的超音速飞机等也是以从石油中提炼出的高级燃料作为动力;石油中还可以提炼出的优质润滑油,一切转动的机械“关节”中添加的润滑油都是来源于石油的。

其次,石油还是重要的化工原料,可加工出5000多种重要的有机合成原料。例如我们日常生活中常见的色泽美观、经久耐用的涤纶、尼纶、腈纶和丙纶等合成纤维;那些能与天然橡胶相媲美的合成橡胶;苯胺染料、洗衣粉、糖精、人造皮革、化肥和炸药等都是石油产业的附属产品。

此外,石油经过微生物发酵还可以制成合成蛋白。一种嚼蜡菌被放入石油中后,会以惊人的速度繁殖起来,每公斤菌体会含有相当于20只鸡蛋所含的丰富蛋白质。如果将目前世界上年产30多亿吨石油中的石蜡的一半制成蛋白质,可制得1.5亿吨人造蛋白,这是十分可观的资源。现在,人们已经把嚼蜡菌体作为饲料,在不久的将来还会被用来制作味道鲜美、营养丰富的食品,送上我们的餐桌。

石油就连炼油后最终剩下的石油焦和沥青也都是宝贝。石油焦可以作为炼钢炉里的电极以提高钢产量,还可用作制造石墨的原料,而沥青则可以制作油毡纸或用以铺路。石油具有如此丰富而重要的用途,被誉为“现代工业的血液”。

信息文明的标尺——电磁之光

1. 电与磁

电是一种自然现象,是一种能量,自然界的闪电就是电的一种现象。而我们日常生活中所说的电通常是指电荷或者电子的定向移动。古希腊人发现摩擦琥珀可以使它吸住羽毛,所以电的英语单词“electricity”源于希腊文中的“琥珀”。当英国女王伊丽莎白一世的御医威廉·古尔伯特发现除琥珀外还有其他多种物质在摩擦后也会获得磁性时,人们开始了对电的研究:100年以后,另一位英国人弗朗西斯·霍克斯比发明真正可以付诸使用的静电装置:他给中空的玻璃球装上曲柄,高速旋转玻璃球并用皮垫来摩擦它,这个装置会产生火花以供娱乐,也能产生足够的电力来进行实验。

1746年彼得·冯·穆欣布罗克在荷兰的莱顿城发明储存电的装置——“莱顿瓶”,它最早只是一个简易的水瓶,一根金属线垂直插在瓶中,一半在水里一半在外面,后来发展为瓶内外都由金属包裹。电力从大型的霍克斯比静电装置传递出来后,通过莱顿瓶里的这条金属线,电荷可以保持一段时间甚至数天之久,这就是早期的电能存贮装置。

然而霍克斯比静电装置和莱顿瓶所提供的微薄电力,远远无法满足真正能够促进科学大发展重要实验的需要。18世纪意大利人亚历山德罗·伏特发明了一种能够制造稳定电力的装置。伏特运用的是化学方法,他用铜片、锌片以及盐水浸湿过的硬纸板制造出所谓的“伏特电堆”。铜片会向潮湿的硬纸板释放电子,锌片接收电子,未能固定下来的电子则通过单独的金属线流出,这就是最早的电池,可以持续提供电流直到液体被蒸发掉或者锌被完全溶解掉。

在电磁学里另一位做出卓越贡献的是英国人迈克尔·法拉第。1820年，荷兰人汉斯·奥斯特发现了电流磁效应：他把一条非常细的铂导线放在一根用玻璃罩罩着的小磁针上方，接通电源的瞬间磁针产生了偏转。奥斯特经过反复实验，发现磁针在电流周围都会偏转，在导线的上下方，磁针偏转方向相反，而在导体和磁针之间放置非磁性物质，比如石头、玻璃、水和松香等，不会影响磁针的偏转。法拉第不断重复奥斯特的实验并将之加以改进，不但指针可以旋转，就连铜锌片也都可以旋转。他想到如果操作电力和磁力可以产生“运动”，那么还有其他的运作方式吗？1822年，法拉第在他的笔记本里写下“将磁力转化为电力”的字样。几年之后，法拉第发现当他将磁棒来回进出于连接电流计的金属线圈时，电流计显示有电流产生，这证实了磁力与“运动”可以制造电力。法拉第以此为依据制造了世界上首台“发电机”：在马蹄型磁铁的两极之间用手握着曲柄转动铜锌片，产生微弱的电力流动（美国人约瑟夫·亨利几乎也在同时有了相同的发现，但晚于法拉第公布）。

法拉第与奥斯特双双发现电力、磁力与运动三者之间的密切联系，只要控制前面两项，就可以产生运动，若是控制后面两项，就能够制造电力。法拉第之后的发电机在设计上都很类似，都是用一个金属线回路在永久磁铁的两极之间旋转，或是在金属线回路的两端旋转永久磁铁。法拉第的发电机只能产生微弱电流，而其后的早期发电机，按照使用天然磁石的设计虽然可以发出更大的电力，但还不足以开创新文明，主要原因是天然磁石的力量还不够强大。

约瑟夫·亨利和其他发明家用输送电流的绝缘金属线来缠绕大型的马蹄形软铁心，将它们转变成了电磁铁，可以根据不同需求调节电力，亨利应用电磁铁所设计的装置一次就能举起一吨的重物。1866年，德国人维尔纳·冯·西门子在他试图发明的发电机中试验电磁铁时，电流突然像莱茵河水般狂泻而出。

法拉第是以手动方式旋转磁铁两端之间的线圈回路而获得电力的，因此第一次发电的动力来源是肌力。发电机将内燃机、水车、风车的机械能转化为电能，电能又可以在电动马达上转化为动能，用于需要转动的设备，如交通工具、纺织机器等。

电除了带来动力，还带来光明。弧光灯是最早得到广泛应用的电气照明设备：先将两根炭棒接触以产生强大的电流，然后将之分开，中间就会形成电弧并燃烧炭棒产生灿烂的光线。弧光是大型空间的最佳照明工具——例如城市的广场与体育馆，还可以为某些著名街道和大片街区提供照明，然而不适合家居照明，因为它太亮又有令人难以忍受的嘶嘶声。

许多人开始尝试研发白炽灯以提供理想的家居照明，积累了大量的资料使后来的发明家获益良多。托马斯·阿尔瓦·爱迪生和工作人员试验过数百种物质，最后终于研制出炭化竹灯丝真空灯泡并于1880年申请了专利。到了20世纪，钨成为灯丝的最佳选择，灯泡也由真空设计改为填充惰性气体。

电除了应用广泛外,更大的优势在于极易输送。我们可以直接在煤矿或者尼亚加拉大瀑布附近安装发电机,就地燃烧煤炭或利用瀑布来发电,然后通过电缆输送给远方的用户。在19世纪的最后几年里,西方文明迅速进入到电气化时代,其他地区也有意识地紧随其后,踏上"电气"之路。

知识加油站——风筝引电试验与避雷针的发明

1752年6月的一天,美国费城郊区,乌云密布,电闪雷鸣,一场暴风雨就要来临了。在一块宽阔的草地上,有一个老人和他的儿子带着一个上面装有金属杆的风筝来到一个空旷地带。老人高举起风筝,他的儿子则拉着风筝线飞跑。由于风大,风筝很快就被放上高空。刹那间,雷电交加,大雨倾盆。老人和他的儿子一起拉着风筝线,父子俩焦急地期待着。突然,老者大声喊道:"威廉,站到那边的草房里去,拉紧风筝线。"这时,闪电一道亮过一道,雷鸣一声高过一声。威廉大叫:"爸爸,快看!"老者顺着儿子指的方向一看,只见那拉紧的麻绳,本来是光溜溜的,突然"怒发冲冠",那些细纤维一根一根都直竖起来了。他高兴地喊道:"天电引来了。"他一边嘱咐儿子小心,一边用手慢慢接近接在麻绳上的那把铜钥匙。突然他像被谁推了一把似地,跌倒在地上,浑身发麻。他顾不得疼痛,一骨碌从地上爬起来,将带来的莱顿瓶接在铜钥匙上。莱顿瓶里果然有了电,而且还放出了电火花,原来天电和地电是一个样子。他和儿子如获至宝似地将莱顿瓶抱回了家。

富兰克林"风筝引电"实验

这位成功捕获天电的老人就是富兰克林。富兰克林是美国杰出的政治家和外交家,他是美国独立远动的伟大领袖,是《独立宣言》的起草者之一,同时也是美国第一任驻外大使。除此之外,富兰克林还是一位伟大的科学家,风筝引电实验的成功让他在整个科学界的名声大振,英国皇家科学院不仅给他送来了象征荣誉的金质奖章,还聘请他担任皇家科学院的会员,而他的科学著作很快被翻译成了多国语言。在荣誉面前,富兰林并没有迷失自己,他从未停止过自己科学研究的脚步。1753年,俄国著名电学家利赫曼在验证富兰克林的风筝引电实验时,不幸被雷电击中,这是有记载的第一位电学实验牺牲者。许多人因此对雷电试验产生了恐惧和戒心,但富兰克林并没有退缩,他依旧有条不紊地进行着电学实验并成功地制成了第一根实用的避雷针。他把一根几米长的铁杆用绝缘材料固定在屋顶,杆子的底部紧拴着直通到地下的一根粗导线。当遭遇雷雨天气时,雷电可以沿着金属杆通过导线传达到大地上,这样就可以确保房屋建筑完好无损。1754年,在富兰克林的努力下避雷针开始在费城应用,但当时有些人认为避雷针有违天意,是不祥之物,于是趁着夜色偷偷地把它给拆了。科学终将战胜愚昧,一场挟有雷电的狂风过后,未装避雷针的大教堂着火了,但装有避雷针的高层房屋却安然无恙。

2. 电磁带来的信息时代

在社会活动中,信息交流十分重要。在科学技术极不发达的过去,远距离通信手段非常落后,给生产和生活都带来了极大不便。在现代社会,我们利用各种各样的先进通信工具,在瞬息之间就可以完成长距离甚至是环球的信息交流。亚历山大·格拉汉姆·贝尔在1876年3月10日发明的电话,可以说是其中最方便、最实用的一种。

贝尔于1847年出生在英国的一个声学世家,从小就喜欢思考问题,经常把各种东西拆拆装装,在15岁时就对老式水磨进行了改进,使其生产效率大大提高。后来,贝尔移居加拿大和美国,发明了一种帮助聋哑人恢复听力的仪器,还对留声机做了改进。

研制电话要从19世纪电报的发明说起。当时火车、轮船已经开始作为传播信息的工具,但进行远距离甚至越洋通信要消耗的时间太长,人们渴望拥有一种既简单又能迅速传递信息的工具。在17世纪末18世纪初电被发现后,立刻被引入了通信工具的研制领域。

1832年,美国的莫尔斯开始利用电磁原理研制有线电报并于1837年获得成功,同时利用长短脉冲信号的不同组合编出了英文字母电报编码。1844年,他在华盛顿和巴尔的摩之间架设了一条实验性电报线路,完成了电报传讯的重大试验,有线电报正式出现。

1875年,贝尔对波士顿的电报机进行了认真观察,认为电报机能够把电流信号和机械运动进行相互转换的关键是使用了一个电磁铁。于是贝尔受此启发开始设计制造电磁式电话,并在经过无数次的探索和失败后获得了最终的成功。1876年6月,电话问世并很快在全世界得到了普及。电话使我们的感官功能得到了极大的扩展,通信进入到一个革命的时代,贝尔对社会的进步做出了巨大贡献。

随着通信技术的不断发展,无线电技术也在19世纪末20世纪初出现。1887年,德国物理学家赫兹通过实验证明了电磁波现象,科学界因此把电磁波叫作赫兹电波。有些人想到利用赫兹电波来传递信息。法国人爱德华·布冉利、英国人奥利弗·约瑟夫·洛奇和俄国人波波夫等都分别进行了各种试验,为无线电的发明奠定了一定的基础。

赫兹电波的研究也吸引了意大利人马可尼，他针对当时架设有线电话、电报的困难情况提出了大胆的设想：能否利用赫兹电波进行远距离通信？在这种兴趣的指引下，马可尼从1894年开始广泛搜集有关赫兹电波和电报通信方面的资料，并认真研究了当时一些科学家利用电磁波进行通信的思路，决定进行无线电报的实验。通过对实验设备的不断改进，他终于在1895年成功进行了无线电波传递实验。在英国的支持下，马可尼又成功地进行了12千米距离的通信；1896年在英国获得了无线电发明专利；1897年，在英国西海岸成功进行了无线电跨海通信实验，这是人类第一次不用导线把信号传过海湾，完全实现了无线电通信；1901年12月，无线电通信试验取得了决定性的成功，实现了从英国的康沃尔到加拿大的纽芬兰长达2000多英里的无线电跨洋通信，标志着无线电报已经成为全球性的事业。后来，马可尼又进一步改进无线电报装置，研制出水平定向天线，并将整流管用于无线电通信装置上。

无线电技术实现了远距离通信，使地球上不同区域之间的信息交流大为便捷，推动了人类迈入信息时代的进程。

未来的能源时代

一个世纪以来，化石能源对于世界各国的经济发展至关重要。可以说现代化世界经济体系的建立，在很大程度上得益于以石油、天然气、煤炭为代表的化石能源的广泛地投入应用。表1所示的是过去10年间世界一次能源消费结构。从表中我们可以清晰地看到现代工业对于化石能源的依赖。

表1　世界一次能源消费结构

年份	一次能源总量(Mtoe)	一次能源结构中的份额(%)					
		原煤	原油	天然气	核能	水力发电	再生能源
2005年	10537.1	27.8	36.1	23.5	6.0	6.3	
2006年	10878.5	28.4	35.8	23.7	5.8	6.3	
2007年	11099.3	28.6	35.6	23.8	5.6	6.4	
2008年	11294.9	29.2	34.8	24.1	5.5	6.4	
2009年	11164.3	29.4	34.8	23.8	5.5	6.6	
2010年	12002.4	29.6	33.6	23.8	5.2	6.5	1.3
2011年	12225.0	29.7	33.4	23.8	4.9	6.5	1.7
2012年	12476.6	29.9	33.1	23.9	4.5	6.7	1.9
2013年	12730.4	30.1	32.9	23.7	4.4	6.7	2.2
2014年	12928.4	30.0	32.6	23.7	4.4	6.8	2.5

注：表中Mtoe表示百万吨油当量。

据综合估算，目前全世界的石油储量大约为1180—1510亿吨，以1995年世界石油的年开采量33.2亿吨计算，石油储量大约在2050年左右宣告枯竭；天然气储备估计在131 800—152 900兆立方米，若每年开采量维持在2300兆立方米，将在57—65年内枯竭；煤的储量约为5600亿吨，以1995年煤炭开采量33亿吨计算，可以供应169年。目前世界一次性能源的消耗量仍在以平均每年2%~3%的速度递增，以此计算，化石能源这一承载现代经济发展重任的资源载体将在21世纪上半叶迅速地接近枯竭。若在此之前我们无法找到替代能源，那么人类的生存和发展将面临严重的威胁。那么，我们不禁要问，人类未来的动力与能源的求索之路在何方呢？

未来能源之永不枯竭的太阳能

1. 人类赖以生存的恒星——太阳

太阳作为太阳系唯一的一颗恒星，是地球生命诞生和存在的最根本的前提。太阳是距离地球最近的一颗恒星，为一个炽热的气态球体，直径约为1.392×10^9 m，体积为1.412×10^{27} m^3，约为地球体积的130万倍，质量为1.989×10^{30} kg，大约是地球质量的33万倍，由此我们可以算出太阳平均密度大约只有地球平均密度的1/4。

组成太阳的主要元素为氢和氦，太阳内部每时每刻都进行着将4个氢核聚变成1个氦核的热核反应，由于每秒钟有亿万个氢核在发生聚变，这一能量极其巨大，因此太阳内部温度高达8×10^6~2×10^7 K，压力高达3×10^{16} Pa。

太阳的内部主要可以分为三层：核心区、辐射区和对流区。我们平时见到的耀眼的光亮部分，称为光球，光球外表面是透明的太阳大气，也称色变层，色变层外是色球层。日冕是太阳大气的最外层。太阳看起来很平静，实际上无时无刻不在发生剧烈的活动，如太阳黑子、耀斑和日珥等。

太阳每时每刻都在向外发射能量，每秒钟向外发射的能量约为3.74×10^{26} J，这相当于每秒钟燃烧1.28×10^{16}吨标准煤所放出的能量。尽管太阳所辐射出来的总能量中只有二十二亿分之一到达地球大气层上界，其中30%被大气层反射掉，23%被大气层吸收掉，但是每秒钟辐射到地面的总能量有8.0×10^{13} kW，相当于目前全世界发电总量的8万倍。

根据科学家推算，太阳像现在这样不停地向外辐射能量，还可以维持50亿年以上，因而对于人类来说，太阳能可以说是一种取之不尽，用之不竭的永久性能源。

2. 人类使用太阳能的历史

太阳能是一种既节能又环保的新型能源，虽然太阳能进入我们日常生活的时间并不长，但是有记载的人类对太阳能利用却足足有3000多年的历史了。早在3000多年前的西周时期，当世界上其他民族还在利用钻木、摩擦或击石取火时，勤劳智慧的西周人就已将开始使用太阳能了。他们利用凹面镜向日借火，这是有记载的人类对太阳能

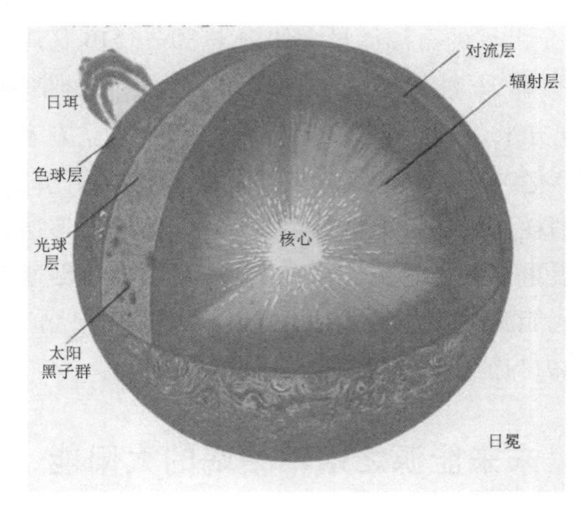

太阳的结构

的最早利用。《淮南子·天文训》载:“故阳燧见日,则燃而为火。”《论衡》:“验日阳燧,火从天来。”《古今注》载:“阳燧,以铜为之,形如镜,照物则影倒,向日则火生。”文中提到的“阳燧”就是我们古代的太阳灶。

西周阳燧

古人对太阳能的利用主要包括以下几种形式:

一是利用太阳能取火。据考证,早在春秋战国时期我们的祖先就能够利用凹面镜来取火。战国时期的著作《墨经》中就已经详细记载和分析了凹面镜的成像原理。此外北宋科学家沈括的著作《梦溪笔谈》中也有关于凹面镜的记载:“阳燧面窐向日照之,皆聚向内,离镜一二寸,光聚为一点,大如麻菽。着物则火发。此则腰鼓最细处也。”文中前面一句论述的是光线在凹面镜上的聚光作用,中间一句是对焦点的描述,最后指出聚焦处可以取火。

在我国古代可以利用太阳能取火的工具除了前文中提到的“阳燧”之外,还有冰透镜和火珠。但是和“阳燧”取火的原理不同,冰透镜和火珠是利用凸透镜聚焦原理向太阳取火。据《淮南万毕术》记载:“削冰令圆,举以向日,以艾承其影则火生。”虽说水火不相容,但将水制成冰透镜后却能用以取火,这让我们不得不佩服老祖宗巧夺天工的创造。《新唐书》中记载“婆利者(今印尼巴厘岛)多火珠,日中以艾籍珠,辄火出”。

二是用太阳能来贮存粮食。《种树说》中关于麦子收藏注意事项的记载:“宜烈日中乘热而收,用苍耳叶或麻叶碎杂其中,则免化蛾。”

三是将太阳能应用在医疗方面。据《黄帝内经》和《本草纲目》记载,我们的祖先很早就掌握了利用日光进行养生防病的方法;此外,古人还曾用太阳光中的紫外线来检验骨伤。《洗冤集录》中记载:“验尸骨伤损处,用糟醋泼罨尸首,于露天以新油伞覆,欲见处迎日隔伞看,痕印见。”文中说到在烈日下让光线通过油伞,可以让有利观察的射线充分集中,这与现代医学上用紫外线检查伤痕的原理几乎相同。

四是将太阳能应用于军事领域。古代太阳能在军事领域应用最著名的案例就是古希腊的太阳能盾牌。公元前3世纪,古希腊科学家阿基米德利用许多磨亮的金属盾牌,会聚太阳光烧毁了攻击西西里岛东部西拉修斯港的一支古罗马舰队,为保卫自己的家园立下了赫赫战功。

虽然人类对太阳能的利用已经有3000多年的历史了,但是真正意义上将太阳能作为一种能源与动力加以利用,却仅仅只有400年左右的历史。近代太阳能利用始于1615年,法国工程师所罗门·德·考克斯发明了世界上第一台太阳能驱动的发动机。这是一台利用太阳能加热空气,使其膨胀并推动做功来进行抽水的机器。在这之后的200多年里,世界上又研制成功了一些太阳能装置和太阳能动力装置。但是这些装置几乎全部都是采用聚光方式采集阳光,发动机功率不大,价格昂贵,实用价值不大,大部分为太阳能爱好者个人的研究。

20世纪70年代以来,太阳能开发利用技术及其推广应用突飞猛进。目前太阳能已成为全球发展最快的能源:太阳能热水器已形成行业,正以其优良的性价比不断地冲击燃气、电热水器市场;太阳能热电站也已商业化,是大型太阳能电站的希望所在;光电技术发展更快,表现在光电转换效率的不断提高和光电池制造成本的不断下降以及各种新型太阳能电池的问世。跨入21世纪,人类将面临实现经济和社会可持续发展的重大挑战,在有限资源和环保严格要求的双重制约下发展经济已成为全球热点问题。以太阳能为代表的可再生洁净能源正以其独有的魅力,引领着世界能源应用领域的变革。

3. 太阳能的应用

太阳能光热利用基本原理是将太阳辐射能收集起来,通过与物质的相互作用转换成热能加以利用。根据所能达到的温度的不同,通常把太阳能光热利用分为低温利用(< 200℃)、中温利用(200℃—800℃)和高温利用(>800℃)。目前低温利用主要有太阳能热水器、太阳能干燥器、太阳能蒸馏器、太阳能采暖、太阳能温室、太阳能空调制冷系统等,中温利用主要有太阳灶、太阳能热发电聚光集热装置等,高温利用主要有高温太阳炉等。

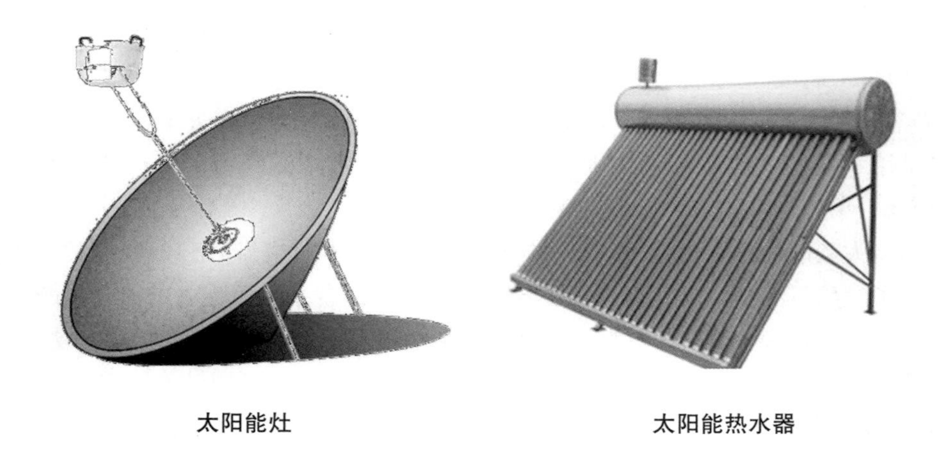

太阳能灶　　太阳能热水器

太阳能的光伏利用是利用太阳的光生伏打效应将太阳辐射能直接转换为电能，太阳光光伏发电过程其实就是光子（光波）转化为电子、光能量转化为电能量的过程。目前太阳能发电利用的主要方式有以下两种：

（1）光—热—电转换。即利用太阳辐射所产生的热能发电。一般是用太阳能集热器将所吸收的热能转换为工质的蒸汽，然后由蒸汽驱动汽轮机带动发电机发电。前一过程为光—热转换，后一过程为热—电转换。

（2）光—电转换。其基本原理是利用光生伏打效应将太阳辐射能直接转换为电能，它的基本装置是太阳能电池。

太阳能电池

太阳能的光化利用是利用太阳辐射能直接分解水制氢的光化学转换方式，其关键部位是太阳能光化学电池。这种电池一般把染料或硒化镉、砷化镓等量子点材料附着于二氧化钛等适合作载体的半导体上。当适当波长的光子达到敏化剂形成的“敏化层”上时，敏化层放出电子进入二氧化钛的导带，电子接着移动到导电层的底部电极，如果接入负载则会有电流形成。

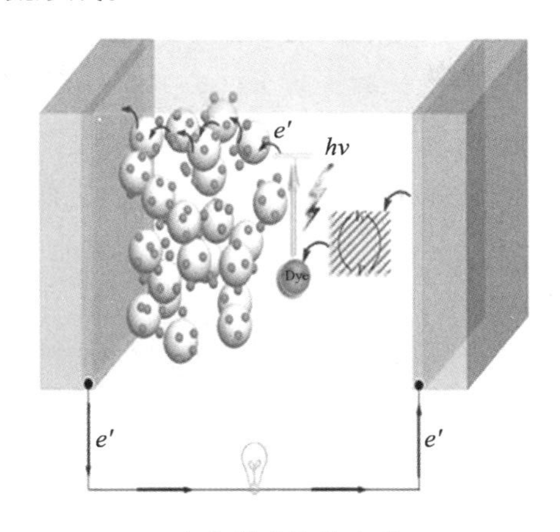

光化学太阳能电池

知识加油站——太阳能汽车

太阳能汽车是一种靠太阳能来驱动的汽车。太阳能汽车与传统的燃料汽车无论是在外观上还是在运行原理上都有很大的不同。太阳能汽车已经没有发动机、底盘、驱动、变速箱等构件，而是由电池板、储电器和电机组成，它利用贴在车体外表的太阳电池板，将太阳能直接转换成电能，再通过电能的消耗，驱动车辆行驶，车的行驶快慢只要通过控制输入电机的电流大小就可以控制。

最早的太阳能汽车是在墨西哥制成的。这种汽车，外观像一辆三轮摩托车，在车顶上架有一个装太阳能电池的大棚。在阳光照射下，太阳能电池供给汽车电能，使汽车的速度达到每小时 40 公里，由于这辆汽车每天所获得的电能只能行驶 40 分钟，所以它还不能跑远路。

早期太阳能汽车

1987年11月,澳大利亚举行了一次世界太阳能汽车拉力大赛,赛程全长3200公里,几乎纵贯整个澳大利亚国土。共有7个国家的25辆太阳能汽车参加了比赛,在这次大赛中,美国"圣雷易莎"号太阳能赛车以44小时54分的成绩跑完全程,夺得了冠军。"圣雷易莎"号太阳能赛车,虽然使用的是普通的硅太阳能电池,但它的设计独特新颖,采用了像飞机一样的外形,可以利用行驶时机翼产生的升力来抵消车身的重量,而且安装了最新研制成功的超导磁性材料制成的电机,因此使这辆赛车在大赛中创造了时速100公里的最高纪录。

2015年7月,荷兰埃因霍芬理工大学的一个团队就设计出了一辆高效舒适的太阳能家用车——Stella Lux。Stella Lux拥有一块约5.8平方米的太阳能电池板,电池容量为15kWh,单次充电后续航甚至超过1000公里。Stella Lux能够搭载四名乘客,整车的大部分材质均为碳纤维,全车重量不到750公斤。得益于超轻车身和出色的空气动力学设计,Stella Lux的最高时速可以达到126公里每小时。

太阳能家用车——Stella Lux

知识加油站——太阳能飞机

太阳能飞机是利用太阳辐射作为推进能源的飞机。太阳能飞机的动力装置通常是由太阳能电池组、直流电动机、减速器、螺旋桨和控制装置等部件组成。为了能够获取足够多的能量以满足飞机自身的动力需求,太阳能飞机上必须具有较大的摄光表面积,以便铺设太阳能电池。因此我们发现太阳能飞机通常都具有较大面积的机翼。最著名的太阳能飞机是"太阳神号"无人机和"阳光动力2号"载人飞机。

"太阳神号"是由美国太空总署资助研制的太阳能无人机。该机总耗资约1500万美元,全机采用碳纤维合成物制成,部分起落架材料为越野自行车车轮,整架飞机重量仅仅只有590公斤,比小型汽车还要轻。"太阳神号"在外观方面的最引人注目的就是它那两个机翼,与2.4米长的机身相比,其全面伸展开后长达75米的活动机翼,就连波

美国"太阳神号"太阳能无人驾驶飞机

音747飞机也望尘莫及。

"太阳神号"是一架完全依靠太阳能飞行的无人机,飞机上共计装有14个螺旋桨,而为飞机提供动力的是覆盖在机翼表面的太阳能电池板。即使是在早晨阳光还不是很强烈的条件下,太阳能电池依然可以为飞机提供10千瓦的电能,这足以保证飞机能够以每秒33米的速度爬高。而在中午时分光照充足的条件下,电池提供高达到40千瓦的电能,此时飞机具备最佳的动力性能,它能够以每小时30—50千米的速度飞行。到了晚上,飞机依然能够依靠白天储存的电能进行巡航飞行。

2001年,装有65 000片SunPower双面硅太阳能电池板的"太阳神号"无人机被研究人员运往夏威夷进行试飞。地面上的两名机师透过遥控设备操纵着"太阳神号"进行飞行实验,在10小时17分的飞行中,"太阳神号"创下了29 524米的无燃料飞行器飞行海拔高度的纪录。研究人员预计"太阳神号"最高可飞到30 000米高空,这个飞行高度超出喷气式客机3倍多。不幸的是在2003年6月26日的一次试飞中,"太阳神号"突然在空中解体,坠入夏威夷考艾岛附近海域。事故调查表明:恶劣的天气是导致"太阳神号"坠毁的主要原因。飞机在空中飞行36分钟时突然遭遇强湍流,导致两个机翼诱发严重的俯仰振荡,这个震荡远远超出飞机自身的扭曲极限,从而导致飞机在空中解体并最终坠毁。

"阳光动力2号"是目前世界上最大的、可昼夜连续飞行的太阳能飞机。其机身表面总共覆盖了12 000多个太阳能电池阵列,即使是长距离飞行也无需耗费燃油,飞机运行所需能量完全由太阳能电池提供。"阳光动力2号"共装有17 248块薄膜太阳能电池,整机的能量转化效率可高达22.7%,能够为飞机提供最高65千瓦的功率。"阳光动力2号"的直接动力来源是安装在机翼下方发动机吊舱中的四台无刷直流电机,每台电机可提供17.4马力的动力,因而飞机螺旋桨的稳定转速可达每分钟525转,最高时速约为90公里每小时。除此之外,为了确保飞机能够进行昼夜飞行,发动机的吊舱中还安装了重达633公斤的锂离子电池。

“阳光动力2号”太阳能飞机

“阳光动力2号”的机身骨架使用的是高强度、低密度的碳纤维蜂窝夹层材料，这种材料的密度大约是纸的1/12，仅有25克每平方米，但是其强度完全可以满足飞机自身的机械设计要求。除此之外飞机表面使用的是柔性蒙皮，主要目的也是减重。“阳光动力2号”总重量仅有2.3吨，相当于波音747-8净重的1/15。但其翼展超过72米，足足比波音747-8型喷气式飞机长了6米。

“阳光动力2号”太阳能飞机是2014年6月2日在瑞士西部城市帕耶讷首次试飞成功。2015年3月9日，“阳光动力2号”在阿联酋首都阿布扎比起程，开启了共计17段、全程3.5万公里的环球飞行。2016年7月26日，“阳光动力2号”历时16个多月成功降落在阿联酋首都阿布扎比机场，完成了其环球飞行的壮举。这是人类历史上首次驾驶太阳能飞机进行环球飞行，其目的是为了在世界范围内宣传可再生能源和清洁能源。

4. 太阳能利用未来设想

太阳能利用充满希望，但其道路也像人类发展历史一样，布满荆棘，需要我们每个人的关注和支持，需要一代又一代人的不懈努力。随着时间的流逝，原有太阳能技术将不断被改进，新的太阳能利用方式也会登上历史舞台。

空间太阳能发电站是人类未来太阳能利用的一个伟大设想：将无比巨大的太阳能电池阵放置在地球轨道上，组成太阳能发电站，太阳能发电装置将太阳能转化成为电能。1968年美国科学家彼得·格拉赛首先提出了建造空间太阳能电站的构想，其基本思路是：将无比巨大的太阳能电池阵放置在地球轨道上，组成太阳能发电站，将取之不尽、用之不竭的太阳能转化成电能；然后通过能量转换装置将电能转换成微波或激光等形式（激光也可以直接通过太阳能转化），并利用天线向地面发送能束；地面接收系统接收空间太阳能电站发射来的能束，再通过转换装置将其转换成为电能。整个过程经历了太阳能—电能—微波（激光）—电能的能量转变过程。

在一条阳光充足的地球静止轨道上，每平方米太阳能理论上可以产生1336瓦的热量。这也就是说如果我们在地球静止轨道上部署一条宽度为1000米的太阳能电池阵环带，姑且假设其转换效率为100%，那么它在一年中接收到的太阳辐射通量差不多与目前地球上已探明的可开采石油储量所包含的能量总和相当。

空间太阳能发电站想象图

目前空间太阳能电站建设还面临着十分巨大的困难，其主要表现在以下几个方面：

（1）技术不成熟。空间太阳能电站是一项巨大的工程，其规模之大、面积之宽、功率之大、效率之高，都对现有的航天技术提出了新的挑战。空间太阳能电站的质量通常都在万吨以上，比目前的卫星高出4个数量级，这对材料科学和运载技术提出了更高的要求；空间太阳能电站的建设面积可达到数平方公里，比目前的卫星高出6个数量级，这就需要采用特殊的结构、空间组装和姿态控制技术；空间太阳能电站发电功率为吉瓦，比目前的卫星高出6个数量级，需要特别的电源管理和热控技术；此外，要想获得较高的效率，还需要具备更加先进的空间太阳能转化技术和微波转化传输技术。

（2）成本过高。初步估算，在目前的条件下建设一个空间太阳能发电站大约需要耗资3000亿至10 000亿美元，且建设周期大约要15—20年。在新概念、新技术和大规模商业化之前，收入难以补偿整个系统的建造和运行成本。因而，在当前的经济条件下成本问题可能成为制约空间太阳能电站发展的最主要因素。

（3）环境的影响。空间太阳能电站的理想轨道是距地球上空3.6万千米的地球同步轨道，虽然空间太阳能电站的功率很大，但由于微波能量传输距离遥远，因而实际接收到的能量密度比较低。

（4）建成运行问题。空间太阳能电站建成后，其实际运行中同样将面临许多问题：首先需要考虑应该采取什么措施对波束进行安全控制，避免其影响空间中其他飞行器的运行；其次如何防止太空中的空间碎片对太阳能电站造成局部损害；最后，还需考虑轨道和频率、产能、发射能力等问题。

知识加油站——太阳帆飞船

不知大家是否还记得2002年的迪士尼动画片《星银岛》的那个场景，太空中展开的一张张太阳帆，就如同大航海时代的百舸竞流，场面何其壮观。在许多科幻小说里都曾经出现过的太阳帆，它是星际旅行幻想的第一候选技术，因为它不需要燃料而且相比起“反物质发动机”、“核爆推进器”等技术，它最接近人类现在的技术水平。

400年前，著名天文学家开普勒就曾设想不要携带任何能源，仅仅依靠太阳光能就可使宇宙帆船自由驰骋在太空中。20世纪20年代太阳帆飞船这一概念的出现使开普勒400年前的设想逐渐变为现实。

1924年，俄国航天事业的先驱康斯坦丁·齐奥尔科夫斯基和其同事弗里德里希·灿德尔明确提出“用照到很薄的巨大反射镜上的阳光所产生的推力获得宇宙速度”，正是灿德尔首先提出了太阳帆设想。这种包在硬质塑料上的超薄金属帆看上去闪闪发亮，有点像锡箔，但它其实是镀上一层铝的聚酯薄膜材料。太阳帆的厚度很薄，大概只有100个原子厚。太阳帆的链、索、杆都是碳纤维复合材料，本身很轻，充气后才能勃起，硬如钢铁。

光是由没有静态质量但有动量的光子构成的，当光子撞击到光滑的平面上时，可以像从墙上反弹回来的乒乓球一样改变运动方向，并给撞击物体以相应的作用力。太阳帆飞船正是利用光子的撞击力来获得运动速度的宇宙飞行器。虽然单个光子所产生的推力极其微小，在地球到太阳的距离上，光在一平方米帆面上产生的推力只有0.9达因，还不到一只蚂蚁的重量。但如果太阳帆面积足够大则飞船可以获得很大的速度，例如如果太阳帆直径300米，就可以获得340牛顿的压力，这就可以让0.5吨的航天器在200天飞抵火星。如果直径2000米，就能把5吨重的航天器推出太阳系。太阳帆理论上最高速度是光速的2%，也就是每秒6000公里。不过在现在的科技条件下大型太阳帆航行速度仅仅能够达到60公里的秒速，大概是现在最高速度的4至6倍。如果能够大幅度地提升太阳帆的速度，那么人类将大踏步地飞向人马座。

目前欧、美、日等国家的科学家开展了一些太阳帆研究项目，比如2005年俄罗斯发射的“宇宙一号”(Cosmos 1)太阳帆飞船，耗资达到400万美元，该飞船由八片巨大的高分子薄膜组成，但是其未能进入轨道。日本JAXA也在2010年测试了太阳帆飞船，此外美国宇航局在地球轨道上部署的NanoSail-D飞船也是一个验证项目，同时也在进行一个名为Sunjammer的项目。科学家认为太阳帆飞船非常具有潜力，因为与传统的飞船相比较它可以节省很多的燃料。尽管光压驱动的加速很慢，需要非常多的时间来提升速度，但不可否认这是非常经济的探索方案，如果有足够的时

太阳帆飞船

间,就可以完成太阳系内的调查。科学家们还预计2015年至2016年将是太阳帆飞船发展的高峰期。

未来能源之王——核能

1945年8月美军在日本城市广岛和长崎的上空掷下代号为"小男孩"和"胖子"的两颗原子弹,给日本带来了毁灭性打击并最终迫使日本宣布无条件投降。在接下来的几十年中,包括美国、苏联、英国、法国在内的一些国家开始了一场轰轰烈烈的核竞争。在这场竞争中,除了给各国带来了以"原子弹"和"氢弹"为代表的威慑性核武器之外,同时也让全世界认识了一种新型的能源——核能。

那么到底什么是核能呢?我们都知道自然界中的物质都是由带正电的原子核和绕原子核旋转的带负电的电子构成的。原子核包括质子和中子,质子数决定了该原子属于何种元素,原子的质量数等于质子数和中子数之和。一般情况下质子和中子依靠强大的核力紧密地结合在一起,要使它们分裂或结合都是极其困难的。但是一旦质量较大的原子核发生分裂或者质量较小的原子核相互结合时,就有可能释放出惊人的能量,这就是核能。

核能释放通常有两种方法:一是重原子核分裂成两个或多个较轻原子核,释放巨大能量,称为核裂变能,比如原子弹爆炸;另外一种是两个较轻原子核聚合成一个较重的原子核,释放巨大的能量,称为核聚变能,比如氢弹爆炸。

1. 核裂变与核电站

核裂变(又称核分裂),是指由重的原子核(铀核或钚核),分裂成两个或多个质量较小的原子的一种核反应形式。只有一些质量非常大的原子核,例如铀核、钍核和钚核等才能发生核裂变。原子核在发生核裂变时,会释放出巨大的能量,这种能量被称为原子能。据统计1千克铀全部核的裂变将产生20 000兆瓦小时的原子能,相当于燃烧2000吨煤所释放的化学能。

1938年,科学家用中子轰击质量比较大的铀235原子核,发现了铀核裂变。随后科学家开始探索如何利用核裂变所放出的巨大能量。想获得巨大的核裂变能量就必须使铀核裂变持续不断地进行,形成核链式反应。以铀235为例,当一个铀235原子核在吸收一个中子以后会分裂成两个或更多个质量较小的原子核,同时放出2—3个中子和β、γ等射线,同时释放出很大的能量。新产生的中子又能使别的原子核继续发生核裂变反应,使过程持续进行下去,这种过程称作链式反应。

原子弹是利用核裂变释放出来的巨大能量来起杀伤作用的一种武器。它是利用铀和钚等较容易裂变的重原子核在核裂变瞬间可以释放巨大能量的原理而发生爆炸的。铀235和钚239此类重原子核在受到中子的轰击后,通常会分裂变成两个中等质量的核,同时再放出2—3个中子和200兆电子伏的能量。在裂变中放出的中子,一些在裂

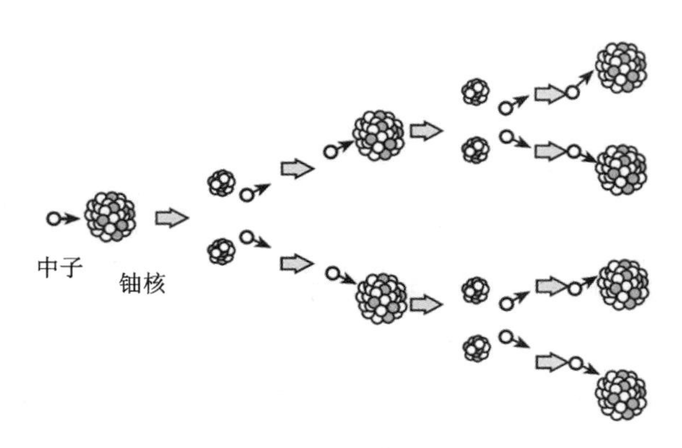

核裂变链式反应示意图

变系统中损耗了，另一些则继续进行重核裂变反应，只要在每一次的核裂变中所裂变出的中子数平均多余一个（即中子的增值系数大于1），那么核裂变即可以继续进行，一次一次的反应后，裂变出的中子总数以指数形式增长，而产生的能量也随之剧增。如果不加控制，最终，这个裂变系统会变为一个巨大的链式裂变反应。

在此类重核裂变反应中，系统可以在极短的时间内释放出大量的能量。当“下一代”中子数有二位数时，在不到一微秒的时间内，一千克的铀或鈈中会有 2.5×10^{24} 个原子核发生裂变反应，而就在这不到一微秒的时间内，此反应所产生出的能量相当于2万吨TNT当量（指核爆炸时所释放的能量相当于多少吨TNT炸药爆炸所释放的能量）。这也是原子弹那极具破坏性威力的来源。

而在原子弹的实际使用及爆炸中，需要提高爆炸的威力，为了利用“快中子裂变体系”，需要使用高浓度的裂变物质作为装药，同时装药量必须远远超过临界质量，使得中子的增值系数远远大于一。

人们除了将核裂变用于制造原子弹外，更努力研究利用核裂变产生的巨大能量为人类造福，让核裂变始终在人们的控制下进行，核能发电就是可控制核裂变理念下的产物。核能发电是利用核反应堆中核裂变所释放出的热能进行发电，它是实现低碳发电的一种重要方式。核电站的核心设备是核反应堆，核反应堆是原子核发生链式反应的场所。

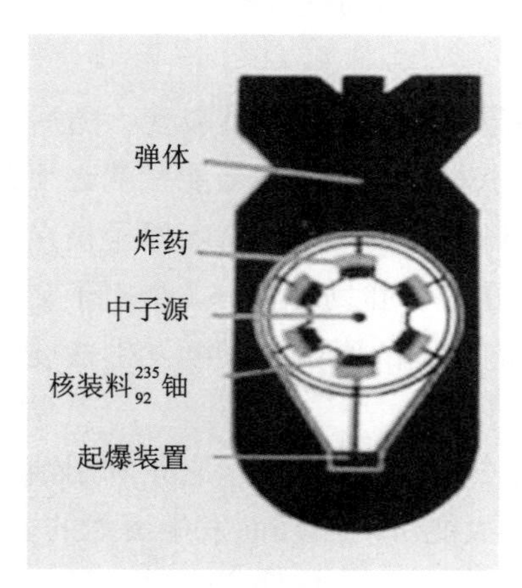

原子弹的结构

在现实工业中要使用反应堆产生核能，需要解决以下4个问题：

（1）为核裂变链式反应提供必要的条件，使之得以进行。

（2）链式反应必须能由人通过一定装置进行控制。失去控制的裂变不仅不能用于发电，还会酿成灾害。

(3)裂变反应产生的能量要能从反应堆中安全取出。

(4)裂变反应中产生的中子和放射性物质对人体危害很大,必须设法避免它们对核电站工作人员和附近居民的伤害。

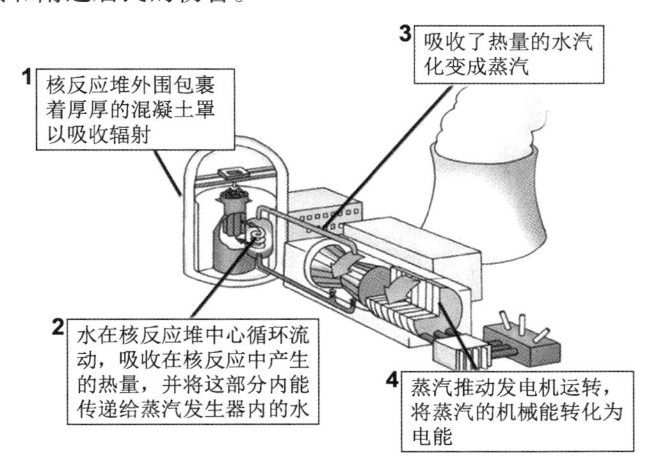

核反应堆基本结构

1942年美国芝加哥大学成功启动了世界上第一座核反应堆。虽然这座反应堆的热功率仅仅只有2KW,并且仅工作了28小时,但是它开启了人类核能利用新的篇章。受控制条件下的链式裂变反应的实现,标志着人类开启了核能时代。

1954年,世界上第一座核电站——奥布灵斯克电站在苏联建成,奥布灵斯克电站是一座利用核裂变能进行发电的电站,该电站的建成开创了人类大规模利用核能进行发电的先河。直至今日,人类和平利用核能的历史已经走过了60多年,核能在人类能源领域的作用也越来越重要。根据2015年6月国际原子能机构公布的数据显示,全球正在运行的核电机组共计437座,核电发电总量达到24 110亿千瓦时,约占全球发电总量的11.5%。目前拥有核电机组最多的国家是美国,其次是法国、日本、俄罗斯和中国。

近些年,核能在欧洲和北美洲的发展呈现下降的趋势,其主要原因是担心核电站运转的安全性、核废料对环境的影响和核技术扩散对世界安全的影响。尤其是2011年日本福岛第一核电站事故后,下降趋势愈加明显。但是核能在亚洲其他地区尤其是在中国的上升趋势不可阻挡。我国国家发展改革委员会已经制定了中国核电发展民用工业规划,预计到2020年中国电力总装机容量将达到9亿千瓦时,其中核电的比重将占电力总容量的4%,即中国核电在2020年时的发电量将达到3600-4000万千瓦。这就意味着,截至2020年中国还将拥有40座相当于大亚湾核电站的百万千瓦级的核电站。

2. 核聚变与人造太阳

核聚变是指由质量轻的原子(主要是指氢的同位素氘和氚)在超高温条件下,发生原子核互相聚合作用,生成较重的原子核(氦),并释放出巨大能量的过程。

奥布灵斯克核电站

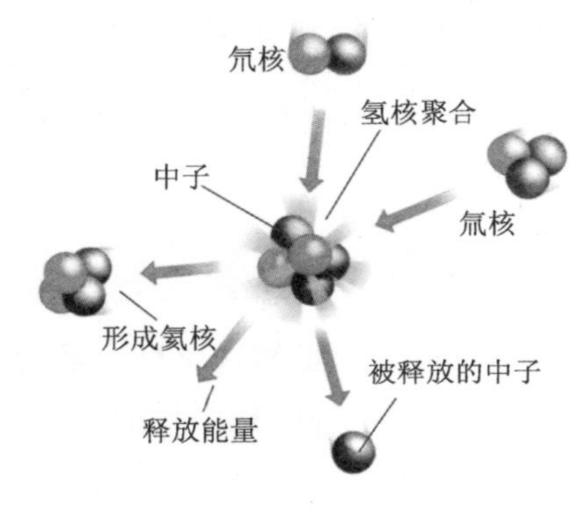

核聚变的过程示意图

核聚变反应释放的能量比核裂变大得多。据测算1公斤煤只能使一列火车开动8米;1公斤裂变原料可使一列火车开动4万公里;而1公斤聚变原料可以使一列火车行驶40万公里,这相当于地球到月球的距离。

自然界中最容易实现的聚变反应是氢的同位素——氘与氚的聚变,这种反应在太阳上已经持续了50亿年。在太阳内部,氢核在极高温度下聚变成氦核,在这过程中释放出巨大的能量。不过这种聚变过程,不是一次反应就能完成的,要经过几次反应才能把四个氢核聚合成一个氦核。太阳正是靠这种反应以惊人的巨大功率,向宇宙空间辐射能量的。

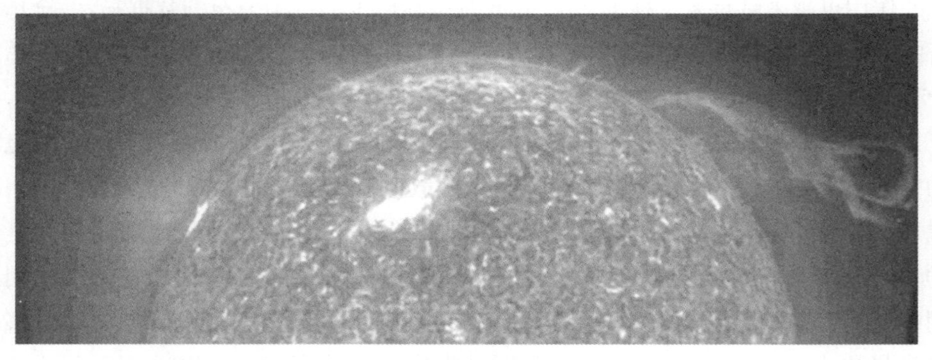

太阳的核聚变

与核裂变相比较,核聚变具有以下优点:

(1)原材料容易获得

核聚变的原材料之一氘在地球的海水中藏量丰富,每升海水中含有0.03克氘,所以地球上仅在海水中就有45万亿吨氘。1升海水中所含的氘,经过核聚变可提供相当于300升汽油燃烧后释放出的能量。地球上蕴藏的核聚变能约为蕴藏的可进行核裂变元素所能释出的全部核裂变能的1000万倍,可以说是取之不竭的能源。至于氚,虽然自然界中不存在,但靠中子同锂作用可以产生,而海水中也含有大量锂。

(2)反应产物无污染

众所周知,核裂变反应堆产生的废料具有较强放射性,而且这些核废料的放射周期很长。它们可以通过不同方式造成环境污染,并可直接被吸入或者通过各种食物链进入人体内引起不同程度的内污染或损伤效应。而核聚变的产物是无放射性污染的氦。

(3)使用安全

核聚变的过程中需要极高温度,一旦某一环节出现问题,燃料温度就会下降,聚变反应就会自动中止。也就是说,聚变堆是次临界堆,绝对不会发生类似苏联切尔诺贝利核(核裂变)电站的事故,它是安全的。

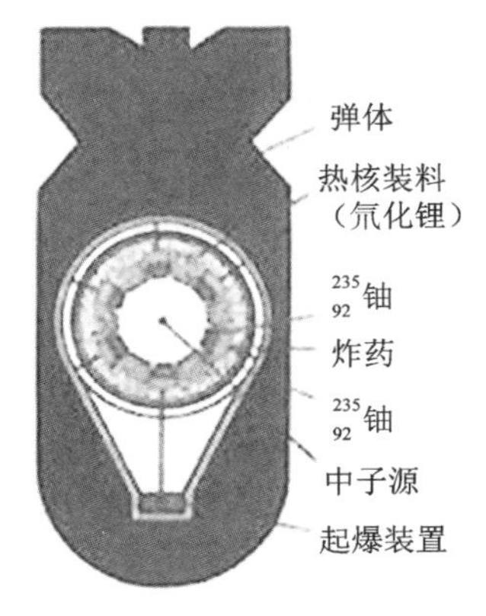

氢弹构造示意图

人类核聚变应用的典型产物是氢弹,氢弹是二代原子弹,又称聚变弹。它是利用重氢(氘)或超重氢(氚)质量较轻的原子的原子核发生核聚变反应(热核反应)瞬时释放出巨大能量的核武器。氢弹的杀伤破坏因素与原子弹相同,但威力比原子弹大得多。原子弹的威力通常为几百至几万吨级TNT当量,氢弹的威力则可大至几千万吨级TNT当量。

上文中介绍到核能包括裂变能和聚变能两种主要形式,裂变能是重金属元素的原子通过裂变而释放巨大能量,已经实现商用化——核电站。但是由于裂变需要的铀等重金属元素在地球上含量稀少,而且常规裂变反应堆会产生放射性较强的核废料,这些因素限制了裂变能的发展,因此目前人类正在聚焦于另一种核能形式——聚变能的商用化。核聚变商业化目前最大的难题就是核聚变的可控化,与受控核裂变反应早在"曼哈顿工程"中就已实现不同,受控热核聚变反应技术至今未被人类所掌握。

核聚变的原理最早是由澳洲科学家马克·欧力峰于1932年发现的,比后来改变世界格局的核裂变的发现早了5年多的时间。核聚变反应堆的原理很简单,只不过在当时的人类技术水准下,要想实现几乎是不可能的。首先,作为反应体的混合气必须被加热到等离子态,这个温度大约需要达到10万摄氏度。因为只有足够高的温度,才能确保原子核能够抛开电子的束缚,实现原子核的自由运动,只有这样原子核之间才有可能发生直接接触。其次,为了克服同样带正电荷的原子核之间的斥力(即库仑力)的束缚,原子核还必须以极快的速度运行。要想获得这样的速度,最简单的方法就是继续升温,从而使得布朗运动达到一个疯狂的状态,这就需要把温度升高到上亿摄氏度。然后接下来的事情就简单了,在这个人工创造的极端条件下,氚的原子核和氘的原子核以极快的速度发生碰撞,产生出新的氦核和新的中子,同时释放出巨大的能量。一段时间过后，反应体已经不需要外来能源的加热，因为核聚变产生的能量足以维持原子核继续发生聚变反应。在核聚变的过程中只要生成的氦原子核和中子可以被及时地排除，新的氘和氚混合气被输入到反应体，核聚变过程就会永不停止地持续下去。核聚变产生的能量极小一部分被留在反应体内，用于维持链式反应，而其余大部分则被输出作为能源使用。

核聚变的原理看似简单，但在实际运行过程中却困难重重。科学家们面临的首要问题就是把那个高达上亿摄氏度的反应体放在哪里。苏联科学家阿齐莫维齐在20世纪50年代提出著名的“托卡马克型”磁场约束法，即利用强大电流所产生的强大磁场，将等离子体约束在一个很小范围内，从而实现核聚变的可控化。经过半个多世纪的努力，在常规托卡马克上产生热核聚变早已实现，但常规托卡马克装置体积大、效率低，不利于实际应用。20世纪末，俄、日、法、中等四国科学家先后成功地将超导技术应用于托卡马克强磁场的线圈上，建成了超导托卡马克。新型的超导托卡马克装置，大大加快了可控热核聚变的研究进程，使得磁约束位形的连续稳态运行变为现实。超导托卡马克是目前世界公认的探索和解决可控热核聚变的最有效的途径，据科学家预测，2040年人类将建成商业用途的热核聚变堆。

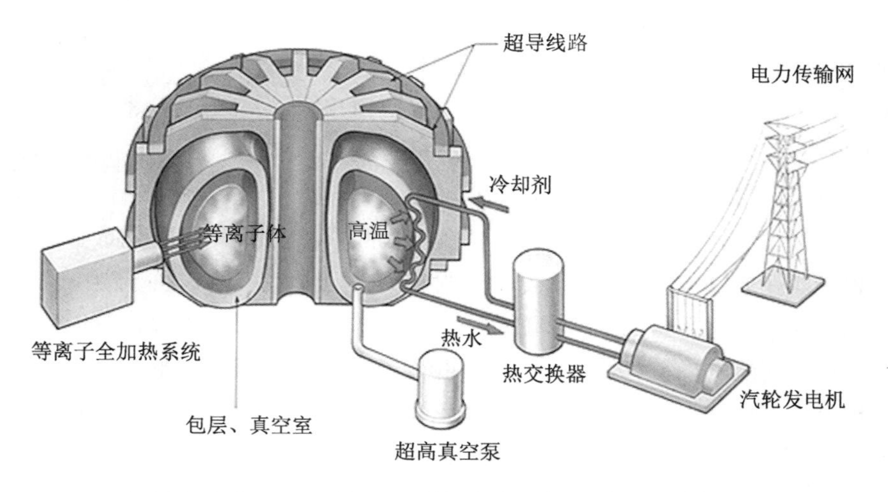

以超导托卡马克聚变堆为基础的未来聚变能电站发电原理图

知识加油站——“人造太阳计划”

“人造太阳计划”的全称是国际热核聚变实验堆计划（简称ITER计划），该计划倡议于1985年并于1988年开始实验堆的研究设计工作，经过13年努力最终于2001年完成ITER计划的工程设计。2006年，中国、欧盟、美国、韩国、日本、俄罗斯、印度等7方代表共同草签了《成立国际组织联合实施国际热核聚变反应堆（ITER）计划的协定》，标志着“人造太阳计划”进入了正式执行阶段。“人造太阳计划”是目前全球规模最大、影响最深远的国际科研合作项目之一，该计划的实施约需10年，耗资50亿美元（1998

年值)，它的目标是要建造可控制的核聚变反应堆，最终实现商业运行。

世界第一个热核聚变反应实验堆将建造在法国南部马赛附近的卡达拉舍，预计将在2019年建造完成。公开资料显示，ITER实验堆高度为24米、直径30米，计划产生等离子体的体积为840立方米，维持时间为400秒，聚变能可达到500兆瓦。

“人造太阳计划”的核心装置ITER装置就是一个能产生大规模核聚变反应的超导托克马克装置。世界上第一个全超导托卡马克核聚变实验装置是由中国自行设计、研制的EAST(原名HT-7U)装置。其主要技术特点和指标是:16个大型“D”形超导纵场磁体将产生3.5 T的纵场强度;12个大型极向场超导磁体可以提供大于等于10伏秒的磁通变化;通过这些极向场超导磁体，将能够产生100万安培以上的等离子体电流;持续时间将达到1000秒，这样在高功率加热下温度将超过一亿度。

中国新一代热核聚变装置EAST

目前人造太阳计划正在有条不紊地进行中，预计将在2030年成功进行发电试验，也许到了那一天，人类将不再为能源而犯愁。

话题3：从炼金术到会识别酸碱的花

化学家的“元素组成”应当是C3H3。即:Clear Head(清醒的头脑)+ Clever Hands(灵巧的双手)+Clean Habits(洁净的习惯)。

——卢嘉锡

钻木取火，用火烧煮食物，烧制陶器，冶炼青铜器和铁器，都是早期化学技术的应用。人类早期的化学知识是在制陶、冶金、酿酒、染色等工艺的实践经验的直接启发下经过摸索而逐步形成的。后来炼丹术士和炼金术士们，为求得长生不老的仙丹和黄金，开始了早期的化学实验。17世纪以后，随着欧洲资本主义生产方式的诞生和工业革命的进行，以及天文学、物理学等学科的重大突破，化学实验终于冲破了炼丹术的桎梏，走上了科学的康庄大道。今天，化学作为一门基础学科，在科学技术和社会生活的方方面面正起着越来越大的作用。

化学的前世

从远古时代开始到 17 世纪,化学实验在向科学道路迈进的过程中,经历了一段漫长的发展时期。人类最早从事的制陶、冶金、酿酒等化学工艺,都与火的使用有着直接或间接的联系。在熊熊烈火中,烧制成型的黏土可获得陶器;烧炼矿石可得到金属。陶器的发明使人类有了贮水器以及贮藏粮食和液体食物的器皿,从而为酿酒工艺的形成和发展创造了条件。制陶、冶金和酿酒等化学工艺,已孕育了化学的萌芽。

1. 历史悠久的化工工艺——制陶

陶器在希腊语中的意思是"一切黏土所制成,然后用火或热变硬的器物"。温度超过 800 ℃时,黏土自身将会发生一系列的物理化学变化:原先松散的黏土将会聚结起来形成一种有一定强度和硬度、结构较为致密的新物质。陶器是人类早期利用高温下的物理化学变化来改变天然物质的一项伟大成就,它不但改变了材料的外部形态,更重要的是改变了材料的本质。可以说,陶器是人类历史上最早的人造材料。

陶器是什么时候产生的呢? 目前已知最早的陶器可以追溯到 3 万年前的格拉维特文化时期。当人类进入新石器时代后,随着原始农业和畜牧业的出现,人们开始过着较稳定的定居生活。生产的发展和生活水平的提高,对生产工具和生活用具提出了更高的要求,陶器因此应运而生。最初,人们在木制的器皿外涂抹一层湿黏土,使其更加致密和耐火。在使用这些器皿进行烹煮时,人类发现有些黏土被火烧过的新土部分会变得非常坚硬。这一发现给人类带来了灵感,他们精选出黏性适度、质地较细的黏土,用水调和后将其塑成各种所需的形状,晒干后放在篝火上烘烤,最原始的陶器就诞生了。

在生产一些精美的陶器时,人们常常在其表面挂一层陶衣。在实践中人们发现:如果在用于挂陶衣的黏土稠浆中,加入一些石灰或草木灰,烧制出的陶器表面会变得光滑而明亮,这就是釉层。因为石灰和草木灰的主要成分是 $CaCO_3$ 和 Na_2CO_3,这些物质高温分解出的碱性物质如 CaO 等是 SiO_2 的助熔剂,在 1200 ℃高温烧制中这层陶衣可以完全熔融生成光滑明亮的玻璃层,粘附在坯体表面。釉陶一经问世,就引起人们的重视,因为不仅器面光滑美观,而且还便于洗涤和使用。到了商代中后期,施釉的陶器明显增多,人们开始从无意识地发现釉料发展到有意识配置釉料。对釉的认识和使用的不断深化,也大大促进了瓷器、琉璃及玻璃器皿的出现。

2. 冶金化学的兴起

新石器时代后期,金属工具开始替代石制工具在人类社会普遍应用,其中使用最多的金属就是红铜。但这种天然资源毕竟有限,于是从矿石中冶炼金属的冶金学就诞生了。据史料记载早在公元前 3800 年,两河文明的居民就已开始冶炼铜矿,他们将孔雀石(铜矿石)和木炭混合在一起加热,得到了金属铜。

纯铜的质地比较软,用它制造的工具和兵器的质量都不够好。后来人们又从矿石中冶炼出了另外两种金属锡和铅。于是他们尝试着在纯铜中掺入锡或铅,发现铜的熔点降低到800℃左右,这样一来铸造起来就比较容易了,世界上最早的合金诞生了。铜和锡的合金就是我们熟知的青铜,它的硬度比红铜高很多,更加适合用来制造工具。青铜制成的兵器,坚硬而锋利,其实用性远比红铜要好。此外,青铜还被大量用来制作钱币。中国在铸造青铜器上有着很大的成就,例如殷朝中后期的礼器——司母戊鼎。它是目前世界上最大的出土青铜器。又如战国时的编钟,称得上古代在音乐上的伟大创造。青铜器的出现,推动了当时农业、兵器、金融、艺术等方面的发展,大大推进了人类社会的文明进程。

世界上最早开始使用铁器的国家是古埃及,早在4000年多前的埃及第五王朝至第六王朝的金字塔所藏的宗教经文中,就记述了当时太阳神等重要神像的宝座是用铁制成的。中国人使用铁器的历史也非常久远,2000多年前在春秋晚期就我们已经冶炼出可供浇铸的生铁。到了公元前8世纪~前7世纪,欧洲等国才相继进入了铁器时代。由于铁比青铜更坚硬,而且炼铁的原料也远比铜矿丰富,因而在绝大部分地方,铁器逐步取代了青铜器。最早的时候人们是利用木炭来炼铁,因为木炭不完全燃烧产生的一氧化碳可以把铁矿石中的氧化铁还原为金属铁。后来,人们又发明了高炉炼铁法,即将铁矿石和焦炭等燃料及熔剂装入高炉中冶炼,去掉杂质而得到铁。高炉炼铁法是现代炼铁的主要方法。

3. 原始化学实验的源泉——炼丹术和炼金术

古代的炼丹术,是早期化学实验的最典型代表。古人痴迷炼丹的原因除了获得使人长生不死的“仙药”之外,还希望能够获取巨额财富,他们想把一些廉价的金属借助于“仙药”的点化转变为贵重的黄金和白银。由于炼丹活动符合帝王和贵族长生不死、永世霸业的愿望,因而受到他们大力推崇。从上古时代到中古时代,这种活动很快地得到开展并兴盛起来。

炼金术士希望通过炼金的手段将铜、铅、锡、铁等贱金属转变成为金、银等贵金属,从而实现他们“点石成金”的梦想。早在公元前5世纪,古希腊炼金术士就曾经成功地炼制出“黄金”。他们把铜、铅、锡、铁加热熔化形成一种合金,然后将合金浸泡在多硫化钙溶液中。一段时间后,合金表面形成了一层颜色酷似黄金的物质,炼金术士主观地认为“黄金”就这样炼成了。实际上炼金术士们的“点石成金”梦从未也不可能实现,因为这种金黄色的物质并非他们苦苦追寻的黄金,而是一种学名为硫化锡(SnS_2)的化学物质。硫化锡俗称“金粉”,是古建

中国古代炼丹术

筑中经常用到的装饰材料。

神秘的炼金术

虔诚的丹师和炼金术士们最终并没有炼制出长生不老药和黄金,但是他们辛勤的劳动为现代化学的诞生做出了巨大的贡献。作为专心致志地探索化学学科奥秘的第一批“化学家”,炼金术士们长年累月置身于被毒气、烟尘笼罩的简陋“化学实验室”中从事化学研究。他们的努力为化学学科的建立积累了丰富的经验,甚至他们还总结出了一些化学反应的规律。例如中国古代丹师葛洪在其著作《抱朴子》中提出:“丹砂(硫化汞)烧之成水银,积变又还成丹砂。”事实上这就是众所周知的一条化学变化规律,即“在一定条件下,物质之间可以通过人工的方法互相转化”。

现代化学实验用到的许多仪器和设备,都是由炼丹术和炼金术发展而来的。今天我们在化学实验中常常用到的仪器,例如熔化炉、加热锅、蒸馏器、烧杯及过滤装置等实验器具,都是丹师和炼金术士在最原始的化学实验中发明创造的。丹师和炼金术士虽然并未获得梦寐以求的“不死药”和“黄金”,但他们根据当时的需要,制造出许多化学药剂、有用的合金和治病的药,其中很多都是现代化学实验中经常用到的酸、碱和盐。除此之外,他们还创造了许多技术名词,编写了许多著作将试验的方法和经过记录下来,以供后人参考。正是这些记载着大量实验理论、实验方法和化学仪器的炼丹、炼金著作,为现代化学的诞生打开了科学之门。

纵观人类化学的发展史,炼丹师和炼金术士对现代化学的兴起和发展做出了不可磨灭的贡献。虽然他们从事早期化学研究的目的是为了追求“长生不老”或“点石成金”,但我们不能因此嘲笑他们、否认他们的贡献,而应该将他们视为化学学科的开拓者。在英文单词中化学家(chemist) 与炼金术士(alchemist)两个名词极为相近,其真正的含义就是“化学源于炼金术”。

知识加油站——奇葩炼金术带来意外收获

早期的炼金师们认为金就像圣杯一样,它不但拥有精神、魔幻同时还具有医药特性。在古代金是权力的象征,是太阳的颜色,它们通常被制成皇冠和钱币,或者作为皇宫和寺庙的装饰材料。在古希腊,神的皮肤都是金色的;印加文明则认为金是太阳的汗水。

早期的炼金师并不知晓何为元素,但他们不知不觉地认为物质中似乎隐藏着什么。有些炼金师认为金有可能隐藏在人体中,因而想方设法希望从人体中提取金。正是这种不懈的追求成就了何尼格·波兰特,第一种新元素的发现者。波兰特是从一种我们意想不到的金色液体(尿液)中提取了世界上第一种元素——磷。波兰特怎么想到要从尿这种令人恶心的废料中提取金,难道仅仅是因为尿是金色的?答案当然不可能那么简单,他的理论依据是来源于当时的炼金学。炼金学理论认为人是宇宙的缩影,尿包含一些关键的力量——生命力,正因为尿液中含有这种生命的超自然符号,因而它是充满力量的物质。

1669年波兰特从一本炼金手册中发现了一份集明矾、硝酸钾以及浓缩人尿于一体的秘方,根据这个秘方,能够将基本金属变成金子。在一个昏暗的、散发着阵阵臭味的汉堡地下室,波兰特开始了他昂贵的炼金实验。在此之前波兰特已耗尽了他富有妻子马格丽特的所有财产,但是波兰特相信他离成功已经不远了。只要能够成功地从尿液中提取出金,那么他恢复家财仅仅只需要50桶尿。波兰特将事先在太阳底下放置数星期的尿液加热至沸腾,去掉水蒸馏成糊状,然后在高温下加热几天得到的一种可以在空气中自燃的物质。这种可自燃的物质是什么呢?它并没有太阳般的金色,但它燃烧时的亮度超过了中世纪所有的蜡烛。这就是波兰特从尿中分离出来的物质,它不是金,而是磷。在生物学中,磷是一种非常重要的元素,人体骨骼、血液乃至DNA都含有磷。

虽然波兰特发现了磷,确切地说是白磷,但他对此并不知晓,还以为是发现了“哲学家的石头”。他将其命名为Greek phosphorus(金星),维纳斯的希腊名。他发现这种物质可以储存在水中,暴露在空气中就会发热,有时还会自燃。他用磷自燃发出的光来阅读炼金书籍,并且用磷发明了夜光墨汁。不过这个结果令波兰特非常失望,因为他并没有获得想要的金子。也许是因为担心研究成果被盗或者有可能给他带来危害,六年中波兰特没有告诉别人这一发现。六年后化学家约翰·孔克尔意外获得了这个消息,他找到了波兰特表示愿意购买他的炼金产物,并且询问他是否愿意出卖工艺。波兰特在讨价还价的过程中不小心说漏了嘴。最后其他化学家们在这个尿液配方的基础上复制了实验并取得突破。

近代化学

化学的最初转变开始于16世纪,这时化学开始从传统工艺——陶瓷上釉、制作合金、给普通金属表面镀银和金以及生产染料——中脱离出来。16世纪末至17世纪初,化学理论逐渐建立:英国化学家和物理学家波义耳首次提出了科学的元素新概念,把化学确立为一门实验科学;法国化学家拉瓦锡在大量的实验基础上提出了"氧化说",使化学基本理论和基本研究方法发生了重大变革。从此,化学走向近代定量科学。

这一时期,一系列有关物质变化定量规律被发现。质量守恒定律和当量定律就是这个时期的伟大发现。特别是英国化学家和物理学家道尔顿的科学原子说,第一次将化学实验总结的规律与物质的原子构成的观点联系起来,使化学进入了一直持续至今的以原子说为主线的新时期。意大利化学家阿弗加德罗的分子假说,俄国化学家门捷列夫在1869年发现的元素周期律,使化学研究从个别的、零散的和无规律的事实罗列中摆脱出来。这个时期还创立或发展了诸如系统定性分析法、重量分析法、滴定分析法、光谱分析法、电解法等很多经典的化学实验方法及化学实验方法论;发明和研制了较先进的实验仪器和装置。所有这一切都为现代化学的发展奠定了坚实的基础。

1. 原子论学说

公元前6世纪,古希腊的一些哲学家开始提出世界的本原问题,他们反对过去流传的种种神话创世说,认为世界的本原是一些物质性的元素,如水、气、火等;他们最早用自然本身来解释世界的生成,是西方最早的唯物主义哲学家。以留基伯和德谟克利特为代表的古典原子论学派就是其中的佼佼者。

最早提出物质构成的原子学说的科学家是古希腊人留基伯。他认为原子是世界上最小的、不可再分割的物质粒子。原子之间存在着虚空,原子自古以来就存在于虚空之中,既不能创生,也不会毁灭。原子在无边无际的虚空中永不停歇地运动着。德谟克利特继承和发展了导师留基伯的原子学说。他进一步指出宇宙空间中除了虚空和原子之外,什么都没有。原子一直存在于宇宙之中,它们不能无中创生,也不会被消灭。宇宙中的任何变化都是由原子和虚空的结合和分离引起的。尽管原子在数量上是无穷的、在形式上是多样的,但其本质上是相同的。它们没有"内部形态",它们之间的作用通过碰撞挤压而传递。在原子的下落运动中,较快和较大的个体不断撞击着较小的个体,产生侧向运动和旋转运动,从而形成万物并发生着变化。世间的万物之所以不同,是由于构成它们的原子在数量、形状和排列上的不同造成的。

在原子学说的基础上,德谟克利特还提出了自己的天体演化学说:在一部分原子由于碰撞等原因形成的一个原始旋涡运动中,较大的原子被赶到旋涡的中心,较小的被赶到外围;中心的大原子相互聚集形成球状结合体——地球,较小的水、气、火原子,则在空间产生一种环绕地球的旋转运动;地球外部的原子由于不停地旋转而变得干燥,并最后燃烧起来，于是形成了各种天体。德谟克利特的原子论不承认神的存在，他认为世界上除了永恒的原子和虚空外，从来就没有不死的神灵。原始人在残酷而奇妙的自然现象面前感到恐惧，再加上知识的匮乏，只有臆造出神来解释一切的未知。德谟克利特甚至认为，人的灵魂也是一种由最活跃、最精微的原子构成的物质。倘若原子发生分离，物体将会消亡，灵魂也将随之消灭。

虽然留基伯和德谟克利特等人早已提出物质是由原子构成的，但在很长的一段时间内它仅仅只是一种猜想，并没有实践支持。一直到了18世纪，随着科学的快速发展，人们通过生产实践和大量化学、物理学实验，才加深了对原子的认识。真正将原子学说第一次从推测转变为科学概念的是英国物理学家和化学家约翰·道尔顿。道尔顿的原子论学说主要包含以下三方面内容：

（1）化学元素都由不可分的微粒——原子构成的，原子在一切化学变化中是不可再分的最小单位。这种说法表面上看起来和古代原子论的观点是相同的，但是如果把古代原子论和道尔顿的近代原子论加以比较，就会发现它们之间有很大的区别。古代的原子论认为各种各样的物质的原子在本质上都是相同的，而区别只是在形状上不同。以我们熟悉的水和铁为例，古代原子论认为水的原子圆而光滑，因而相互之间可以滚来滚去；而铁的原子都是粗糙不平，所以能牢固地在一起构成一种坚硬的固体。道尔顿却认为各种不同物质的原子在本质上是不同的，并且他将原子和元素的概念联系起来，说元素是由原子构成的。有多少种元素就有多少种原子，同种元素的原子大小、重量都相同，特别强调了重量，也就是每种元素的原子量都相同。道尔顿的原子论虽然也是一种假说，但是这样一种定量的科学理论同古希腊的模糊的推测之间有根本的区别。

（2）按照道尔顿的假说，元素是由原子组成的，同种元素的原子性质和质量都相同，不同元素原子的性质和质量各不相同，原子质量是元素基本特征之一。道尔顿还认为化合物是由两种或两种以上元素的原子各按一定数目化合而成。这样就对物质不灭定律和定比定律做出了简明解释。

（3）道尔顿还提出另一定律——倍比定律：相同的两种元素生成两种或两种以上的化合物时，若其中一种元素的质量不变，另一种元素在化合物中的相对重量成简单的整数比。道尔顿是在对甲烷和乙烯的化学成分进行分析的实验中发现倍比定律的。在实验中道尔顿发现甲烷中碳氢比是4.3∶4；而乙烯中碳氢比是4.3∶2，由此推出碳氢化合的比例关系。倍比定律既可以看作是原子论的一个推论，又可以看作是对原子论的一个证明。

约翰·道尔顿

约翰·道尔顿（John Dalton），英国化学家、物理学家。近代原子论的提出者。在美国人麦克·哈特编著的《影响人类历史进程的100名人排行榜》一书中，他被排在32位。

约翰·道尔顿(1766—1844)

道尔顿出生在英国坎伯兰郡伊格斯菲尔德一个贫困的贵格会织工家庭,幼年时由于家庭贫困他只能上贵格会的学校,后来12岁的道尔顿就在该所学校里任教。1781年道尔顿在肯德尔一所学校中任教时,结识了盲人哲学家J.高夫,并在他的帮助下自学了拉丁文、希腊文、法文、数学和自然哲学。

道尔顿一生中最大的成就是创立原子论,他继承古希腊朴素原子论和牛顿微粒说,提出原子论学说。道尔顿将他的原子论学说发表在《化学哲学新体系》这一著作中,在该书中道尔顿建立了一定元素的原子完全相同而且它们都具有相同质量的理论。他选定最轻的元素——氢作为原子质量的标准,其他原子质量都是以氢原子的质量作为基准。

道尔顿的原子论是在化学史上继往开来的崭新一页。原子论的建立不仅在科学上,而且在哲学上也具有重大意义。事实证明,如果没有原子论,化学可能仍然是一堆杂乱无章的观察材料和实验的配料记录。道尔顿的原子论使人们冲破长期束缚思想的经院哲学、机械论哲学,不仅把化学引上科学之路,而且使化学由搜集、记录材料为特征的经验描述阶段逐步过渡到整理材料、找出材料间内在联系的理论概括阶段,开辟了化学的新时代。

原子论建立以后,道尔顿名震英国乃至整个欧洲。开始他还能谦虚冷静地对待,但是后来随着荣誉越来越高,他逐渐迷失了,变得骄傲、保守,并最终走向了思想僵化、固步自封。1808年,法国化学家吕萨克在原子论的影响下发现了气体反应的体积定律,实际上这一定律也是对道尔顿的原子论的一次论证,但是道尔顿不仅怀疑吕萨克的实验基础和理论分析,还对他进行了严厉的抨击。1811年,意大利物理学家阿弗加德罗建立了分子论,使道尔顿的原子论与吕萨克定律在新的理论基础上统一起来,但同样也遭到了道尔顿无情地反驳。1813年,瑞典化学家贝采利乌斯创立了用字母表示元素的新方法,这种易写易记的新方法被大多数科学家接受,而道尔顿一直到死都是新元素符号的反对派。

尽管道尔顿晚年思想趋于僵化,但是作为一个身患色盲症的人,能够做出如此伟大的成就,更让后人感受到了一位科学巨人的伟大光辉。革命导师恩格斯曾这样评价道尔顿:"在化学中,特别感谢道尔顿发现了原子论,已达到的各种结果都具有了秩序和相对的可靠性,已经能够有系统地,差不多是有计划地向还没有被征服的领域进攻,可以和计划周密地围攻一个堡垒相比。"

2. 元素、元素周期表

宇宙万物是由什么组成的? 自古以来人类从未停止过关于这个问题的探讨。古希腊人最早提出了"四根说",认为宇宙万物是由水、火、气、土四种元素组成的。古代中国则相信“五行说”，认为构成世间万物的是金、木、水、火、土这五种元素。直到近代人们才渐渐明白：宇宙中的元素何其之多，绝不仅仅只有那四五种。早在18世纪，科学家就已探知30多种元素，其中包括我们熟知的金、银、铁、氧、磷、硫等元素。而到了19世纪初期，人类所发现的元素就已达了54种之多。那么我们不禁会问，世界上还有其他未被发现的元素吗？已发现的许多元素具有非常类似的物理或化学性质，它们之间难道就完全没有联系吗？

英国化学家纽兰兹是最早发现并开始研究化学元素性质及其周期性的科学家。1865年，纽兰兹将当时已发现的61种化学元素按其原子量从小到大的顺序依次排列，发现每隔七种元素便会出现化学（或物理）性质及其类似的化学元素，就好像音乐中的音阶一样，因而纽兰兹称之为“元素八音律”。事实上纽兰兹的“元素八音律”离成功已经很近了，如果他能够继续潜心研究，那么人类发现元素周期规律可能要提早几年的时间。纽兰兹的“放弃”成就了化学元素周期律的最终发现者——俄国科学家德米特里・伊万诺维奇・门捷列夫。门捷列夫在批判地继承前人的知识，并通过对大量实验数据的分析、概括和修正的基础上，总结出元素周期变化的规律：元素的性质随着原子量的递增而呈现周期性的变化，这就是众所周知的“元素周期律”。

工作中的门捷列夫

元素周期律的发现是继道尔顿的原子—分子论之后，近代化学史上的又一座光彩夺目的里程碑。1869年，门捷列夫根据元素周期律编制了世界上第一个元素周期表，他把已经发现的63种元素全部列入表里，并根据元素周期的规律修正了铟、钍、铀、铯等9种元素的原子量，从而初步完成了元素系统化的工作。更难能可贵的是门捷列夫还在他的元素周期表中留下空位，并且成功地预言了三种新元素及其特性。这三种被暂时取名为类铝、类硼、类硅的元素就是后来先后被发现的镓、钪和锗。早在这三种元素被发现之前，门捷列夫就已经从理论上阐述了这三种元素的重要性质。以锌与砷之间的两个空格为例，门捷列夫预言这两种未知元素的性质分别与铝元素和硅元素类似，因而将之命名为“类铝”和“类硅”。仅仅四年之后，法国化学家布瓦博得朗成功地利用光谱分析法，从闪锌矿中发现了一种新的元素——镓。实验结果表明镓的性质与铝非常相像，并且其原子量恰恰在锌与砷之间，门捷列夫预测的“类铝”被成功发现。镓元素的发现充分证明了元素周期律的客观性，具有划时代的重要意义。元素周期律的出现为后来新元素的探索，新物资、新材料的搜寻，提供了有力保障。

自门捷列夫发现元素周期律以来，科学家们不断地发现许多新的化学元素，这些元素的发现填补了元素周期表中原有的空格。2015年12月30日，化学元素周期表再次增添新成员，国际纯粹与应用化学联合会正式确认发现四种新的化学元素，而且这四种元素均已在实验室中生成。目前人类已发现的元素为118种，已经填满了化学元素周期表的第七行。

门捷列夫发现了元素周期律，在世界上留下了不朽的荣光，后人为了纪念他的功绩，就把元素周期律和周期表称为门捷列夫元素周期律和门捷列夫元素周期表。恩格斯在《自然辩证法》一书中曾经指出："门捷列夫不自觉地应用黑格尔的量转化为质的规律，完成了科学上的一个勋业，这个勋业可以和勒维烈计算尚未知道的行星海王星的轨道的勋业居于同等地位。"

3. 有机化学的兴起

19世纪化学的另一个重大成就是有机化学的创立与发展。当道尔顿、戴维和门捷列夫成功改造无机化学的同时，化学界另外一个更加混乱的领域正在经历重大变革。1807年，瑞典著名的化学家贝采里乌斯将化合物分为两大类：其中来源于生物体的一类被称为有机物；而不是来源于生物体的一类被称为无机物。包括贝采里乌斯在内的许多科学家都认为有机物和无机物在许多方面差别极大，这种差别来自于某种"活力"。而活力是有机物所独有的，只有生命体或曾经的生命体才能找到或产生这种有机物。

那个时代的化学家都认为有机物和无机物是两条永不相交的平行线，而贝采里乌斯就是其中的一员。他曾经说过："从未有人曾从无机物中创造过有机物，以后也不会有。"历史似乎和贝采里乌斯开了一个小玩笑，最先破除了有机物与无机物之间的天然鸿沟的就是他的学生——德国人维勒。1824年的一天，维勒在实验室从事他感兴趣的氰化物的研究。他用氰气和氨水发生反应，得到了两次生成物。其中一种是草酸，另一种是某种白色晶体，但他发现该晶体并不是预料中的氰酸氨，进一步分析表明，它竟然是尿素。实验结果让维勒大吃一惊，因为按照当时流行的活力论的看法，尿素这种有机物含有某种生命力，是不可能在实验室里人工合成出来的。为了验证自己的实验结果，在接下来的几年中维勒进行了大量的研究，发现可以用多种方法合成出尿素来，于是在1828年，他很有把握地发表了《论尿素的人工合成》一文，公布了他的重大成果。维勒的工作大大鼓舞了化学家们，他们开始在实验室里从无机物合成有机物，使人们对有机物的化学性质了解得越来越多，有机化学作为一门实验科学诞生了。

在有机化学发展的初期，有机化学工业的主要原料是动、植物体，有机化学主要研究从动、植物体中分离有机化合物。维勒的发现打破了有机化学和无机化学的界限，有机化学工业逐渐变为以煤焦油为主要原料。合成染料的发现，使染料、制药工业蓬勃发展，推动了对芳香族化合物和杂环化合物的研究；19世纪30年代以后，以乙炔为原料的有机合成兴起；19世纪40年代前后，有机化学工业的原料又逐渐转变为以石油和天然气为主，发展了合成橡胶、合成塑料和合成纤维工业。

19世纪另外一位在有机化学中做出重大贡献的科学家是被称为"有机化学之父"的德国化学家是李比希。李比希在有机化学领域最重要的贡献是，发展了有机化学的定量分析方法。他将有机物与氧化铜一起燃烧,然后精确测定生成物的各种元素的含量,从而推知有机物的元素结构。运用这种方法,他确定了不少有机物的化学式。李比希的定量分析方法,大大推进了有机化学的发展。

“有机化学之父”李比希

在李比希的领导下,德国化学在19世纪中期取得了举世瞩目的成就,同时也带动了德国化学工业的发展。19世纪下半叶,德国能以其化学工业雄踞欧洲列强之首,李比希功不可没。他是第一个尝试用化学肥料代替天然肥料的人,虽然当时不太成功,但不久就被证明是极为有效的。化肥的使用实际上掀起了一场农业革命,李比希正是这场革命的点火者。

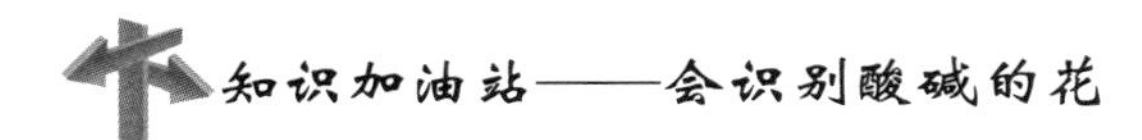
知识加油站——会识别酸碱的花

300多年前,英国的年轻化学家罗伯特·波义耳在化学实验中偶然捕捉到一种奇特的实验现象,这种现象直接促成了世界上最早的化学指示剂——石蕊的发明。说起这一试验其中还有一段有趣的故事。

有一天清晨,波义耳正准备到实验室去做实验,一位花木工为他送来一篮非常娇美的深紫色的紫罗兰,美丽的花朵和扑鼻的清香让波义耳感到心旷神怡,于是他随手取下一束鲜花带进了实验室。当波义耳来到实验室发现他的助手正在进行化学实验,他赶忙把鲜花放在实验桌上就匆忙开始了实验。当波义耳从大瓶里倾倒出盐酸时,一股刺鼻的气体从瓶口涌出,倒出的淡黄色液体直冒白雾,还有一些飞沫溅到鲜花上使紫罗兰也冒起了轻烟。波义耳一边为这些鲜花感到可惜,一边把花放到水里想要洗掉鲜花上的酸沫。过了一会儿奇怪的事发生了,紫罗兰上溅有酸沫的花瓣颜色开始变红了。花为什么会变红呢?难道是盐酸使紫罗兰颜色变红?为了进一步验证自己的猜想,波义耳赶忙返回住所,把那篮鲜花全部拿到实验室,并取来了当时已知的几种酸的稀溶液。波义耳把紫罗兰花瓣分别放入这些稀酸中,结果他看到了完全相同的现象——所有紫罗兰都开始变色,先是变成淡红色,然后完全变成红色。由此波义耳推断出原来不仅仅盐酸,其他各种酸也可以使紫罗兰变为红色。波义耳认为这个发现太重要了,以后只要把紫罗兰花瓣放进溶液看它是否变红,就可以辨别这种溶液是不是酸。后来波义耳还弄来其他花瓣做试验,并将花瓣浸泡在水或酒精中制成浸液,用它来检验溶液是不是酸。

偶然的发现激发了这位化学家探求的欲望,波义耳进一步想到:“既然酸碰到紫罗兰会变红,那么和酸的性质相近的碱碰到紫罗兰又会怎么样呢?”于是他找来了一些碱溶液进行实验,结果也产生了一些变色现象。这位追求真知、永不困倦的化学家为了获得丰富、准确的第一手资料，还采集了药草、牵牛花、苔藓、月季花、树皮和各种植物的根泡出了多种颜色的不同浸液：有些浸液遇酸变色；有些浸液遇碱变色。在大量的实验中波义耳发现了一种有趣的植物——石蕊，他从石蕊苔藓中提取的紫色浸液既可以遇酸变红，又可以遇碱变蓝。这就是最早的石蕊试液，波义耳称之为“指示剂”。后来为了方便使用，波义耳将一些浸透浸液的纸烘干并切成片，使用时只要将这些小纸片放入待检测的溶液中，纸片上就会发生颜色变化，从而可以清晰地分辨出溶液是酸性还是碱性。我们在化学实验中经常使用的石蕊试纸、酚酞试纸、pH 试纸，就是根据波义耳发现的原理研制而成的。

现代化学与未来

20 世纪是科学技术大爆炸的时代，任何一门学科的突破性发现都会带来其他学科的快速发展。20 世纪以来，由于受到自然科学其他学科发展的影响，并广泛地应用了当代科学的理论、技术和方法，化学在认识物质的组成、结构、合成和测试等方面都取得了突破性的进展，尤其在理论方面取得了许多重要成果。在原有的无机化学、分析化学、有机化学和物理化学四大分支学科的基础上产生了新的化学分支学科，化学朝着深、细、精，多学科、综合化的方向发展。与此同时，伴随着现代化学工业的蓬勃发展，各类化工产品在人类生活和经济活动中的地位和作用越来越重要，例如化学工业的发展，使新材料层出不穷；化肥增产，使农业丰收；有机合成工业的出现和发展，极大丰富了我们的生活。

首先从衣、食、住、行的角度来看，化学在我们的生活中无处不在：色泽鲜艳的衣料需要经过化学处理和印染，丰富多彩的合成纤维更是化学的一大贡献；“民以食为天”，我们吃的粮食离不开化肥、农药这些化学制品。加工制造色香味俱佳的食品就更离不开各种食品添加剂，如防腐剂、甜味剂、味精、香料、色素等，它们大多是用化学合成方法或用化学分离方法从天然产物中提取出来的；现代建筑所用的石灰、水泥、钢筋，窗户上的铝合金、玻璃和塑料，哪样不是化工产品？离得了铝合金的木制的窗户，也离不开化学制品油漆；用以代步的各种现代交通工具，不仅需要汽油、柴油作动力，还需要各种汽油添加剂、防冻剂以及机械部分的润滑剂，这些无一不是石油化工产品；除此之外我们日常生活必不可少的药品、洗涤剂、美容品和化妆品也都是化学制剂。现代人类根本无法离开化学产品，我们每天 24 小时都被化学产品包围着。

再从社会发展的角度来看，化学对于实现工业、农业、国防和科学技术现代化具有重要的作用。农业要大幅度的增产，农、林、牧、副、渔各业要全面发展，在很大程度上依赖于化学学科的进步。农药、化肥、植物生长激素和除草剂等化学产品，不仅可以提高产量，而且也改进了耕作方法。高效、低污染的新农药的研制，长效、复合化肥的生产，农、副业产品的综合利用和合理贮运，都离不开应用化学知识。工业现代化的现代化同样离不开化学，在煤、石油和天然气的开发、炼制和综合利用中包含着极为丰富的化学知识，并已形成煤化学、石油化学等专门领域。在国防现代化方面，各种性能迥异的金属材料、非金属材料和高分子材料的提取与合成离不开化工行业。导弹的生产、人造卫星的发射，需要很多种具有特殊性能的化学产品，如高能燃料、高能电池、高敏胶片及耐高温、耐辐射的材料等。

随着科学技术和生产水平的提高以及新的实验手段和电子计算机的广泛应用，不仅化学科学本身有了突飞猛进的发展，而且由于化学与其他科学的相互渗透，相互交叉，也大大促进了其他基础科学和应用科学的发展和交叉学科的形成。目前国际上最关心的几个重大问题——环境的保护、能源的开发利用、功能材料的研制、生命过程奥秘的探索——都与化学密切相关。下文中作者将与大家共同探讨化学在材料科学与工程领域的重要贡献。

材料科学是以化学、物理和生物学等为基础的一门科学，它主要是研究和开发具有电、磁、光和催化等各种性能的新材料。例如高温超导材料、非线性光学材料和功能性高分子合成材料等。化学是新材料使用的源泉，人类历史上许多新材料的发明都离不开化学理论及其工艺。

1. 塑料你了解多少？

说起塑料，我想大家应该都不会陌生。在日常生活中，我们无时无刻不被各种塑料制品包围着：从儿童玩具到容器、仪器；从电脑外壳到汽车部件；从牙刷、牙缸到飞机零件。那么你对这些塑料又了解多少呢？你知道塑料最早是什么时候由谁发明的吗？你知道塑料有哪些种类吗？今天就让我们来了解一下生活中必不可少的材料——塑料。

我们都知道塑料是一种类似于松树脂的人工树脂，它并不是自然界中本身存在的物质，而是人类通过化学手段合成的。第一个人工合成塑料的人是美籍比利时人列奥·亨德里克·贝克兰。那么是什么原因促使贝克兰进行合成塑料的研究的呢？事实上塑料的出现与一种天然的绝缘材料——虫胶有关。19 世纪后期，刚刚萌芽的电力工业蕴藏着绝缘材料的巨大市场。贝克兰嗅到的第一个诱惑是天然的绝缘材料虫胶价格的飞涨，这种材料在过去的几个世纪一直依靠南亚的家庭手工业生产，经过考察贝克兰把寻找虫胶的替代品作为研究的目标。那个时代的化学家已经认识到很多可用作涂料、黏合剂和织物的天然树脂和纤维都是聚合物（即结构重复的大分子），他们开始研究聚合物的成分和合成方法。

"塑料之父"列奥·亨德里克·贝克兰

早在 1872 年，德国化学家拜尔就发现了苯酚和甲醛的化学反应能产生一些黏糊糊的东西，但拜尔对这种东西不感兴趣，因为他的眼光聚焦在合成染料上。后来的科学家也对这个反应进行过研究，但因为无法精确控制化学反应没找到它的利用价值。1907 年贝克兰发明了一种名叫贝克利泽的实验装置,可以精确调节加热温度和压力,能有效控制化学反应。贝克兰用这种装置成功得到了酚醛树脂,并用自己的名字给这种新材料命名。1907 年 7 月 14 日,贝克兰注册了世界上第一个酚醛树脂专利——贝克利特专利。幸运的是贝克兰只比他的英国同行詹姆斯·斯温伯恩爵士早一天递交专利申请,否则英文里酚醛塑料可能要叫“斯温伯莱特”了。酚醛树脂以煤焦油为原料合成,是世界上第一种人工合成的树脂。人们在粉状的酚醛树脂中添加木屑并混合均匀后,在高温高压下模压成型,酚醛塑料便诞生了。毫无疑问,它是人类所制造的第一种全合成材料,它的诞生标志着人类社会正式进入了塑料时代。它的发明被认为是 20 世纪的炼金术,它的发明者贝克兰于 1924 年被选为美国化学学会会长,被 1940 年 5 月 20 日的《时代》周刊称为“塑料之父”。

与铁、铜等一些我们经常使用的材料相比,塑料被人类使用的历史并不长,仅仅只有 120 多年,但是塑料制品已经成为人们生活中不可缺少的必要消费品。中国是世界塑料的生产大国、消费大国、进出口大国,据统计 2014 年中国塑料制品的累计总产量达到 7387.8 万吨。现阶段投入生产的塑料已经有 300 多种,不过众多塑料品种中,产量足够大并且具有统一回收方向的通常也就七种,用号码 1-7 号表示,如图所示,每个号码都对应着不同的塑料品种,依次是 PET、HDPE、PVC、LDPE(PE)、PP、PS、OTHER。

常见的塑料种类

(1)PET

PET,学名聚对苯二甲酸乙二醇酯,也被简称为聚酯塑料,生活中极为常见,目前的饮料瓶、食用油瓶几乎全都是采用的这种塑料。PET 的突出特点是透明度高,耐水也耐油,但是不怎么耐热,这一点我们在生活中都深有体会:如果用矿泉水瓶接饮水机的热水时瓶子就开始变形了,那温度也就 85 度左右。提到 PET 还得补充一件事,那就是对二甲苯(PX),这个给很多城市惹来麻烦的化学品,它便是生产 PET 的重要原料,而且也是其他很多重要消费品的原料,现代工业中它的地位与乙烯、丙烯差不多。

(2)HDPE

HDPE,学名高密度聚乙烯,在洗盥室里最容易找到它们做的日化用品容器,很多大饮料瓶也会使用这种塑料。HDPE 塑料与 PET 塑料在很多性能上都非常类似,比如二者都具有出色耐水性和耐油性;二者的耐热性都不太好,只不过 HDPE 耐热性略好于 PET,它能够承受 100℃左右的温度。与 PET 不同是,由于 HDPE 塑料高度结晶,因此外观上呈现出不透明的状态,并且硬度也更高,甚至有点脆生生的感觉。正是因为高强度不怕摔而且不透光,奶制品常常偏好这种塑料。除此之外,HDPE 塑料还特别耐酸、耐碱、耐腐蚀,如果不把氟塑料这种 Boss 级的超强耐腐蚀塑料请出来,它基本可以秒杀其他材料,所以工业中 HDPE 塑料的应用极为普遍,也正因此聚乙烯工业是任何一个工业国家不可忽视的产业。

(3)PVC

PVC,学名聚氯乙烯,这是我们生活中常见的七种塑料中唯一不推荐接触食品的塑料,因为 PVC 中含有氯。尽管在一般的使用条件下,材料中的氯并不容易游离出来,但我们还是很少在食品类容器中看到它。PVC 也是常见的塑料中唯一必须使用增塑剂(塑化剂)的材料,这使得它的状态可以在软而弹到硬而脆之间变化。正是由于 PVC 塑料可以呈现软而有弹性的一面,并且在价格上比天然胶和聚氨酯人造革低得多,因而工业生产中常常由它来替代具有特定用途的橡胶或皮革:例如日系车的内饰大量使用的人造革、一次性检查手套、地板、桌布、塑胶鞋等。不过 PVC 工业通常要用到乙炔,所以作为高耗能行业还是面临很多危机,这意味着未来我们可能只有面对物美价不廉的 PVC 了。

(4)LDPE

LDPE,学名低密度聚乙烯,是 HDPE 塑料的亲兄弟。虽然说两种塑料都是聚乙烯产品,但二者在结构和性能上却有很大差别。由于塑料的结晶度很低,因而其透明度一般较高,而且非常软甚至有点黏。LDPE 塑料通常很少用来制作容器,而主要用来制作保鲜膜、塑料袋等。LDPE 塑料的耐油性较差,常常给我们生活带来困扰:比如吃羊蝎子时戴了 LDPE 手套,尽管手套并没有气孔,但仍然会有油腻的感觉;或者买了红油猪耳用塑料袋装着,回家扔到沙发上就开始玩电脑,几个小时后发现沙发套该洗了。因此,这种塑料在食品中应用相对有限,但其在膜工业中是当之无愧的霸主。

(5)PP

PP 就是我们的明星塑料聚丙烯了,最常见的莫过于乐扣。目前,市场上绝大多数微波炉专用塑料容器都是 PP 塑料,这与它耐热好且化学稳定性高有着很大关系。PP 塑料在本质上和 HDPE 塑料很接近,但结晶度略低,所以一般呈现半透明的状态。PP 塑料在食品行业的应用远超其他任何塑料,它除了用作容器,还可用来制作软包装中的 BOPP 膜、香烟盒的最外层薄膜等。此外,目前新建小区的家用水管通常推荐或强制使用的 PPR 管,就是聚丙烯材料。

(6)PS

PS,学名聚苯乙烯,是一种具有传奇色彩的塑料。曾几何时,PS 塑料遍布全球各地,特别是中国铁路的两侧。但 20 多年过去了,很多人都忘记了那时的“白色污染”。时至今日,除了方便面、全家桶这些食品外包装上还少量使用 PS 塑料之外,其他食品方面已经很难看到它了。泡沫饭盒当然还有,只是很多人会拒绝使用。

(7)OTHER

除了上述6种常见的塑料之外,日常生活中比较重要的还有PC(聚碳酸酯)、PLA(聚乳酸)、EVA(乙烯-醋酸乙烯共聚物)、POM(聚甲醛)、PF(酚醛树脂)、EP(环氧树脂)、MF(密胺树脂)等。

最后我们再来一起探讨一下曾经的"白色污染"。其实我们认真思索一下就会发现:造成"白色污染"的根本原因并非是由于塑料本身在自然条件下难以快速降解,而是我们没有合理的回收机制。我们都知道塑料的原料绝大多数来源于石油,是一种不可再生资源,因此建立有效的回收机制才能从源头上解决污染和能源的问题。目前,欧洲发达国家塑料制品回收率已经超过50%,瑞士、丹麦、德国、瑞典等国家甚至超过了80%,而我国的塑料制品回收率还不到30%。由此可见,强化资源回收教育,树立分类回收思想,加强对塑料制品的回收再利用是解决"白色污染"的根本途径。

2. 神奇的记忆金属——形状记忆合金

在很久之前,我们曾经认为世界上只有人类有记忆,我们的脑海里可以储存几天以前甚至几十年以前的生活片段。后来我们发现自然界的许多动物居然也有记忆力:据考证鱼的记忆力为7秒,而大象的记忆力最长可达60年。随着人类对世界认识的进一步深入,我们又诧异地发现金属也具有记忆力。这到底是怎么回事呢?

镍-钛记忆合金

记忆金属实际上是一种合金,确切地说应该称之为"记忆合金"或者"形状记忆合金",是现代化学工业的产物。记忆合金在一定温度下受到外力作用时会发生变形,一旦外力消失,它仍能保持变形后的形状,而当温度上升到某一数值时,这种材料又会自动恢复到变形前的形状,它似乎能"记忆"自己原有的形状。早在中国古代秦朝时期就存在有记忆合金。中国考古学家在举世闻名的"世界第八大奇迹"——秦始皇兵马俑的一号坑中发现了一把青铜剑,这把剑被一尊重达150千克的陶俑压弯了,其弯曲程度超过了45度,当工作人员移开陶俑之后,令人惊诧的一幕出现了:那又窄又薄的青铜剑，竟在一瞬间反弹平直，自然恢复。当代冶金学家梦想的“形状记忆合金”竟然出现在2000多年前的古代墓葬里。

记忆金属源于20世纪60年代美国海军军械研究所的比勒一个偶然的发现：比勒用仓库中领来的镍-钛合金丝做实验时，发现这些合金丝弯弯曲曲的，使用起来不方便，于是他把合金丝一根根地拉直。在实验过程中，奇怪的现象发生了，当温度上升到一定数值时，这些拉直的合金丝又恢复到弯曲的状态。这种现象令比勒十分惊奇，于是他将镍-钛合金丝烧制成弹簧，然后在冷水中把它拉直或铸成正方形、三角形等形状，再放在40℃以上的热水中，该合金丝魔术般地恢复成原来的弹簧形状。

美国海军军械研究所的这一发现，立即引起了科学界的极大兴趣，许多科学家对此进行深入的研究。科学家在镍-钛合金中添加其他元素，进一步研究开发了钛镍铜、钛镍铁、钛镍铬等新的镍钛系形状记忆合金。同时他们还发现除了镍钛系合金，还有其他的一些合金同样具有这种形状记忆功能。

1969年后形状记忆合金开始逐步在各个行业中应用，首次登月成功的美国宇航员与地球传输信息的那一个直径数米的半球形天线，就是一种形状记忆合金。在现代工业体系中，形状记忆合金由于具有许多优异的性能，被广泛应用于航空航天、机械电子、生物医疗、桥梁建筑、汽车工业及日常生活等多个领域。

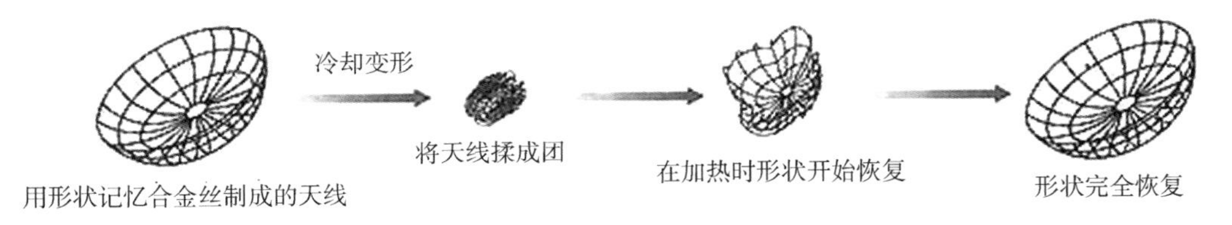

用钛-镍形状记忆合金制造的人造卫星天线

3. 神奇不神秘的超导材料

电视机、电冰箱和电脑是我们生活中常用的家用电器，这些与电相关的电器都需要通过电线进行连接，除此之外我们要能够使用这些电器还必须通过电线把电从发电厂传输过来。我们都知道目前使用的电线通常是采用铝或铜等导电性良好的材料作为内芯，但是由于它们自身电阻的存在，这就使得电能在传输的过程中会白白损耗一部分。

那么世界上到底存在不存在着没有电阻的材料呢？1911年，荷兰物理学家卡末林-昂内斯在进行水银电阻实验时发现：当温度降到4.15K附近时，水银的电阻突然降到零。后来科学家们对其他的一些材料也进行了类似实验，实验结果显示有一些金属、合金和化合物在温度降到绝对零度附近的某一特定温度时，它们的电阻率突然减小到无法测量。科学家们把这种现象叫作“超导现象”，把那些能够发生超导现象的物质叫做“超导体”。

传统的超导材料指的是那些具有高临界转变温度，能在液氮条件下工作的超导材料。但是由于这些超导材料只能在液氦那种温度极低的条件下工作,极大地限制了它的用途。因而从超导现象被发现的第一天起,科学家们就一直朝着室温超导的方向不断努力。但是科学家们对超导材料的研究并不顺畅,在 70 多年的时间里他们仅仅将超导温度由水银的 4.2K 提高到 23.22K。直至 1986 年,高温超导体的发现揭开了超导电性的研究的新篇章。

高温超导体通常是指在液氮温度(77K)以上超导的材料。由于这些材料大多都是一些氧化物陶瓷材料,因而我们又称它们为"氧化物陶瓷高温超导材料"。目前科学界关于高温超导材料的研究主要集中在两个方向:铜基高温超导材料和铁基高温超导材料。

1986 年,米勒和贝德诺尔茨发现在镧钡铜氧(La-Ba-Cu-O)中"可能存在高温超导电性",开启了人类高温超导材料研究的先河。1987 年,美国华裔科学家朱经武以及中国科学家赵忠贤相继在钇钡铜氧(Y-Ba-Cu-O)系材料上把临界超导温度提高到 90K 以上,突破了液氮的"温度壁垒"(77K),使得超导体向应用大大跃进了一步。随后发现的铊钡钙铜氧(Tl-Ba-Ca-Cu-O)体系将超导转变温度迅速提高到 125K。目前超导转变温度最高的材料是 1993 年发现的汞钡钙铜氧(Hg-Ba-Ca-Cu-O)体系,常压下的转变温度为 135K,高压下可达到 165K。

铁基高温超导材料——锂铁氢氧铁硒化合物

另一类重要的高温超导材料——铁基高温超导材料,是在 2008 年由日本化学家细野无意中发现的。通过 FeAs 层取代 LaOCuS 中 CuS 层所制备层状化合物 LaFeAsO1-xFx 体系可以实现 26K 的超导转变。2014 年,中国科技大学陈仙辉研究组发现了一种新的铁基超导材料锂铁氢氧铁硒化合物,其超导转变温度高达 40K 以上。这是世界上首次利用水热法发现铁硒类新型高温超导材料,堪称铁基超导研究的重大进展。同时由于该新超导体所具有的高超导转变温度、空气中稳定等优点,为探索铁基高温超导的内在物理机制提供了理想的材料体系。

超导材料的发现被誉为"20 世纪最伟大的发现之一"。超导材料尤其是高温超导材料的重要性毋庸置疑。高温超导材料可以用来制造超导磁悬浮列车和超导船，由于这些交通工具将在悬浮无摩擦状态下运行，这将大大提高它们的速度和安静性，并有效减少机械磨损。另外利用超导悬浮还可制造无磨损轴承，将轴承转速提高到每分钟10万转以上。而超导材料的零电阻特性可以用来输电和制造大型磁体。超高压输电会有很大的损耗，而利用超导体则可最大限度地降低损耗。

尽管目前高温超导材料的研究还没有达到理想的使用状态，但是在一代又一代科学家前仆后继的努力下，我们相信室温超导必将成为现实。

4. 奇妙的纳米世界

伟大的科学家爱因斯坦曾经预言：未来科学发展将继续向宏观世界和微观世界挺进。深邃的宇宙，茫茫的星际。从古至今，人类不断挑战太空，20世纪随着航空航天事业的发展，人类终于走出了地球，登上了月球，踏上了漫漫的宇宙探索之路。与此同时微观世界正悄悄地进行着一场惊天动地的革命，20世界90年代兴起的纳米技术将我们带入了一个奇妙的纳米世界。有科学家预言纳米科技对人类的影响可能会比微电子技术和信息技术更加深远。

纳米到底是怎样的一个度量单位呢？让我们插上想象的翅膀，进入奇妙的纳米世界吧。纳米是一个长度单位，如果把1米和1纳米作比较，它们相差10^9倍。10^9是个什么概念呢？把一个高尔夫球放大10^9倍，它就和地球一般大小；人们常用细如发丝来形容纤细的物体，实际上一根头发丝的直径约为80 000纳米。

那么到底什么是纳米科技呢？纳米科技也被称为“毫微技术”，是研究结构尺寸纳米级别范围内材料的性质和应用的一种技术，纳米科技的核心是纳米材料。与我们所熟悉的其他材料不同，纳米材料不是指具体由哪一种物质构成的材料，它代表了一类材料。纳米材料通常需要具备两大特点：一是构成纳米材料的基本单元的三维尺度中至少有一维处于纳米尺度范围；二是纳米材料具有不同于常规材料的性能。只有同时具备这两个特点的材料才能被称为纳米材料。纳米材料按维数来分可以分成三类：零维纳米材料、一维纳米材料和二维纳米材料。

零维纳米材料，是由空间三维尺度均在纳米尺度的纳米颗粒、原子团簇组成的纳米粉体。这类纳米材料可用于高韧性的陶瓷、高效催化剂、隐形飞机的吸波材料、高密度磁性记录材料、抗菌材料、微电子封装材料、太阳能电池材料、传感材料、药物等。

一维纳米材料，是在空间有两维处于纳米尺度的纳米丝、纳米棒、纳米管等。这类纳米材料可以用于高强度材料、微型导线、电子探针、微型光纤、场发射、储氢材料等等。

二维纳米材料，是在三维空间中有一维在纳米尺度，如超薄膜、多层膜、超晶格等。这类纳米材料可用于过滤器材料、气体催化材料、光敏材料等。

纳米科技的灵感最早来源于美国物理学家理查德·费曼，他在一次物理学年会上提出“至少以我看来，物理学的规律不排除一个原子一个原子地制造物品的可能性。”并预言“当我们对细微尺寸的物体加以控制的话，将极大地扩充我们获得物性的范

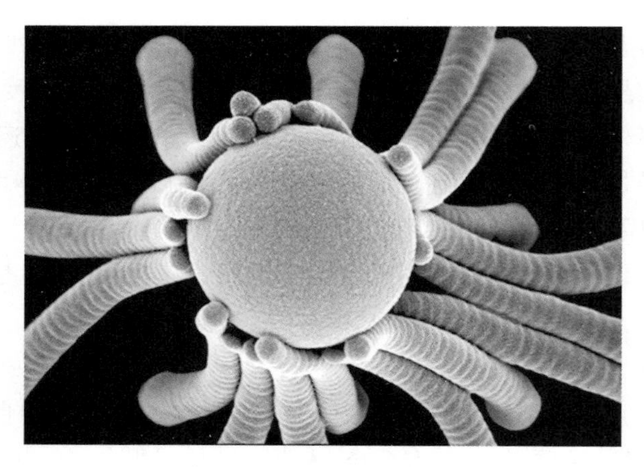

电子显微镜下的纳米纤维

围。”但是在20世纪60年代要想控制细微物体以改变其性状，这听起来更像是科幻电影中的桥段，因此费曼的这些观点并没引起科学界的关注。事实上与费曼具有相同观点的还有被人称为“科学巫师”的德雷克斯勒，他运用了更为通俗和形象的描述，他说：“我们为什么不制造出成群的、肉眼看不见的微型机器人。让它们在地毯上爬行，把灰尘分解成原子，再将这些原子组装成餐巾、肥皂和电视机呢？这些微型机器人不仅是一些只懂得搬原子的建筑‘工人’，并且还具有绝妙的自我复制和自我维修能力，由于它们同时工作，因此速度很快而且廉价得令人难以置信。”

纳米科学的发展要感谢科学的发展带来的仪器变革，1981年扫描电子显微镜(SEM)的发明为正在探寻微观世界的秘密的科学家们注入了一针强心剂。这种显微镜像“芝麻开门”的口诀一样打开了一扇神秘大门，原子、分子世界从此展现在人们的眼前。

为什么纳米科技会有这么大的魅力呢？纳米材料的特性不同于普通材料，这是因为它的原子尺度实在是太小了。当某种物质的尺度小到一定程度时，传统力学就不能解释它的特征，必须改用量子力学来描述。如纳米微粒会表现出小尺寸效应、表面效应、量子尺寸效应及宏观量子隧道效应等特点，从而导致纳米微粒的热、磁、光、敏感特性和表面稳定性等不同于正常粒子，这就使得它具有广阔的应用前景。目前我们所熟悉的纳米材料通常都是人工合成的，它们具备了许多传统材料不具备的奇异特性，引起了科学家的极大兴趣。下面让我们来看看纳米材料的奇异性能。

(1)脾气暴躁、易燃易爆的纳米金属颗粒

金属纳米颗粒表面上的原子十分活泼。实验发现如果将金属铜或铝做成纳米颗粒，遇到空气就会激烈燃烧，发生爆炸。因此我们可用纳米颗粒的粉体做成固体火箭的燃料、催化剂。

(2)力大无比的纳米金属块体

将金属纳米颗粒粉体制成块状金属材料，会变得十分结实，强度比一般金属高十几倍,同时又可以像橡胶一样富于弹性。

(3)奇妙的碳纳米管

碳纳米管是由石墨中一层或若干层碳原子卷曲而成的笼状“纤维”。这种内部中空外部直径不超过几十纳米的材料,比重仅仅只有钢的六分之一。由于这种材料的强度是钢的100倍,而且轻便、柔软又非常结实,因而是制作防弹背心的最好材料。如果用碳纳米管做绳索,从月球上挂到地球表面,不会被自身重量所拉断。想象一下,如果未来我们要修一条从地球到月球的高速公路,用这样的材料不就可以实现人类的梦想吗,那时普通人不就可以乘坐太空大巴去其他星球旅行了吗?

(4)善变颜色的纳米氧化物材料

氧化物纳米颗粒最大的本领是在电场作用下或在光的照射下迅速改变颜色。用其制成士兵防护激光枪的眼镜、广告板或掺进服装面料中做成衣服,在电、光的作用下,世界会变得更加绚丽多彩。

(5)刚柔并济的纳米陶瓷

纳米陶瓷粉具有高硬度、高韧性、耐高温、低温可塑等特点,纳米陶瓷制成的发动机能在更高的温度下工作,装上这种新材料发动机,汽车会跑得更快,飞机会飞得更高。

(6)爱清洁的纳米材料

把透明疏水、疏油的纳米材料颗粒组合在大楼表面或窗玻璃上,大楼就不会被空气中的油污弄脏,玻璃也不会沾上水蒸气而永远透明。将这种纳米颗粒放到织物纤维中,做成的衣服不沾尘,省去我们洗衣的麻烦。

(7)法力无边的半导体纳米材料

半导体纳米材料的最大用处是可以发出各种颜色的光,可以做成超小型的激光光源。它还可以吸收太阳光中的光能,并把它们直接变成电能。

(8)运送药物的“导弹”

如果把药物制成纳米颗粒或者把药物放入磁性纳米颗粒的内部。这些颗粒可以自由地在血管和人体组织内运动,如果在人体外部加以导向,使药物集中到患病的组织中,那么药物治疗的效果将会大大地提高。

当然,除了上面介绍的优点之外,纳米材料还有无数神奇的功能等待我们去发掘和利用。人类对奇妙纳米世界的探寻才刚刚开始,随着科学技术的高速发展,我们相信更多的纳米产品将走出深闺,进入寻常百姓家。

知识加油站——气凝胶

气凝胶是一种固体物质形态,是世界上已知密度最小的固体,目前最轻的硅气凝胶仅有0.16毫克每立方厘米,比空气密度略低。最早气凝胶是由美国科学工作者Kistler在1931年采用超临界干燥方法制得。气凝胶作为世界上最轻的固体,已被吉尼斯世界纪录登记在册。气凝胶的种类很多,因为任何物质的湿凝胶只要经过干燥除去内部溶剂,可以得到与原来基本形状相同的、高孔隙率、低密度的产物,都可以称为气凝胶。最常见的气凝胶是硅系气凝胶,除此之外还有碳系、硫系、金属系、金属氧化物系等。

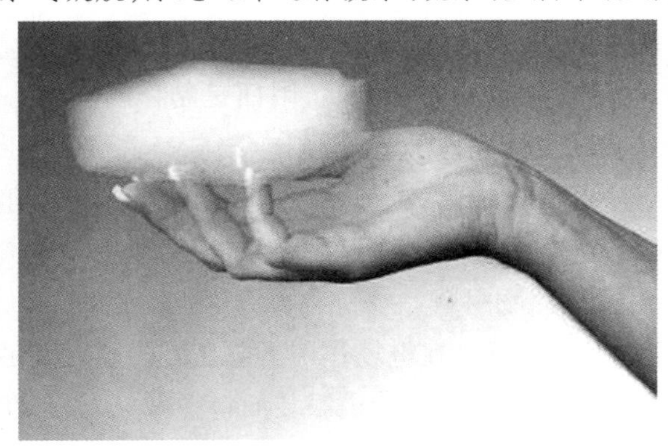

“固态烟”

美国航空航天局下属的“喷气推进实验室”材料科学家史蒂芬·琼斯博士研制出了一种名为“固态烟”的新型气凝胶,如图所示。这种气凝胶在正常情况下呈现半透明淡蓝色的烟云状,质量超轻,每立方厘米仅重三毫克。“固态烟”的主要成分和玻璃一样也是二氧化硅,但是其密度仅为玻璃的千分之一。

“固态烟”貌似“弱不禁风”,其实非常坚固耐用。它可以承受相当于自身质量几千倍的压力,一块重2克的“固态烟”可以支撑起一块2.5公斤重的砖头。此外由于“固态烟”中80%以上是空气,所以具有非常好的隔热效果:一寸厚的“固态烟”相当20至30块普通玻璃的隔热功能。即使把它放在玫瑰与火焰之间,玫瑰也丝毫无损。正是由于“固态烟”拥有诸多优异特性,使之成为航天探测中不可替代的材料,俄罗斯“和平号”空间站和美国“火星探路者”探测器都用它来进行热绝缘。

“固态烟”具有良好的隔热效果

“固态烟”在航天中的应用远不止这些,美国国家宇航局的“星尘号”飞船正带着它在太空中执行一项十分重要的使命——收集彗星微粒。科学家认为彗星微粒中包含着太阳系中最原始、最古老的物质,研究它可以帮助人类更清楚地了解太阳和行星的历史。但收集彗星星尘并不是件容易的事,因为这些星尘的速度相当于步枪子弹的6倍,尽管其体积比沙粒还要小,可是当它以如此高速接触其他物质时,自身的物理和化学组成都有可能发生改变,甚至完全被蒸发。如今科学家有了“固态烟”,这个问题就变得很简单了。“固态烟”就像一个极其柔软的棒球手套,可以慢慢地消减彗星星尘的速度,使它在滑行一段相当于自身长度200倍的距离后慢慢停下来。在进入“气凝胶手套”后,星尘会留下一段胡萝卜状的轨迹,由于气凝胶几乎是透明的,科学家可以按照轨迹轻松地找到这些微粒。

知识加油站——航天服:太空漫步的必需品

科学幻想是人类许多重大发明创造的源泉。1865 年法国著名作家凡尔纳在他的科幻小说《从地球到月球》中描述了人类太空航行情节,书中凡尔纳提到了太空旅行要穿戴一种特殊的服装——航天服。众所周知,人类赖以生存的地球之外是一片广阔无垠的太空。在太空中不仅有高真空、极端的温度变化和可怕的宇宙射线辐射,同时存在着陨星、微陨石和微陨尘等危及我们身体健康和生命安全的物质。人类之所以可以在地面上安全的生活,是因为有大气层的保护作用。倘若人类离开大气层进入太空就不可避免地要遭到这些恶劣环境因素的危害。那么那些离开航天飞船或空间站进入太空的宇航员是如何确保自身安全的呢? 答案其实就在他们身上——航天服。如果没有航天服的保护,在环境如此恶劣的太空中宇航员恐怕连生存都困难,就更不用说宇宙探索了。

航天服是世界上结构最复杂、技术最先进、价格最昂贵的服装。例如我国航天飞机宇航员穿的飞天航天服,每套价值约 3000 万人民币。世界上第一个穿戴航天服装备的人是美国冒险家威利·波斯特,20 世纪 30 年代他在驾驶飞机横越北美大陆飞行的挑战中,将飞机上升到同温层,当时他身上就穿着高空飞行压力服。但这种衣服十分麻烦笨拙,有时甚至不得不剪开加压服,人才能从里边解脱出来。20 世纪 50 年代一种神奇的纤维——尼龙的出现为航天服的发展注入了一股清泉,把尼龙网嵌到橡胶中作为加强层,可以使航天服变得柔软轻便。1961 年美国第一位航天员谢泼德就穿着这样的衣服进入了太空。如今航天服已经成为宇航员太空行走或月球着陆不可或缺的装备,除此之外宇航员在发射或返回时如果发生意外,降落到海中、荒漠或丛林地带,航天服还是重要的个人救生装备。

航天服通常是由服装、头盔、手套和航天靴等部件组成,其中结构最复杂的就是服装。美国航天飞机航天服共有 14 层,一位熟练的宇航员需要耗费 15 分钟左右才能穿戴完毕。航天服的基本功能是为进入太空的宇航员提供基本的生存保障。为了面对复杂多变的太空环境,在航天服的设计中科学家们应用了许多新型的材料。例如:冷却液体通风服选用了尼龙弹性纤维作为材料,并在服装上设置了许多塑料细管用于输送冷却液,这样有利于调节温度;合成纤维絮片、羊毛和丝绵等保温材料被成功应用于保暖层;而气密限制层则选用气密性良好的涂氯丁尼龙胶布作为材料;隔热层材料选用的是多层镀铝的聚酰亚胺薄膜或聚酯薄膜,并在各层之间夹有无纺织布,这样可以避免宇航员在太空活动时的过冷或过热;最外的一层外罩防护层材料通常是采用镀铝织物,这样不仅可以防火、防热辐射,还具备防御宇宙空间中的各种恶劣因素的功能。

目前各国研究人员正在不断寻找新的材料来打造未来的航天服,新一代的航天服在保护宇航员免受严酷环境伤害的同时，还应该提供更好的活动能力和柔韧性。美国麻省理工学院的研究人员正在尝试着将形状记忆合金线圈应用在航天服上。形状记忆合金具有神奇的重塑性，如果将其设计成金属线圈并佩戴在航天员的手腕处，就可以通过机械挤压产生一种与支持一个人所需要的空间相匹配的巨大压力。在现代航空航天领域，要想实现这一条件必须在气体腔室中为航天服充入足够压力的气体，因而我们通常看到的航天服都非常的臃肿。应用了形状记忆合金的航天服可以最大限度地缩小体积从而使航天员在太空中更加灵活地工作。此外，形状记忆合金航天服还有另一个优点：当工作时它可以恢复到原来的形状，收缩到宇航员周围；而在冷却时又会迅速伸展，方便宇航员快速穿戴。尽管形状记忆合金航天服目前还处于设计阶段，它还面临着许多技术挑战，但这种理念已经让我们看到了希望，科幻电影中的那些时尚太空服在不久的将来必将成为现实。

知识加油站——美国总统的防弹车

美国总统奥巴马的座驾“野兽”是一辆定做的凯迪拉克。他被认为是世界上最先进、最安全的轿车，是真正的世界第一车。该车的造价高达200万英镑，折合人民币2800万。

美国总统奥巴马的座驾“野兽”

轿车“野兽”对安全极度重视，这一点从车轮的细节上可以看出。该车采用19.5英寸八辐镀铬轮毂，在轮胎方面选用了强化纤维的防爆轮胎并在轮圈内加装钢圈。这样车辆即使在爆胎的情况下，也能继续以65公里的时速平稳行驶到安全地带。这其中的科技含量并非能从外表看出来，但仅从尺寸增加的效果哪怕是普通车也是能轻易感知的。

一辆总统座驾往往需要携带大量的重型设备，所以奥巴马的座驾是按照皮卡车高强度梯形车架来设计的。“野兽”庞大的车身约有22英尺，再加上近乎一名高大男子站立高度的车高，无愧于其“野兽”的称号。出于安全问题白宫并没有公布这款“野兽”重量和尺寸的具体参数，但据猜测该车的重量应该在5吨到8吨之间。

“野兽”拥有钛钢合金构成的防护甲，车身全部进行了防弹处理。厚达5英寸的防弹层是由防弹装甲钢板和超高分子量聚乙烯轻质复合防弹材料制成，防弹层下面还是一层特殊的防火材料，可以承受火箭弹的轰击。该车门足有8英寸厚，相当于波音757的舱门重量，超强的汽车底板采用了强化的5英寸厚钢板，即使爆炸物在它的“肚皮”底下爆炸，也极难伤及坐在车里的人。此外汽车油箱采用了最先进的防爆设计，尤其是在油箱里添加了一种特殊泡沫，即便遭到导弹打击油箱也不会爆炸。这些防护措施足以抵挡突发的爆炸事件。

为了响应节能环保的大趋势，新一代“野兽”的排量有所下降，并采用了更先进的排气过滤系统，尾部排气管也从上一代的四支改为了两支，这小小的变化也遮挡了不少锋芒，更显示出奥巴马的亲民作风。

话题4：显微镜下的世界

显微镜是人类历史上最伟大的发明物之一。在它发明出来之前，人类对于周围世界的认识都局限在用肉眼观察，或者靠手持透镜帮助肉眼进行观测。显微镜把一个全新的世界展现在人类的视野里：人类第一次看到了数以百计的“新的”微小动物和植物，以及从人体到植物纤维等各种东西的内部构造。下图所示是一滴海水在显微镜下被放大25倍的画面，我们看到的是一个充满动植物的“微观大观园”：其中既有海藻和水中细菌、小虫子、甲壳纲动物，还有鱼卵、大动物的幼体和植物（如海草），以及螃蟹、龙虾、鱼和海胆。

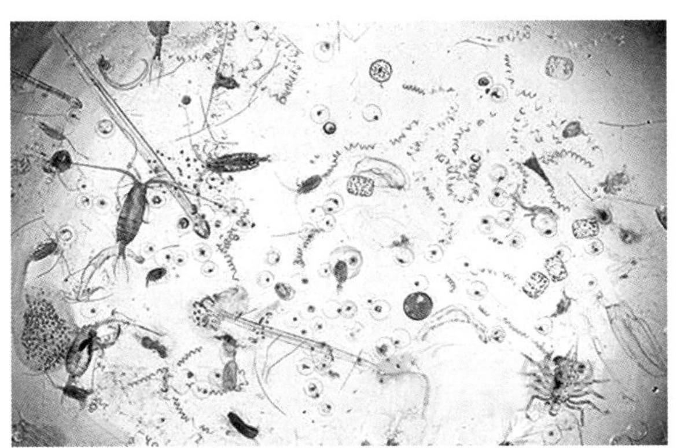

显微镜下的一滴海水

奇妙的微观世界

没有人能准确地说出第一台真正的显微镜是什么时候发明的。历史上关于透镜的最早记录是大约公元前700年，亚述人用水晶磨制出了透镜，在意大利古都庞贝和古代亚述首都尼尼微的废墟中就曾发现磨过的透镜。古埃及、巴比伦和希腊也出现过类似的镜片,罗马作家和哲学家塞涅卡曾经记下他的这一发现,把装有清水的球体放在适当位置,就可以把字放大。13 世纪的炼金术士和作家培根写过关于折射光的光学特性和各种透镜的放大性质的书。1558 年,瑞士博物学者盖斯纳用放大镜研究过蜗牛壳。

许多历史学家把荷兰显微镜制造者詹森看成是第一位用复合透镜来增加放大能力的人。詹森的显微镜是由三个镜筒连接而成:中间的镜筒较粗,是手握的地方;另外两个镜筒分别插入它的两端,可以自由伸缩,从而达到聚焦的目的。镜头两个,都是凸透镜,分别固定在镜筒的两端。物镜是一个只有一个凸面的单凸透镜。目镜是一个有两个凸面的双凸透镜。当这个显微镜的两个活动镜筒完全收拢时,它的放大倍数是 3 倍;当两个活动镜筒完全伸出时,它的放大倍数是 10 倍。虽然这种显微镜的生物学价值不太大,但这一成就却标志着对光学放大装置的研究已发展到了一个新水平。

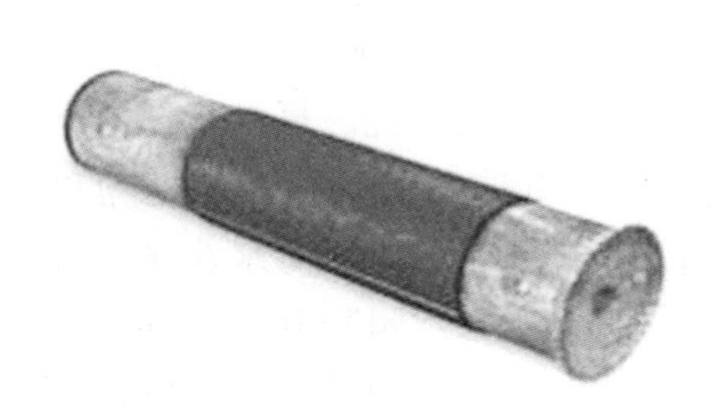

詹森的显微镜

到了 17 世纪中叶,诸如此类的各种显微镜已经在一群小范围的专业科学家手中流传,用来观看人类从未见过的东西。罗伯特·胡克,我们熟悉的胡克定律的发现者,利用自行设计的一台复杂的复合显微镜最先观察到了植物细胞,并且使用单人房间的 cell 一词命名植物细胞为 cellua,此外胡克最先发现了细菌,从而开创了微生物学。他还正确地描述了微生物的形态有球形、杆状和螺旋样等。他还证实了毛细血管的真实存在而结束了有关血液循环的争论。他首次描述了昆虫、狗和人的精子。他还指出:在所有露天积水中都可以找到微生物。这是人类认识微生物的分布的一次进步。他又通过事实证明了当时流行的生物自然发生论的错误,改变了人们的观念。1673 年,他与英国皇家学会建立了联系,一直持续到他 1723 年逝世的前一刻。

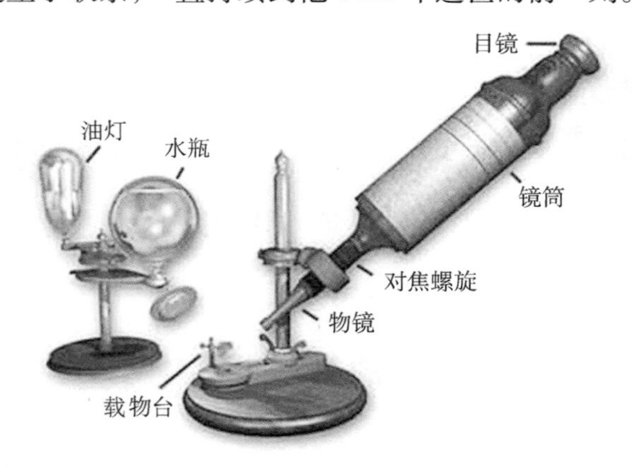

胡克的显微镜

真正观察活细胞的是胡克同时代的荷兰科学家安东尼·范·列文虎克,他在1677年用自制的高倍放大镜观察池塘水中的原生动物,蛙肠内的原生动物,人类和哺乳类动物的精子;后又在鲑鱼的血液中看到红细胞的核。1683年,他又在牙垢中看到了细菌。他把观察的现象报告给英国皇家学会,得到英国皇家学会的肯定。

显微镜的创始之父——列文虎克

安东尼·列文虎克(1632—1723),荷兰显微镜学家、微生物学的开拓者。他是第一个观察和描述的单细胞有机体(最初被称为“微型动物”,现在被称为“微生物”)的人。他也是第一个记录显微镜观察肌纤维、细菌、精子和血液流动的毛细血管(小血管)的人。在美国人麦克·哈特编著的《影响人类历史进程的100名人排行榜》一书中,他被排在第36位。

最早的显微镜是由一个叫詹森的荷兰眼镜制造商于1590年前后发明的,但是他却并没有发现显微镜的真正价值。也许正是因为这个原因,詹森的发明并没有引起世人的重视。事隔90多年后,显微镜又被荷兰人列文虎克研究成功了,并且开始真正地用于科学研究试验。

1632年列文虎克出生在荷兰的德尔夫特市,虽然他从没接受过正规的科学训练,但他是一个对新奇事物充满强烈兴趣的人。有一次,列文虎克从朋友那里听说荷兰最大的城市阿姆斯特丹的眼镜店可以磨制放大镜,用放大镜可以把肉眼看不清的东西看得很清楚。他对这个神奇的放大镜充满了好奇心,但又因为价格太高而买不起。从此,他经常出入眼镜店,认真观察磨制镜片的工作,暗暗地学习着磨制镜片的技术。功夫不负苦心人,1665年列文虎克终于制成了一块直径只有0.3厘米的小透镜。列文虎克做了一个架,把这块小透镜镶在架上,又在透镜下边装了一块铜板,上面钻了一个小孔,使光线可以从这里射进而反射出所观察的东西,列文虎克的第一台显微镜成功了。列文虎克具有磨制高倍镜片的精湛技术,他制成的显微镜的放大倍数,超过了当时世界上已有的任何显微镜。他一生亲自磨制了550个透镜,装配了247架显微镜,为人类创造了一批宝贵的财富,至今保留下来的有9架,现存于荷兰尤特莱克特大学博物馆中的一架的放大倍数为270倍,分辨力为1.4um。在当时,这个水平是很高的,直到19世纪初所制的显微镜还未超过这一水平。

列文虎克不仅成功地制作出了显微镜,他还是利用显微镜进行科学实验的第一人。1673年的一天,英国皇家学会收到了一份标题为《列文虎克用自制的显微镜,观察皮肤、肉类以及蜜蜂和其他虫类的若干记录》的书信。这篇记录震惊了整个皇家学会,为此皇家学会不得不弄来一个质量最好的显微镜,以进一步证实列文虎克所报告的事实是否真实。经过几番周折,列文虎克的科学实验,终于得到了皇家学会的公认,并被译成了英文在英国皇家学会的刊物上发表。

成功的喜悦,并没有使好奇心强的列文虎克冲昏头脑。相反更加促进他那锲而不舍的探索精神,他将自己的观察报告继续不断地寄往伦敦。1673 年,列文虎克详细地描述了他对人、哺乳动物、两栖动物和鱼类等红血球的观察情况,并把它们的形态结构绘成了图画;1675 年他用显微镜成功地观察到细菌和原生动物即他所谓的“非常微小的动物”;后来列文虎克又用显微镜发现了红血球和酵母菌。这样,他就成为世界上第一个微生物世界的发现者,被吸收为英国皇家学会的会员。

显微镜的发明和列文虎克的研究工作,为生物学的发展奠定了基础。人们利用显微镜发现了各种传染病都是由特定的细菌引起的,这就导致了抵抗疾病的健康检查、种痘和药物研制的成功。

就像伽利略用望远镜做出的发现一样,17 世纪这些“显微工作者”的工作也为透视自然界及其奥秘增加了一个重要的新窗口。路易十四的御医波拉尔写道,在显微镜的帮助下,“不起眼的昆虫变成了庞然怪物……无数的东西被发现……新的世界打开了”。

知识加油站——“科学之眼”聚焦微小生物:电子显微镜

17 世纪一位来自荷兰代夫特的布料商列文虎克,曾使伦敦皇家学会的科学大师们大为惊讶,因为他描述了许多他称之为“微动物”的微小生物。这些微生物如此之小,以至于我们根本无法用肉眼观察到。列文虎克发明了原始的显微镜,原本是为了检验纺织品纤维质量,但他突发奇想想通过显微镜看看水滴和自己的牙垢,结果他看到了一个令世人震惊的微观世界。从此微观世界成为生命科学家追寻和探讨的新领域。随着观察微小结构的工具不断改进,人类的知识大大扩展了。

20 世纪 30 年代,一种新型的显微镜——电子显微镜诞生,并成功地应用到生物学领域,大大地促进了生物学从细胞水平进入分子水平。不同于列文虎克的显微镜以及后来的许多改进过的光学显微镜,电子显微镜是用一束电子而不是光线来瞄准目标。这些电子是被磁铁引向样品的,因为磁铁可以使电子流偏折,就像光学显微镜里的玻璃透镜所起的作用一样。经过半个多世纪的发展,到了 70 年代电子显微镜终于实现了人们直接观测原子的长期愿望,电子显微镜也真正成为了“科学之眼”。

有一种电子显微镜叫作透射电子显微镜(TEM),它能够让电子束穿过样品投到显示屏或者照相底片上,就好像让 X 射线穿过软组织一样。样品中越密的区域电子越少,越疏的区域通过的电子越多。还有一种电子显微镜叫作扫描电子显微镜(SEM),可以让电子从样品中反射,并利用二次电子信号成像来观察样品的表面形态。20 世纪 90 年代,一种新型的电子显微镜——场发射枪透射电子显微镜(HRTEM)正逐步散发其巨大的魅力。由于这种电子显微镜可以提供高亮度、高相干性的电子光源,因而能够在纳米尺寸上对材料的原子排列和种类进行综合分析。

最好的光学显微镜只能放大实际大小的2000倍，而20世纪40、50年代的电子显微镜可以把放大倍数增加到250 000到300 000倍。生物学家很快就想到利用这种新型的电子显微镜来研究一种奇异的生物：噬菌体。1940年，德国有几位研究者发表了有关这些病毒的第一份电子显微镜研究成果。研究成果可以清楚地显示感染颗粒附着在细菌细胞壁的外侧，这是一则关于这种生物作用机理的令人惊奇的新闻。1942年，微生物学家卢里亚得到了第一张不错的噬菌体电子显微照片；1945年，细胞学家克劳德率先运用电子显微镜研究细胞结构，并发表了第一张细胞解剖学的详细图片。

如果说光学显微镜的应用促成了人类对微观世界的认识的第一次飞跃，那么电子显微镜的应用开启了人类对微观世界认识的第二次飞跃。我们相信随着电子显微技术的不断发展，我们的“科学之眼”必将绽放更加璀璨的光芒。

生物学的前世：生物学发展的三个阶段

生物学是研究生命的科学。生物学一词最早是由法国科学家拉马克和德国科学家特莱维拉纳斯于1802年分别提出的。生物学在不同层次上研究一切生物体的结构、功能、发生和发展的规律。

在自然科学还没有发展的古代，人们对生物的五光十色、绚丽多彩迷惑不解，他们把生命和无生命看成是两个截然不同、没有联系的领域。近代生物学的发展经历了漫长的过程，15世纪以后生物学先后经历了描述性生物学、实验生物学和分子生物学三个阶段，形成了系统而完整的科学体系，进入了模拟和试验技术阶段，帮助我们更好地理解最基本的生命过程。

1. 描述性生物学阶段

从15世纪下半叶到18世纪末是近代生物学发展的萌芽阶段，这一时期，在生物学研究的主要成就有维萨里等人的解剖学、哈维的生理学、林耐的分类学以及拉马克等人的进化学说。19世纪以后近代生物学主要领域取得了重大的进展，随着细胞学说的提出和进化论的创立，近代生物学正式迈进“描述性生物学”阶段。

如今生物体由细胞组成的思想，似乎已经成为生物学中最基本的观念。在19世纪以前，大多数生物学家在分析动植物的结构时，仅停留在这样的认识上：有机体是由各种组织和器官组成的。虽然早在1665年罗伯特·胡克在用显微镜观察软木的结构时就发现了细胞，但是他没有想到他看到的乃是生命之本原的一部分。

大多数早期的细胞观察者通常都以植物作为观测对象，主要是因为植物细胞之间的细胞壁比动物细胞之间的细胞膜要厚得多，比较容易观察。在显微镜和染色技术得到改进之后（染色技术使得不同的组织格外分明，从而看得更清楚），科学家做了越来越多的观察。但即使在1831年，当布朗在细胞中心发现有一个小的暗色结构，并为之取名为“核”时,包括他本人在内的所有人都没有理解这些微小结构的意义。1835 年,捷克科学家帕金基指出:有些动物组织(例如皮肤)也是由细胞组成的。但没有什么人给予更多关注,他也没有把这一观点推向更成熟的理论。

1838 年,施莱登在弥勒主编的《解剖学与生理学大全》一书中发表了题为《论植物的发生》的论文。在论文中施莱登着重提到布朗所发现的细胞核还没有引起大家的重视,其实细胞核与植物的生长和发育有着密切的特殊关系。施莱登集中精力研究了细胞核,并将其更名为“细胞形成核”。他坚信细胞形成核是植物界普遍存在的基本结构,任何植物不论复杂或简单都是细胞的聚集体,而细胞则是个体化的、独立的、分隔的实体。紧接着第二年,施旺也提出:所有动物组织也由细胞组成;卵是单个细胞,器官由此发育而来;所有的生命都是从单个细胞开始的。由于他们两人对这一构想各自做出了相应贡献,于是通常把创建细胞学说的荣誉给予他们两人。细胞学说的创建为研究生物的结构、生理、生殖和发育等奠定了基础。

施莱登

施旺

达尔文

1859 年,英国生物学家达尔文出版了《物种起源》一书,科学地阐述了以自然选择学说为中心的生物进化理论,给神创论和物种不变论以沉重的打击,把生物学建立在科学的基础上,提出震惊世界的论断:生命只有一个祖先,生物是从简单到复杂,从低级到高级逐渐发展而来的。它发表传播后,生物普遍进化的思想以及“物竞天择,适者生存”的进化论已为学术界、思想界公认为 19 世纪自然科学的三大发现之一。

2. 实验生物学阶段

19 世纪中后期,自然科学在物理学的带动下取得了较大的成就。物理和化学的实验方法和研究成果也逐渐引进到生物科学的研究领域。1900 年，随着孟德尔发现的遗传定律被重新提出，生物学迈进到第二阶段——实验生物学阶段。在这个阶段中，生物学家更多地用实验手段和理化技术来考察生命过程，由于生物化学、细胞遗传学等分支学科不断涌现，使生物科学研究逐渐集中到分析生命活动的基本规律上来。

20 世纪早期的生命科学继承了 19 世纪的两个伟大的“宝藏”：进化论思想和遗传学思想。达尔文的《物种起源》的出版，在科学界掀起了千层浪，但是同时科学界也发现了达尔文的进化论并不能科学地解释孩子为什么能够继承父母特征这类的问题。那么个体到底是如何独立变异并且以许多不同组合方式重新组合的呢？事实上早在 19 世纪 60 年代初，孟德尔在总结其长达 12 年的植物杂交试验的基础上，然后经过整整 8 年的不懈努力发表了名为《植物杂交试验》的论文。在该论文中孟德尔提出了遗传单位是遗传因子（现代遗传学称之为基因）的论点，并揭示出遗传学的两个基本规律——分离规律和自由组合规律。孟德尔的这篇不朽论文虽然问世了，但令人遗憾的是，由于他那不同于前人的创造性见解，对于他所处的时代显得太超前了，他的科学论文在长达 35 年的时间里，竟然没有引起生物界同行们的注意。直到 1900 年，荷兰人弗里斯、德国人柯灵斯和奥地利人契马克在各自独立研究中再次发现了这一定律。经过对过去文献的调查，科学家们最终发现了孟德尔的论文。为了肯定孟德尔在遗传学上的贡献，柯灵斯最终将这一定律命名为“孟德尔定律”，遗传学的研究从此进入了高速发展时期。

当孟德尔的遗传学研究成果被重新发现时，摩尔根正在美国霍普金斯大学任教。在此期间不断有关于遗传学的新消息传到摩尔根的耳朵里，但是他一开始对孟德尔的学说和染色体理论表示怀疑。摩尔根提出一个非常尖锐的问题：生物的性别肯定是由基因控制的，那么决定性别的基因是显性基因还是隐性基因呢？在当时要回答这个问题是十分困难的，因为自然界中大多数生物的两性个体比例是 1∶1，而不论性别基因是显性还是隐性，都不会得出这样的比例。为了检验孟德尔定律，摩尔根曾亲自做了家鼠与野生老鼠杂交实验，得到的结果五花八门，根本无法用定律解释。但是这并没有打消摩尔根的实验热情，后来他找到了黑腹果蝇作为实验材料来研究生物遗传性状中的突变现象。因为果蝇只有四对染色体，而且繁殖速度极快，可以大大加快实验进度。

孟德尔

摩尔根和他的团队利用果蝇进行遗传学研究，发现了染色体是基因的载体，确立了伴性遗传规律。同时他们还发现位于同一染色体上的基因之间的连锁、交换和不分开等现象，建立了遗传学的第三定律——连锁交换定律。1926 年，摩尔根出版了他的专著《基因论》，对基因这一遗传学基本概念进行了具体而明确的描述，并创立了著名的基因学说。在该书中摩尔根揭示了基因是组成染色体的遗传单位，它能控制遗传性状的发育，也是突变、重组、交换的基本单位。但是关于基因到底是由什么物质组成的这个问题在当时依旧还是个谜。1933年，摩尔根获得诺贝尔生理医学奖。

摩尔根

20世纪前半叶，自从弗里斯等人在发现孟德尔的研究成果后，人类在遗传学方面取得了巨大的突破。但是当时生物学界还存在着一个难题，那就是如何将遗传学上详尽的实验数据与达尔文的进化论融合在一起。一般而言，遗传学家假设存在正常的基因和偶然的突变。他们认为，大多数突变会被清除，而少数有用的突变会导致生物进化。真正解决这个问题的人是俄国出生的美国生物学家杜布赞斯基。在其著作《遗传学与物种起源》中，杜布赞斯基实现了遗传学与自然选择学说的综合，继承和发展了达尔文进化论。

弗里斯、摩尔根及杜布赞斯基等科学家在遗传学方面所做的努力，有助于解决有关遗传过程的各种问题。到了1945年，遗传学家正迅速揭示与微观生命世界有关的各种奥妙。

3. 分子生物学阶段

20世纪生物界最重要的发现之一就是揭开DNA结构之谜。美国科学家沃森和英国科学家克里克共同提出了DNA分子双螺旋结构模型，标志着生物科学的发展进入了一个崭新的阶段——分子生物学阶段。

众所周知，DNA是主要的遗传物质，它以丰富多彩的核苷酸排列顺序储存着各种各样的遗传信息。那么，DNA是如何把生命的遗传信息传递下去的呢？DNA的结构又是什么样子呢？事实上关于这一系列问题直到20世纪50年代初仍然是个谜。为了解开这个具有伟大科学价值的谜题，世界各国许多科学家纷纷加入了这项课题的研究。这些科学家中包括英国皇家科学院著名科学家富兰克林、威尔金斯等，他们为发现DNA结构做出了重要的贡献，但是最终的胜利属于沃森和克里克。

沃森在大学毕业后主要从事动物学的研究，克里克则是一位对数学和物理十分感兴趣的科学家。一次偶然的合作，让同在剑桥大学卡文迪什实验室进行DNA结构研究的沃森和克里克，对脱氧核糖核酸的分子结构产生了浓厚的兴趣。1953年2月，沃森和克里克通过维尔金斯看到了富兰克林在1951年11月拍摄的一张十分漂亮的DNA晶体X射线衍射照片，这一下激发了他们的灵感。他们不仅确认了DNA一定是螺旋结构，而且分析得出了螺旋参数。沃森和克里克采用了富兰克林和威尔金斯的判断，并加以补充：磷酸根在螺旋的外侧构成两条多核苷酸链的骨架，方向相反；碱基在螺旋内侧，两两对应。这一发现让两位富有开拓精神的年轻人极度兴奋，一连几天沃森、克里克在他们的办公室里兴高采烈地用铁皮和铁丝搭建着模型。1953 年 2 月 28 日,第一个 DNA 双螺旋结构的分子模型终于诞生了。沃森和克里克将他们的发现写成一篇论文发表在 1953 年英国的《自然》杂志上。

詹姆斯 · 沃森

DNA 双螺旋结构模型能够较好地说明 DNA 的复制以及“传宗接代”的千古之谜。这个模型的提出开启了分子生物学时代,使遗传的研究深入到分子层次,“生命之谜”被打开了,人们清楚地了解遗传信息的构成和传递的途径。在接下来的近半个世纪里,分子遗传学、分子免疫学、细胞生物学等新学科如雨后春笋般出现,一个又一个生命的奥秘从分子角度得到了更清晰的阐明,DNA 重组技术更是为利用生物工程手段的研究和应用开辟了广阔的前景。1962 年,沃森、克里克和威尔金斯因此共同获得了诺贝尔生理学或医学奖。

生物学的现在与未来

20 世纪 50 年代之后,生物科学已经从基本上是静态的、以形态描述与分析为主的学科演化发展成动态的、以实验为基础的定量的学科,为表达其鲜明的时代特征,人们将其称为生命科学。如果说,20 世纪生物学是分化的世纪,那么 21 世纪生命科学将从分化走向综合。当今的生命科学正从分化走向综合,其特征是对分子、细胞、组织、器官及整体的全方位的综合研究。目前,生命科学正向宏观、微观两个方向纵深发展,生物技术的应用前景也非常广阔。

1. 宏观生物学

宏观生物学是生物学的重要组成部分,它是以生态学环境为主要研究对象,主要涉及种群和群落、生态系统、生态环境的保护等问题。宏观生物学与工业、农业、科教以及外交和外贸有着密切关系,它为解决当今人类所面临的人口、食物、环境、资源、医疗保健等诸多难题提供理论基础,并从生物学的角度为国家重大决策提供科学的依据。

20 世纪末期,随着人类生存环境的不断恶化,生态平衡遭到破坏,生态系统的结构和功能严重失调,人类的生存和发展已受到威胁和挑战。因而研究人类生存的大环境生态学已成为生命科学中最为活跃的研究方向之一,其范畴扩展到对整个生物圈的研究。

《地球生命力报告》每两年发布一次,是一份记录地球健康状况的前沿报告,由世界自然基金会(WWF)与伦敦动物学学会(ZSL)和全球足迹网络(GFN)合作完成。2014 年 9 月 30 日 WWF 发布最近一期《地球生命力报告》,该报告显示: 地球生命力指数(LPI)自1970年以来已下降了52%,该指数衡量了10 000多种有代表性的哺乳动物、鸟类、爬行动物、两栖动物和鱼类种群的生存状态。换个角度说,在40年间,脊椎动物种群规模已减少一半,其中陆生物种和海洋物种分别减少39%,而淡水物种的生命力下降了76%。

这些物种种群支撑着维系地球生命力的生态系统,是反映人类活动对地球家园的影响的晴雨表。如果我们不重视这些变化,那么苦果只能由我们自己吞下。人类享用着大自然的馈赠,就如有不止一个地球可供我们挥霍似的。我们对生态系统和生态功能的过度索取,正在危害着我们自己的将来。自然保护和可持续发展理应携手并进,这不仅关乎保护生物多样性和自然环境,而且也同样关乎保护人类的将来——我们的安康、经济、食物安全及社会稳定,乃至我们的生存。

陆生物种

陆生物种在1970年至2010年间减少了39%

陆生物种在1970年至2010年间减少了39%,而且这一下降趋势未呈现出减缓迹象,栖息地丧失从而为人类用地让出空间——尤其是用作农业、城市开发和能源生产用途——依然是主要威胁,捕猎次之。

淡水物种

淡水物种地球生命力指数平均下降76%

淡水物种地球生命力指数平均下降76%,谈水物种面临的主要威胁是栖息地的丧失和破碎化、污染及物种入侵,水位和淡水生态系统连通性的变化——例如灌溉和水电站大坝引起的变化——会对淡水栖息地产生极大影响。

海洋物种

海洋物种在1970年至2010年间减少了39%

海洋物种在1970年至2010年间减少了39%。其中,在1970年至20世纪80年代中叶的这段时间里降幅较大,此后趋于稳定,直至最近再次出现一个下降期。热带地区和南大洋的降幅较为显著——呈下降趋势的物种包括海龟、鲨鱼和大型迁徙水鸟,如漂泊信天翁。

地球生命力指数变化图

《地球生命力报告》显示人类对自然的需求已经超过地球的可供给能力,按照目前自然资源的消耗量,人类需要1.5个地球的资源再生能力,才能提供我们目前使用的生态服务。报告预测到2050年,地球人口预计将增加20亿,届时为每个人提供生存所需的食物、水和能源将成为一个严峻的挑战。如今,近10亿人正遭受饥饿,7.68亿人没有安全洁净的水供应,14亿人无法获得可靠的电力供应,气候变化和生态系统与自然资源的衰竭将进一步加剧这种局面。

食物、水和能源安全这些相互关联的问题影响着我们每个人,同时食物、水和能源

72亿——2013亿
96亿——2050亿
世界人口数量快速增长

36亿——2011亿
63亿——2050亿
全球大多数人口生活在城市里

20亿

森林生态系统为20多亿人提供庇护、生计、水、燃料和食物安全

70%和30%

食物生产约占全球用水量的70%和全球能源使用量的30%

15%

渔业为我们的饮食提供15%的动物蛋白，在非洲和亚洲许多最不发达国家高达50%以上

45%

工业化国家45%的淡水使用量用于能源生产

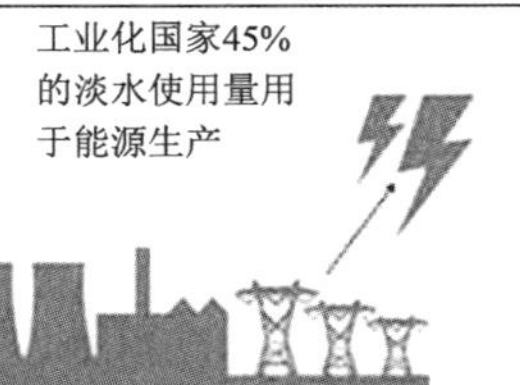

6.6亿

海洋生态系统支持全球逾6.60亿个就业岗位

三分之一

地球上三分之一的大城市依赖自然储备为其提供饮用水

6.6万亿美元

2008年全球环境损害的估测成本为6.6万亿美元——相当于全球GDP的11%

>40%

2030年全球淡水需求预计超过当前供应量的40%以上

7.68亿

7.68亿人没有安全、洁净的水供给

39/63

在63个人口最稠密的城市地区中，39个地区面临着至少一种自然危害的风险——包括洪灾、龙卷风和干旱

环境变化与人类影响

安全又与生态系统的健康密切相关。这种相互依赖关系意味着,我们为保障其中一方的安全所付出的努力会轻易造成另外几方的不稳定。例如,我们为提高农业产出率做出的尝试,可能会导致对水和能源的需求增大,并影响生物多样性和生态系统服务。这就是说人类为满足自身需求而采用的方法可能会影响生态系统的健康,而生态系统的健康又会影响保障这些需求的能力。这一规律不但适用于最贫穷的农村,同样适用于世界上的大城市,他们因环境退化而极易遭受诸如洪灾、污染等问题的威胁。

为了解决人类面临的危机,世界自然基金会提出了“一个地球”的理念,呼吁我们在地球限度内管理、使用和分享自然资源,确保人人享有食物、水和安全能源。事实上早在1971年联合国就制定了“人与生物圈”的研究计划,谋求协调人与生物圈的关系,合理地开发和利用生物资源,维护和改善自然环境,化害为利,逐步创造出一个适合人类和各种生物生存的美好环境。

根据这种思想,国外一些学者提出“地球村”、“地球飞船”等设想,说明地球是一个大家庭。这种意识不仅在自然科学,而且在社会科学、文化道德等方面都会产生深远的影响。关于生物圈的模拟研究,无论是美国建造的“生物圈2号”,还是日本搞的“第二个生物圈计划”,都想建造一个完全封闭的“小地球”,但经过多年实验最终都失败了。由此可见,在目前条件下人类还无法模拟出类似地球可供人类长期生存的生态环境,地球仍是人类唯一的家园。

2. 微观生物学

微观生物学是指将生物体个体作为研究对象的生物学。微观生物学力图从细胞角度和分子的角度来探索生命的奥秘,目前微观科学主要是通过实验室的实验来进行研究的。近年来随着微观生物学迅速发展,该领域的科研成果层出不穷。分子生物学(包括分子遗传学)、细胞生物学和神经生物学(或脑科学)已发展成当代生命科学研究的三大热点。

(1)基因工程

基因工程又被称为DNA重组技术,是在分子生物学和分子遗传学的综合发展的基础上诞生的一门新的生物技术科学。基因工程是以分子遗传学为理论基础,以分子生物学和微生物学的现代方法为手段,将不同来源的基因按预先设计的蓝图,在体外构建杂种DNA分子,然后导入活细胞,以改变生物原有的遗传特性,获得新品种,生产新产品。

基因工程是一种在分子水平上对基因进行操作的复杂技术。它通过人为的方法将所需要的某一供体生物的遗传物质——DNA大分子提取出来,在离体条件下用适当的工具酶进行切割后,把它与作为载体的DNA分子连接起来,然后与载体一起导入某一更易生长、繁殖的受体细胞中,以让外源物质在其中“安家落户”,进行正常的复制和表达,从而获得新的物种。它可以克服自然界中远缘杂交的障碍。

基因工程起源于20世纪70年代的合成生物学,自诞生以来它得到了大力的推广,尤其是在农业应用方面。大家所熟悉袁隆平院士培育的“杂交水稻”和李振声院士培育的“高产抗病小麦”都是基因工程的产物。他们分别将亲缘关系较远的野生种或远缘种中的优良基因注入到农作物，打破了以往常规杂交育种只在同一种作物个体间进行的局限，因而取得巨大成功。接下来科学家们将进一步运用转基因技术将优良基因选择和转移范围由同一物种之间扩大到不同的物种之间，而且真正能在分子水平上准确分离和有效操作这些基因。例如，可以将细菌的抗虫基因、抗除草剂基因注入水稻；或者将其他作物的抗旱、高光效等基因注入水稻，从而实现水稻优良品种的定向培育，这种培育方法将更为精准、快速和可控。基因工程技术不仅为现代农业科学技术的发展奠定了坚实的基础，还将在未来的医药、化工、能源、环保等领域发挥巨大的作用。

知识加油站——人类基因组计划

“人类基因组计划”(Human Genome Project)是由美国科学家于1985年率先提出，美国、英国、法国、德国、日本和中国等六国科学家共同参与。该计划的宗旨在于测定组成人类染色体(指单倍体)中所包含的30亿个碱基对组成的核苷酸序列，从而绘制人类基因组图谱，并且辨识其载有的基因及其序列，达到破译人类遗传信息的最终目的。

通过绘制人类基因图谱，可以了解人类几万个基因的全部档案，详细了解哪个基因在哪条染色体的哪一段上，还可以知道这个基因“长相”如何，它的职能是什么。这样，人类对自身就会有一个比较全面的了解，了解自己为什么和别人不一样。了解了基因，遗传病的医治就不愁没办法了。

人类基因组计划于20世纪80年代中期由美国人首先提出。1989年，美国成立了国家人类基因组研究中心，由DNA双螺旋的发现者之一沃森担任总负责人，美国政府决定投资30亿美元作为专用基金，原计划到2005年完成人类所有基因的测绘和排序。这一计划后来得到了国际的重视和广泛响应，英国、日本、法国、德国和中国的科学家先后加盟了该计划。经过1000多位各国科学家10多年的通力合作，2000年6月26日参与“人类基因组计划”的6国16个中心联合向世界宣布“人类基因组工作草图”已基本绘制完成，标志着人类认识新纪元的开始。“人类基因组计划”是人类为了探索自身的奥秘所迈出的重要一步，是与原子弹的“曼哈顿计划”和登月球的“阿波罗计划”相比拟的宏伟工程。

当然，人类基因组测序的完成并不等于工作的结束，还要认清上面有多少基因，以及这些基因是如何发挥作用的，因而诞生了“后基因组计划”。后基因组时代，又被称为功能基因组学时代。它是以提示基因组的功能及调控机制为目标，主要解决包括：基因组的多样性，基因组的表达调控与蛋白质产物的功能，模式生物基因组研究等在内的核心科学问题。“后基因组计划”将为人们深入理解人类基因组遗传语言的逻辑构架，基因结构与功能的关系，个体发育、生长、衰老和死亡机理，神经活动和脑功能表现机理，细胞增殖、分化和凋亡机理，信息传递和作用机理，疾病发生、发展的基因及基因后机理（如发病机理、病理过程）以及各种生命科学问题提供共同的科学基础。

（2）脑科学

脑科学又称思维科学或神经生物学，是生命科学研究的又一前沿领域。目前科学家们把脑科学、认知科学、心理学、行为学从生命科学里单独出来，因为它是更高一个层次的研究，是最深的奥秘的探索，是当代自然科学面临的最大挑战之一。

与人类基因组计划相比，“脑计划”更加复杂且艰难，因为人类大脑是人体中最复杂的器官，研究者必须要花费很大力气来取得数据并分析、理解数据。尽管近年来相关科学研究日益深入，但人脑科学仍然是现代人体科学中未知因素最多的领域，是科学界最难攻克的“堡垒”之一。人类大脑由100多亿个神经细胞组成（相当于整个银河系星体总数），是宇宙中已知的最为复杂的组织结构。大脑的复杂性，还在于神经细胞在形状和功能上的多样性，以及神经细胞结构和分子组成上的千差万别。现在，科学家们还不了解任何单个机体的大脑工作机制，就连只有302个神经元的小虫也没法了解它的神经体系。目前人类对小神经元网络工作机制知之甚少，而在细胞解析层面，对于大脑结构的工作机制基本一无所知。

尽管破译大脑运转密码、揭开生命之谜是令无数科学家殚精竭虑的艰难课题，但是美国及欧洲许多国家先后公布了具有战略意义的人脑研究计划。因为加速脑科学研究不仅有助于提升人类健康水平，也可带动相关产业发展。目前医学研究已经发现了超过500种脑部疾病，包括从偏头痛到精神分裂症和老年痴呆症。在欧洲，约1/3的人口会患上与脑有关的疾病，这几乎影响所有的欧洲家庭，近年来用于这方面的医疗费用每年高达8000亿欧元，随着社会老龄化程度加深，这一数字还将上升。加强脑科学研究将有助于帕金森氏症、阿尔茨海默氏症等脑部疾病的诊断和治疗，提高人们的健康水平和生活质量。

此外脑科学研究不但可以揭开大脑高智能、高效率、低能耗之谜，而且对人工智能、基因学、细胞生物学、生理学、生物信息学、解剖学、行为科学、信息技术、纳米技术和营养学都有重要拉动作用。近30年来，脑科学出现了爆炸性的发展，特别是近10年来发展更为迅速，被誉为“脑的10年”。如果说，生命科学以分子为基础正酝酿着重大突破，并将为农业、医疗医药和人类健康带来新的革命，那么，脑科学、认知科学、心理学、行为学的研究进展与突破，将为人类教育、社会、经济发展和信息技术带来革命。左图为模拟人脑神经系统而制造出来的神经形态计算芯片。

神经形态计算芯片

3. 应用领域

生物工程(也叫生物技术)是20世纪70年代初开始兴起的一门新兴的综合性应用学科。生物工程的应用范围十分广泛,主要包括医药卫生、食品轻工、农牧渔业、能源工业、化学工业、冶金工业、环境保护等几个方面。例如:基因重组技术、PCR技术、DNA和蛋白质序列分析技术、分子杂交技术、细胞和组织培养技术、细胞融合技术、核移植技术等,促进了基因工程、蛋白质工程、细胞工程、酶工程、染色体工程、组织工程、胚胎工程等的诞生和发展。

医药卫生领域是现代生物工程最先登上的舞台,也是目前应用最广泛、成效最显著、发展最迅速、潜力最大的一个领域。生物工程在医药卫生领域的应用主要有以下三个方面:

首先,生物工程解决了过去用常规方法不能生产或者生产成本特别昂贵的药品的生产技术问题,开发出了一大批新的特效药物。如胰岛素、干扰素(IFN)、白细胞介素-2(IL-2)、组织血纤维蛋白溶酶原激活因子(TPA)、肿瘤坏死因子(TNF)、集落刺激因子(CSF)、人生长激素(HGH)、表皮生长因子(EGF)等,这些药品可以分别用以防治诸如肿瘤、心脑肺血管、遗传性、免疫性、内分泌等严重威胁人类健康的疑难病症,而且在避免毒副作用方面明显优于传统药品。

其次,生物工程研制出了一些灵敏度高、性能专一、实用性强的临床诊断新设备,如体外诊断试剂、免疫诊断试剂盒等,并找到了某些疑难病症的发病原理和医治的崭新方法。例如我国的单克隆抗体诊断试剂,具有良好的市场前景。

最后,基因工程疫苗、菌苗的研制成功和大规模生产为人类抵制传染病的侵袭,确保整个群体的优生优育展示了美好的前景。目前我国正致力于开发乙肝基因疫苗。

食品是人类赖以生存和发展的物质基础,而食品安全问题是关系到人体健康和国计民生的重大问题。生物工程在食品工业中的应用主要包括以下四个方面:

首先是在基因工程领域,即以DNA重组技术或克隆技术为手段,实现动物、植物、微生物等的基因转移或DNA重组,以改良食品原料或食品微生物。例如利用基因工程改良食品加工的原料,改良微生物的菌种性能,生产酶制剂,生产保健食品的有效成分等。

其次是在细胞工程的应用,即以细胞生物学的方法,按照人们预定的设计,有计划地改造遗传物质和细胞培养技术,包括细胞融合技术及动、植物大量控制性培养技术,以生产各种保健食品的有效成分、新型食品和食品添加剂。

再次是在酶工程的应用。酶是活细胞产生的具有高度催化活性和高度专一性的生物催化剂,可应用于食品生产过程中物质的转化。继淀粉水解酶的品种配套和应用开拓取得显著成效以来,纤维素酶在果汁生产、果蔬生产、速溶茶生产、酱油酿造、制酒等食品工业中应用广泛。

最后是在发酵工程的应用,即采用现代发酵设备,促使经过优选的细胞或经现代技术改造的菌株进行放大培养和控制性发酵,获得工业化生产预定的食品或食品的功能成分。

作为极富潜力和发展空间的一项新兴技术,生物工程还在农牧渔业、能源工业、化学工业、冶金工业、环境保护等方面做出了不可估量的贡献,我们相信21世纪生命工程将是对社会影响最大的领域,它必将对人类社会的政治、经济、军事和生活等方面产生巨大的影响,为世界面临的资源、环境和人类健康等问题的解决提供美好的前景。

知识加油站——众说纷纭的转基因技术

科学家发现基因以后,便千方百计利用它为人类服务,因而转基因技术也就应运而生了。其实,基因就像生产蛋糕的模板,是生物个体组成部分的组件。只要有一块模板和生产蛋糕的一些配料,如奶油、鸡蛋、面粉等,就可以生产出外形、味道一模一样的蛋糕了。而我们只要按照基因图谱,并提供必需的物质(包括有机物和无机物),就可以制出基因所指定的模样的东西来。按照这个原理,利用切割、拼接基因的技术,把一种生物的基因提取并克隆出来,转移到另外一种生物上,便可以人为地改变这种生物的基因图谱,得到新的性状。

按照人们设计好的基因蓝图,利用分子生物学手段,将某些生物的一个或几个基因转移到需要改造的动植物体内,使其出现原来不具有的性状或产物,就生产出了转基因动植物。以它们为原料加工生产的食品,就是转基因食品。当然,我们需要的是产量高、营养丰富和味道不错又安全可靠的转基因食品。通过高明的转基因技术,科学家们曾经创造出许多靠传统农业技术(比如说杂交技术)无法实现的奇迹。因为转基因技术可以打破物种间的界限,使基因在动物、植物、微生物甚至人之间"转移",所以在猪体内挤出人奶、得到抗感冒的苹果、在沙漠上种小麦这样的事情都有可能成为现实。

转基因技术自出现以来就备受争议,关于转基因技术安全性的争论从来就没有停止过。反对转基因的人往往上来就会大而无当地指责一句"转基因违背自然规律",但是事实上转基因根本没有违背自然规律。转基因是指将某种生物中含有遗传信息的DNA片段转入另一种生物中,经过基因重组,使这种遗传信息在另一种生物中得到表达。转基因可以自然发生,比如自然界的农杆菌就可以将细菌的基因转入高等植物中,在树干上形成冠瘿瘤。所以转基因不是对自然规律的违背,而是人类掌握了自然规律以后,加以利用来为自己服务。如同人类历史上所有的科技进步——从火的使用到原子能技术——一样,转基因是一种中性的技术,它既不是天使,也不是魔鬼,关键在于人类怎么使用它。

转基因的支持者认为利用转基因技术,农业的发展上了一个新台阶。由于基因的改良，农作物受到各种害虫的威胁减少了，杀虫剂的使用也随之减少，这对食品的安全性和环境保护带来了很大的益处。优良品种产量的增加大大促进了农业经济的发展，将会使人口众多的农业大国受益无穷。据统计，2014 年全球转基因作物种植面积达到了 1.815 亿公顷，主要的转基因作物有抗除草剂大豆、抗除草剂玉米、耐除草剂双低油菜以及抗除草剂棉花等。如今，转基因作物在世界各国越来越普遍，也逐渐受到了各国政府和消费者的接受和支持。

转基因的反对者认为转基因技术尤其是转基因食物从 1993 年出现至今仅仅只有 20 多年，并未经过长期的安全性试验，还存在许多不确定因素。随着国际众多科研机构对转基因食品的调查，发现转基因食品确实会带来众多对人体健康的不确定性：

(1) 基因技术采用耐抗菌素基因来标识转基因化的农作物，在基因食物进入人体后可能会影响抗生素对人体的药效，基因作物中的突变基因可能会导致新的疾病。

(2) 转基因技术中的蛋白质转移可能会引起人体对原本不过敏的食物产生过敏，分割重组后的新的蛋白质性状是否完全符合我们设想的还有待考证。

(3) 基因的人工提炼和添加，有可能增加和积聚食物中原有的微量毒素不可预见的生物突变，甚至可能会使原来的毒素水平提高，或产生新的毒素。

(4) 对于生态系统而言，转基因食品是对特定物种进行干预，人为地使之在生存环境中获得竞争优势，这必将使自然生存法则时效性破坏，引起生态平衡的变化，且基因化的生物、细菌、病毒等进入环境，保存或恢复是不可能的，其危害比化学或核污染严重得多，同时这种危害是不可逆转的。

从世界范围来看人们关于转基因食品的认可度并非是一致的，以美国为首的支持派和以欧洲为首的反对派在全球范围内形成了两大阵营。在美国，约有 70% 以上的加工食品都是以转基因农作物为原料的，其中尤以面包、果酱、饼干、干酪、糖果等为主，美国居民几乎全部都曾食用过转基因食品。而在欧洲，大多数人是反对转基因食品的，英国尤为明显。缘由是 1998 年英国的一位教授的研究表明，幼鼠食用转基因的土豆后，会使内脏和免疫系统受损，这是对转基因食品提出的最早质疑，并在英国及全世界引发了关于转基因食品安全性的大讨论。中国对于转基因食品采用的是谨慎的态度，一方面在大力研究转基因食品，另一方面，也在限制主要粮食品种擅用转基因技术。中国国务院法制办 2012 年 2 月 21 日公布的《粮食法(征求意见稿)》规定，转基因粮食种子的科研、试验、生产、销售、进出口应当符合国家有关规定。任何单位和个人不得擅自在主要粮食品种上应用转基因技术。

总之，对转基因技术不能一概而论，虽然目前转基因操作还存在着许多问题，让人们对转基因食品不那么放心，但人们不应该因噎废食，而应该从技术改进和限制以及安全检测等各种途径，使其科学而规范地发展，造福人类。

话题 5：上天、入地、下海，谁与争雄

科学的发展，正在使人类自古以来的幻想变成现实。今天的导弹和激光武器，不就是《封神榜》里那漫天飞舞的法宝？地铁里的乘客，不就是那使用了遁地术的土行孙吗？科学家的预测，往往成为后辈努力的指针。1959 年，中国著名的地质古生物学家尹赞勋在《科学家谈 21 世纪》里，提出了“下海，入地，上天”计划。他讲的是 21 世纪的地质学，畅想新世纪里人类将深入海底开采矿床，进入太空研究外星地质。今天看来，这岂不就是当前世界科学的真实写照吗？如今“神舟”上天，“地壳”入地，“蛟龙”下海，中国正紧跟着国际步伐，走向科学探索的最前沿。

历史无法忘记，葡萄牙和西班牙对于大洋探索的资助，使它们在一个多世纪的时间里保持了世界一流强国的地位。如今对于未知空间的探索，“上天，入地，下海”都已不再是一条帆船所能承载，动辄上百亿美元的投入，正考验着一个国家的实力，以及对于科学的认识和理解。

空间科技

从古至今，人类就向往着能够像鸟儿一样自由地在天空中翱翔。流传于各民族的神话和传说中的飞天的故事，就是人类渴望翱翔蓝天的真实写照。几千年以来，许多勇士通过种种努力，试图通过人类自身的力量实现飞行梦想，但都没能取得成功。到了 20 世纪，人类终于依靠高度发达的科学技术飞上了天空，进入了太空，甚至登上了月球。人类飞天的梦想终于从神话走到了现实。

1. 动力来源于竞争

1957 年 10 月 4 日，苏联在拜科努尔发射场发射了世界上第一颗人造地球卫星，并将其送入轨道。第一颗人造卫星成功上天震惊了全世界，同时也惊醒了当时另一个超级大国——美国。随后美国人不断加大在航天事业的投入，与苏联展开了一场持续了半个多世纪的空间竞赛。正是这场轰轰烈烈的竞赛开启了人类探索外层空间的新篇章。

20 世纪初美国人威尔伯·莱特和奥维尔·莱特兄弟制造了现实意义中的第一架飞机，并试飞成功。飞机的发明开启了近代人类航空航天大业，在接下来的半个多世纪中，人类的航空技术在轰轰烈烈的炮火中飞速发展。但是飞机仅仅只能使人类在大气层内飞翔，如果人类想要飞出大气层进入外天空就必须依靠新的动力装置——火箭。火箭是航天器的基本动力装置。

现代航天事业的高速发展首先要感谢的是俄国科学家齐奥尔科夫斯基。他在 1903 年发表的论文《利用喷气装置探测宇宙空间》中，第一次提出以火箭作为动力航天的思想。同时他还证明了，为了脱离地球引力必须使用多级火箭。在《在地球之外》这

本科学幻想小说里，齐奥尔科夫斯基系统完整地向我们描述了宇宙航行的全过程。令人吃惊的是在这本小说中他还提到了宇航服、太空失重状态和登月车，这些设想与现代太空技术完全一样。

在齐奥尔科夫斯基思想的指导之下，世界各国的科学家不断地改进火箭技术，到了1957年苏联研制的火箭速度终于达到了每秒8千米，已初步具有摆脱地球引力飞出地球的轨道速度，人类第一次航天计划终于可以实施了。10月4日，在“苏联1号”三级运载火箭的帮助之下，人类历史上第一颗人造地球卫星——“旅行者1号”顺利升空，并被送入指定轨道。这颗卫星在轨道中运行了整整92天，绕地球飞行了约1400圈。卫星的上天宣告了苏联在航天技术方面巨大的领先优势，同时也震醒了另外一个航天大国。仅仅三个多月后，不甘落后的美国人也成功发射了自己的人造卫星“探险者1号”。

如果说卫星上天是人类航天事业跨出的第一步，那么载人飞行则是航天事业的第二步。在第一颗卫星上天之后的几年里，两大超级大国苏联和美国开启了一场激动人心的空间竞赛，尤其是在载人飞行的问题上。在这场激烈的竞争中获胜的又是苏联人，1961年4月12日苏联宇航员尤里·阿列克谢耶维奇·加加林，乘坐苏联“东方1号”飞船飞上太空。在327千米的高空中，加加林成功地克服了失重的环境，有条不紊地完成了各项科学实验。在环绕地球飞行了一圈，花费了近两个小时后，飞船从北非上空返回大气层。在离地面7700米时，加加林成功地从生活舱中脱离，在降落伞的帮助下安全地飘落在地面，实现了人类历史上第一次太空飞行。

尤里·阿列克谢耶维奇·加加林

在苏联人的成功面前，美国人并没有放弃，他们有条不紊地进行着自己的载人航天计划。1962年2月20日，美国宇航员格伦乘坐“友谊7号”升空，在260千米的高轨道上飞行了3周，真正实现了美国载人轨道飞行计划。从那以后，苏美两国的载人宇宙飞船不断地将宇航员送上太空。在一次次的实验中，飞船的性能不断提高，宇航员在太空中的生活也越来越轻松。1965年3月18日，苏联宇航员列昂诺夫终于从座舱中走了出来，在舱外空间环境中行走了12分钟。失重状态下的太空漫步不再是人类的幻想，而是变为了现实。全世界人民从电视中看到了这具有历史意义的第一次。

在加加林实现人类第一次太空飞行的43天之后，时任美国总统肯尼迪宣布：“美国要在十年内，把一个美国人送上月球，再让他安全返回地球。”这就是著名的“阿波罗登月计划”。当时人类要想成功地登上月球，除了已经实现的太空漫步之外还必须解决两大关键性技术：一是实现两个航天器的太空对接，这是登月技术的基础；二是制造出能够将载人飞船送出地球并进入月球轨道的大动力火箭，这是登月技术的关键。1969

年7月16日“阿波罗11号”载着阿姆斯特朗、阿尔德林和柯林斯三位宇航员起飞了。飞船抵达月球轨道后，柯林斯驾船绕月飞行，阿姆斯特朗和阿尔德林驾驶着被称为“鹰”的登月舱，于7月20日在月球表面上“静海”西南部安全降落。阿姆斯特朗率先走出了登月舱，一步一步走下阶梯，在月球上留下了地球人的第一个脚印。他后来说：“这一步，对一个人来说，是小小的一步；对整个人类来说，是巨大的飞跃。”随后两名宇航员在月球表面进行了实地的科学考察，并把一块金属纪念牌和美国国旗插上了月球。24日三位宇航员安全降落在太平洋檀香山西南海域，至此阿波罗载人登月计划成功了。

地球人留在月球的第一个脚印

阿波罗登月计划是20世纪大科学时代的典型，美国政府为了实施这一历时近12年的计划，动员了40多万人、约两万家公司和研究机构、120多所大学，耗费了250亿美元。它首次将人类文明带进了地外空间，显示了人类文明的伟大成就，使人类真正进入了一个空间时代。

2. 竞争中走来的合作

随着航天技术的不断发展，太空竞赛意识已逐步淡化，共同的需求让美苏两大航空强国走向了合作。1975年7月15日，苏联和美国先后发射了联盟19号和阿波罗18号飞船。在联盟号升空51小时49分钟之后，两艘飞船在太空中顺利实现了对接。苏美两国宇航员在过渡舱里亲切握手，并联合进行了数项科学实验。这项对接活动标志着人类的航天事业由竞赛走向了合作。

20世纪70年代之后，针锋相对的太空竞赛渐渐走向沉默。巨大的投入和不成比例的微薄收获让苏美两国领导人厌倦了这场政治竞赛，空间技术的应用被提上了日程。从空间应用的角度来看，人造卫星、载人飞船都无法满足要求：人造卫星太小，装载有限且无人操控，无法进行大规模的科学实验；载人飞船虽然大一点且可操控，但轨道飞行时间太短，无法长时间进行科学实验。因而一种新型的能够在轨道上长期停留的载人航天装置——空间站诞生了。

1971年4月19日，苏联发射了世界上第一个空间站——“礼炮1号”。“礼炮

1 号”空间站长 15.8 米，最大直径 4.15 米，总重约 18.5 吨，它在约 200 多千米高的轨道上运行，站上装有各种试验设备，照相摄影设备和科学实验设备。“礼炮 1 号”空间站在太空运行六个月，相继与“联盟 10 号”、“联盟 11 号”两艘飞船对接组成轨道联合体，完成任务后于同年 10 月 11 日在太平洋上空坠毁。在苏联之后，美国也进行了自己的载人轨道空间站的研制，并于 1973 年成功发射了自己的空间站——“太空实验室”。

苏联的“礼炮 1 号”属第一代空间站，其轨道大致保持在 250 千米，为克服空气阻力每年需消耗 4.75 吨的推进剂。经改进第二代空间站轨道升高到了 350 千米，每年消耗的推进剂也降到了 600 公斤。第二代的改进还有，增加了一个对接口用于补充燃料；在空间站外壳上增加把手，便于宇航员舱外活动；加大太阳能电池板的面积，以提供更多的电能。1984 年，苏联宇航员创造的在轨道工作 237 天的最新记录依靠的就是改进后的第二代空间站。

20 世纪 80 年代苏联推出了第三代空间站——“和平号”空间站。“和平号”空间站的对接窗口增加到了六个，太阳能电池板面积更大、效率更高。由于采用了积木结构，它还可以与五个大型的专用轨道舱对接，使实验室规模和范围更大，可开展多用途的工作。1986 年 2 月，由工作舱、过渡舱、服务舱组成的“和平号”空间站基础构件——“联盟 TM 飞船”进入太空。此后它先后与“量子 1 号”、“和平号”、“量子 2 号”、“量子 4 号”和“量子 3 号”等五个太空舱成功对接。1987 年，“和平号”空间站正式建成并投入使用。建成后的空间站的体积约 400 立方米，重约 137 吨，其中科研仪器重 11.5 吨。2001 年 1 月 25 日“和平号”空间站按计划坠落，它的实际工作年限为 15 年。这期间，俄罗斯宇航员波利亚科夫创造了滞留太空 438 天的记录。值得赞叹的是自 1971 年以来，苏联再也没有发生过宇航员遇难的事故。即使在几次发射、对接失败和飞船故障时，宇航员也都安全脱险了。

“和平号”空间站

20 世纪 80 年代，美国宇航局提出了建造国际空间站的建议。随后俄罗斯、加拿大、日本、巴西和欧洲 11 国的航天局陆续加入国际空间站建设。国际空间站的设想最初是 1983 年由美国总统里根提出的,经过近十余年的探索和多次重新设计,直到苏联解体、俄罗斯加盟,国际空间站才于 1993 年完成设计,开始实施。1993 年 11 月 1 日,美国与俄罗斯正式签署太空合作协议,携手共建国际空间站。事实上在此之前,包括美国在内的多个国家的宇航员曾经借助俄罗斯“和平号”空间站进行过多种形式的空间合作,为后来国际空间站的顺利建设积累了丰富的经验。1995 年 3 月,“和平号”空间站在太空中与乘载着俄美两国联合小组的“联盟 TM-21”航天飞船成功对接,随后又成功地完成了与美国“奋进号”航天飞船的对接,至此同时在太空中探索的总人数达到了 13 人,这也开创了人类太空飞行的新记录。1995 年 6 月 29 日,美国“亚特兰蒂斯号”航天飞船成功地实现了与“和平号”国际空间站的对接,随后在太空中进行了 5 天 5 夜联合飞行试验,从此人类国际空间合作迈入一个崭新的时代。

经过几年的准备,1998 年国际空间站的建设终于进入初期装配阶段。同年 11 月 20 日,国际空间站的第一个组件——“曙光号”功能货舱被成功发射并送入轨道;12 月 7 日,美国“团结号”节点舱成功实现了与“曙光号”的对接。随后美、俄火箭进行多次发射,运送舱段、设备等,使空间站初具规模,可供宇航员长期居住,并具备了开展科研工作的条件。2000 年 7 月 12 日,俄罗斯成功发射了国际空间站服务舱“星辰号”,并与空间站联合体顺利对接。同年 11 月 2 日,美国人谢泼德与俄宇航员克里卡廖夫和吉德津科成为国际空间站的首批长期住户,从此国际空间站开始长期载人。2011 年 12 月当最后一个组件发射上天,国际空间站顺利完成了组装工作。组装成功后,国际空间站作为人类长期在太空轨道上进行对地观测和天文观测的基地,为科学研究和开发太空资源创造了有利条件。

国际空间站

自加加林登陆太空以来,人类在航天事业上取得了巨大的发展。在此期间有许多宇航员先后踏入了外太空,但是对于普通人而言,翱翔太空仍然只是个梦想。2001 年 4

首位太空游客——丹尼斯·蒂托

月30日，第一位太空游客、美国人丹尼斯·蒂托快乐地进入国际空间站，开始了他为期一周的太空观光生活，这开启了人类太空之旅。截至2009年共有7名太空游客造访过国际空间站，太空旅游的费用约2000万—3500万美元。

在航天领域的政治竞赛淡化之后，美国人已不再满足于追寻苏联人的脚步，他们将目光瞄准了具有更高社会和经济效益的航天飞机。在航天飞机出现之前，航天器基本上都由三个部分组成：第一部分是提供飞离地球引力的大推力的多级火箭；第二部分是进行太空作业的仪器设备；第三部分是保证宇航员飞回地面的舱体设施。通常完成一次航天飞行，前两部分都会丢失，整个飞船无法重复利用，这样既浪费又不经济。航天飞机的设计的目标是：使航天器的主体均能返回并重复利用。要想实现这个目标就需要让航天飞机在发射时携带数量更加巨大的燃料。1981年4月12日美国第一架正式服役航天飞机——“哥伦比亚号”在肯尼迪航天发射中心顺利发射升空。这架长18米，总重约2000吨，外形酷似大型三角翼飞机的庞然大物，在太空中持续飞行了54小时，绕地球36圈，最后在加州的爱德华兹空军基地降落。此后一年，“哥伦比亚号”又进行了三次飞行试验，均获得圆满成功。1982年，“哥伦比亚号”正式投入商业使用，首次成功地将两颗通信卫星送上了轨道。

从1981年4月至1991年4月，航天飞机在太空中进行了40次飞行，完成了许多科学实验和科学研究项目，取得了许多重大的科学技术成果，同时也获得了巨大的经济效益。2008年美国宇航局宣布现役的3架航天飞机——“奋进号”、“亚特兰蒂斯号”和“发现号”将在2010年退役，同时启用新一代的“战神号”火箭和“奥赖恩号”载人飞船，用于承载美国人的载人航天飞行任务。

“哥伦比亚号”航天飞机

知识加油站——重大航天飞机事故

航天探索是人类最伟大而又艰难的事业。尽管工作人员会尽可能地排除不确定因素，但是也无法做到万无一失。在这条探索未知与冒险的道路上，人类付出了不少血与泪的代价，其中最严重的两次事故莫过于美国的“挑战者号”和“哥伦比亚号”航天飞机灾难。

1986年1月28日，美国“挑战者号”航天飞机从卡纳维拉尔角升空开始了它的第10次太空飞行。72秒后，因右侧助推火箭密封装置出现问题，飞机发生爆炸，7名宇航员当场遇难。空难发生在当天上午11时38分,“挑战者号”点火起飞,它拖着明亮、辉煌的火柱,以每小时大约3300千米的速度升空,沿着预定的飞行方向直冲云霄。11时39分12秒,也就是“挑战者”号发射后72秒,从1.5万米以上的天空中突然传来一声闷雷似的爆炸声,一个由橘红色的火焰和乳白色烟雾组成的大火球,顷刻之间吞没了整个“挑战者号”,两枚助推火箭像脱缰的野马拖着白烟从大火球中窜出,漫无目的地向上飞升,最后又随着从大火球中分裂出来的千万块大大小小拖着白烟的碎片一起散落到大海里。耗资12亿美元的美国“挑战者号”航天飞机就这样毁于一旦,机上7名宇航员无一幸免。

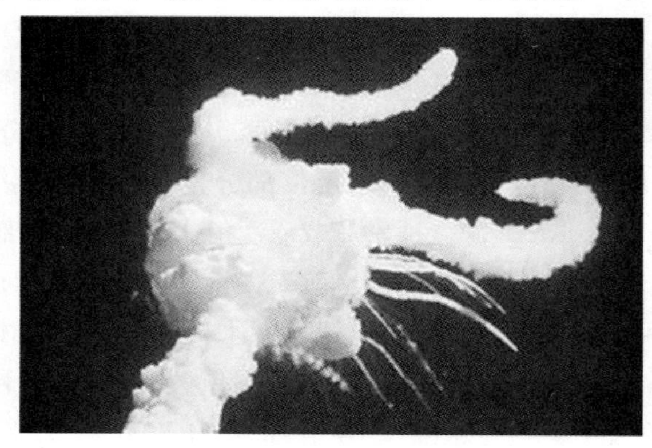

“挑战者号”在空中爆炸

事故调查表明“挑战者号”失事的直接原因是右部火箭发动机上的两个零件连接处出现了问题,具体地讲就是用于防止喷气燃料工作时的热气从连接处泄露的密封圈遭到了破坏,这是导致航天飞机失事的直接技术原因。但这么重要的材料又怎么会失效呢?调查表明,首先航天飞机设计准则明确规定了推进器运作的温度范围是40℉-90℉,而在实际运行时,整个航天飞机系统周围温度却是处于31℉-99℉的范围;其次所有的橡胶密封圈从来没有在50℉以下测验过,这主要是因为这种材料是用来承受燃烧热气的,而不是用来承受冬天里发射时的寒气的,而当时“挑战者”发射的时间却正好是在寒冷的冬天。如此看来“挑战者号”失事的根本原因在于决策问题,而非仅仅是技术上的问题。美国人为自己的骄傲付出了惨痛的代价。

另一次重大的航天飞机事故的主人公也是美国,但这一次发生事故的是“哥伦比亚号”航天飞机——美国航空航天局服役时间最长的航天飞机。2003年1月16日,载着6名美国宇航员和1名以色列宇航员的飞船第28次升空执行任务。2003年2月1日晚10时,“哥伦比亚号”航天飞机在完成任务重返大气层的阶段中与控制中心失去联系,机上7名太空人全数罹难。失踪时该航天飞机正以每小时20 112千米的飞行速度经过得克萨斯州中北部60 210米的高空。航天飞机的内部并没有发出任何异常的信号,但从电视录像中可以发现失事时“哥伦比亚号”发生了分裂解体现象,有碎片从飞船上落下。千百万美国人在电视屏幕上看到那令人难以置信的一幕:蔚蓝色的天空中突然出现一个大火球，接着划过一道长长的弧光，接着一个火球变为四个火球并在空中划出了四道长长的弧光。

“哥伦比亚号”航天飞机解体瞬间

事后调查结果表明：导致“哥伦比亚号”事故发生的技术原因，是这架航天飞机发射升空81.7秒后，航天飞机外挂燃料箱外表面脱落的一块泡沫材料撞击航天飞机左翼前缘的热保护部件形成裂孔。但是美国宇航局在航天飞机16天的任务期中，却没有任何一人发现这一损伤，并最终导致航天飞机在重返大气层时，造成航天飞机解体。超高温气体得以从裂孔处进入“哥伦比亚号”机体，是导致航天飞机坠毁的直接原因。

“哥伦比亚号”与“挑战者号”两次重大事故，都是由美国宇航局管理人员安全意识淡薄而引起的。在每一次重大的科学实验中，任何微小的缺失都有可能造成巨大的灾难，我们应该引以为戒。

3. 中国人的航天之路

自古以来中国人就有着遨游太空的梦想，嫦娥奔月的神话故事、敦煌石窟的飞天造型、乘坐火箭登月的万户，无不彰显着中华儿女征服太空的雄心壮志。从20世纪70年代第一颗人造卫星成功发射，到神舟系列载人飞船，再到天宫系列空间实验室，中国人用自己的努力谱写着辉煌的航天史。

1970年4月24日，中国在酒泉卫星发射中心将自己研制的“长征1号”运载火箭将人造地球卫星“东方红1号”送入太空。它标志着中国成为继苏联、美国、法国、日本之后世界上第五个用自制火箭发射国产卫星的国家。“东方红1号”卫星直径约1米，重173千克，沿着近地点439千米、远地点2384千米的椭圆轨道绕地球运行。由于电池的寿命问题“东方红1号”仅仅在太空中工作了28天，但是由于近地点的高度

“东方红1号”人造地球卫星

较高，目前该卫星仍然在轨道上绕行，只是无法向地面发送数据。

1999 年 11 月 20 日，“神舟 1 号”试验飞船由新型长征运载火箭发射升空。在发射点火后 10 分钟，火箭和航天飞船分离，飞船准确地进入预定轨道。地面的监控中心及分布在太平洋、印度洋上的监测船对航天飞机进行了跟踪测控，同时还对飞船内的姿态控制系统、生命保障系统等进行了测试。飞船在太空中飞行了 21 小时后顺利降落在内蒙古中部的着陆点。“神舟 1 号”试验飞船的成功发射与回收，标志着我国载人航天技术获得了重大的突破。

“神舟 1 号”试验飞船

在接下来的四年里，我国又先后成功发射了“神舟 2 号”飞船、“神舟 3 号”载人状态无人飞船和“神舟 4 号”载人航天飞船，为我国宇航员顺利上天积累了丰富的经验。2003 年 10 月 15 日“神舟 5 号”载人飞船发射成功，将航天员杨利伟送入太空。在绕地球飞行 14 圈、圆满完成各项科研任务后于 10 月 16 日顺利返回地球。这是我国完全依靠自己的力量完成的首次载人航天飞行，创造了我国航天史上的英雄壮举，实现了中华民族千年的飞天梦想。它标志着中国成为继俄罗斯和美国之后的第三个有能力自行将人送上太空的国家。

值得赞叹的是，为了给第一次登上天空的航天员营造一个舒适的环境，科学家们进行了一系列人性化设计：在座舱里贴上了淡黄色的阻燃布壁纸；飞机观测窗口用特殊的双层光学玻璃制成，这是为了方便宇航员更好地观测；在玻璃表面镀上薄膜以增加透光率，这样宇航员忙完工作，可以更好地远眺无边宇宙，俯瞰蓝色的家园。

中国首位航天员——杨利伟

2005 年和 2008 年，我国又先后两次成功发射和回收了“神舟 6 号”和“神舟 7 号”载人飞船，成功地将 5 名宇航员送入了太空。尤其是“神舟 7 号”的宇航员翟志刚，在两位伙伴的帮助之下，顺利地走出了太空舱，迈出了中国人在太空中的第一步。出舱后，翟志刚拿出了一面五星红旗，向世界人民、向中华儿女、向茫茫的太空展示：中国航天员也能站在太空中。随后翟志刚在太空中漫步了一阵，完成了指定计划后顺利返回了航空舱，最终3名宇航员圆满完成任务后返回地球。“神舟7号”飞船为接下来的空间飞行器交会对接和空间站的建立奠定了坚实的技术基础。

中国太空漫步第一人——翟志刚

2011年9月29日在酒泉卫星发射中心，中国成功地发射了第一个目标飞行器和空间实验室——“天宫1号”。该飞行器全长10.4米，最大直径3.35米，由实验舱和资源舱构成。同年11月，“天宫1号”与“神舟8号”飞船成功对接，由此中国也成为了继美国和俄罗斯之后世界上第三个自主掌握空间交会对接技术的国家。2012年6月18日，“神舟9号”飞船与“天宫1号”目标飞行器成功实现自动交会对接，中国3位航天员首次实现在轨飞行。2013年6月13日，“神舟10号”飞船与“天宫1号”顺利完成了自动交会对接，中国人首次完成了太空授课、航天器绕飞交会试验以及航天医学实验、技术试验等一系列太空活动。

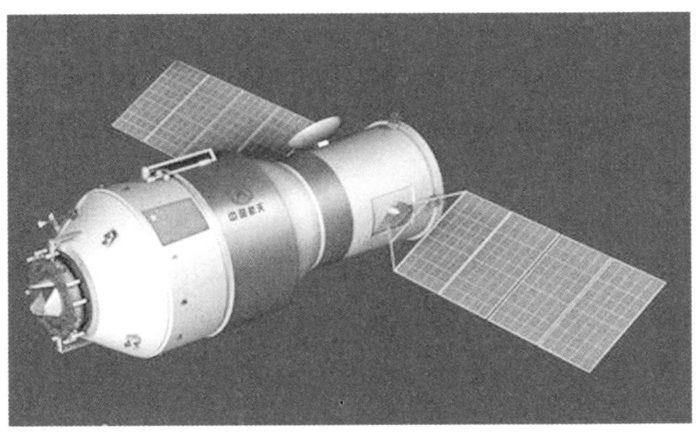

“天宫1号”空间实验室

从“东方红1号”到“神舟10号”，从人造卫星到太空空间站，中国人在过去的40

多年的时间里向太空迈出了坚实的一步。据中国载人航天工程总设计师周建平介绍，我国计划在2020年前后建成空间站，核心舱可对接“神舟”和“天舟”。中国空间站建成之时，国际空间站将达到寿命末期，我们有理由相信中国必将在未来的太空探索中扮演重要的角色。

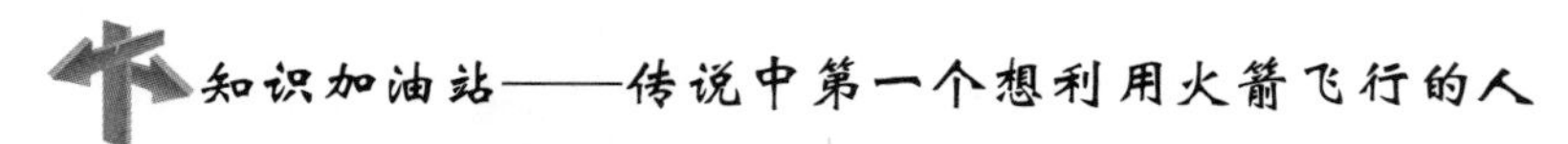

知识加油站——传说中第一个想利用火箭飞行的人

在月球背面，有一个被命名为“万户山”的火山口。为什么这座火山会被取名为“万户”呢？其中又有什么故事呢？

如果提到第一个走出地球进入太空的人，我们首先想到的就是苏联的宇航员加加林。1961年4月加加林被“东方1号”运载火箭送上了太空。可是不知你是否知道，最早进行类似尝试的是中国明朝的一位学者万户。

万户飞天

14世纪末期，明朝的士大夫万户提出了乘坐火箭遨游太空的设想，这个设想比苏联早了300多年。万户的设想是这样：把47个自制的火箭绑在椅子上，自己坐在椅子上，双手举着大风筝。这样就可以借火箭向上推进的力量，加上风筝上升的力量飞向上方。万户不仅这样想了，而且这么做了。那是一个晴朗的早晨，万户坐上了自己设计的“载人火箭”，让助手同时点燃了47枚火箭。刹那间，火箭被点燃了，可惜空中传来了一声巨响，只见硝烟弥漫、碎片纷飞，再也找不到万户本人了，他为人类航天事业献出了生命，他是太空搏击的英雄。

万户的尝试虽然失败了，但他借助火箭推力升空的创想是世界上第一个，因此他被世界公认为“真正的航天始祖”，为了纪念这位世界航天始祖，世界科学家将月球背面的一座环形火山命名为“万户山”。

地球科技

1864年，法国小说家儒勒·凡尔纳在《地心游记》预言了地心熔岩等新奇事物，带我们走进了奇幻的地下世界。今天人类正沿着凡尔纳曾经幻想的道路不断前行，去探索那神秘的“蛮荒大地”。

1.“地心游记”从幻想走向现实

我们都知道在整个美苏争霸的年代，超级大国在两个领域进行了世人瞩目的竞争：太空计划和原子武器。一直到冷战结束的十多年后，关于美苏曾经在第三个领域进行过激烈争夺的消息才被逐渐披露出来，这个领域就是“地球勘探”。在20世纪60年代，也就是太空竞赛渐入高潮的时候，美国人和苏联人先后启动了自己的地壳探测计划。那么是什么东西促使着两大超级大国不约而同地开启这个耗资上百亿美元的地心竞赛呢？

地球是目前人类赖以生活的唯一场所，为人类提供了生活必需的粮食、水、能源和矿产资源；但同时也常给人类带来诸如火山、地震、海啸等灾难。探测地球内部的结构和组成是地质学家和地球物理学家的奋斗目标。通过地球深部探测，我们可以了解地下的物质、结构和动力学过程，这不仅是人类对自然奥秘的探求，更是人类汲取资源、保障自身安全的基本需要。20世纪70年代以来，以苏联和美国为代表的发达国家陆续启动了以深部探测和超深钻为主的深部探测计划和工程，通过“揭开”地表覆盖层，把视线延伸到那人类未知的地心深处。

苏联是世界上最早开始地球深部探测的国家，根据苏联科学家1984年出版的《科拉超深钻井》一书记载：苏联自19世纪60年代起就开始制定深部探测计划，苏联西北部摩尔曼斯克州的科拉半岛建造了一个巨大的钻井——科拉超深钻井。1970年科拉超深钻井正式开始工作；1973年这个钻井的钻探深度就达到了7263米，成为欧洲最深的钻井；1980年它达到9590米，已经成为全球最深的钻井。到了1991年它再次达到1.2万米的深度，这个深度至今未被超过。随后随着苏联解体，科拉超深钻井一度处于停滞状态，目前该钻井直接服务于俄罗斯的石油和天然气生产。下图所示就是目前钻探深度最深的科拉超深钻井。

科拉超深钻井

在科拉超深钻井服役的前20多年的时间内，为苏联带来了丰硕的成果。例如在一次深钻任务中当深度超过9500米后，获得的地层岩芯的含金量居然高达每吨80克。这是一个令世界震惊的发现，因为在那个时期地球表层很少能找到每吨超过10克的矿层。除此之外，科拉超深钻井还找到了深部油气资源、深部生物和淡水等。

就像苏联人最先进入了太空，而美国人第一个登上月球一样，两个超级大国在“地球勘探”的竞赛中也不相上下。虽然在绝对深度上无法折下桂冠，但美国科学家的深部探测计划因其系统和广泛的海陆研究而受到全面关注。早在 1957 年，美国科学家就提出在深海通过钻孔穿过“莫霍面”，即“莫霍计划”，这是人类首次尝试钻入地幔层，但后来因为经费和技术原因这个计划夭折了。1966 年，美国人启动了著名的“深海钻探计划”，希望可以直接从数千米深的海底开始向地幔层挺进。“深海钻探计划”与“阿波罗计划”一起，被认为是 20 世纪 60 年代人类的两大壮举。1968 年 8 月，“深海钻探计划”的核心装备“格洛玛·挑战者号”探测船正式开始工作。到了后来，联邦德国、英国、法国、苏联和中国的科学家先后参与到这个项目中，“深海钻探计划”也成为一个国际项目，又称“国际大洋钻探计划”。虽然“格洛玛·挑战者号”的最大钻探水深仅为 7044 米，离 1.2 万米的纪录还是很遥远，但是它实施的近千次钻探不仅验证了大陆漂移说、板块构造说，还取得了它具有现实意义的重大发现。比如它发现的白垩纪中期黑色页岩，被确认是大西洋沿岸许多重要油田的生油层。

与宏大的“深海钻探计划”相比，美国在大陆地壳上的钻探计划一直进展不大，直到 1979 年美国国家科学院才提出了“大陆科学钻探计划”。1984 年，由 23 所大学组成了“陆壳深部观测与取样组织”，在美国大陆布置了 29 口科学深井。这个庞大的计划并没有建造特别超级的钻井平台，两个主要钻井其中之一是加利福尼亚的圣安德列斯断层科学钻井，最大钻探深度为 3510 米；另一个是夏威夷科学钻井，最大钻探深度达到 4400 米。虽然没有“超级钻井”，但美国在大陆深部探测方面仍然取得了巨大的成就。开始于 20 世纪 70 年代末的“大陆反射地震探测计划”开辟了人类地球勘探的新纪元。这个计划用多道地震反射剖面技术系统探测大陆地壳结构，系统地、精确地将美洲大陆的地下情况呈现在美国人眼前，这是前人没有做到的。在大陆科学钻的帮助下，美国人还找到了许多过去认为不可能存在能源蕴藏的地区，例如造山带下的大型油田。“大陆反射地震探测计划”让美国人重新认识了自己所拥有的资源。

追随着美国和苏联的脚步，20 世纪 80 年代起欧洲各国、加拿大等国先后发起了欧洲探测计划和岩石圈探测计划，正式开启了自己的“入地”计划。地球深部勘探从此进入了一个百花齐放的时代。

2. 逐步走向国际合作的地球深部探测

20 世纪 90 年代以后，随着地球科技的发展，地球深部探测覆盖的目标和范围越来越广泛。它不仅需要一系列重大工程技术的支撑，而且将带动地球科学相关学科和技术的重大发展，对于这样一个投资巨大的、需要一系列高新技术支撑的大科学项目，国际合作是必由之路。1992 年在经济合作与发展组织的大科学论坛上，为了分享成果、减少风险和成本，进一步用科学钻来认识地球内部，各国决定联合实施类似地球探测项目，“国际大陆科学钻探计划”（ICDP）就是其中最重要的项目之一。

ICDP 是研究主题覆盖了所有地学领域的广泛目标的一项国际科学钻探计划。该项目由德国、中国和美国牵头，共有 28 个国家参与。ICDP 的主要目标是通过独特的科学钻探方法，精确地了解地壳成分、结构构造和对地球资源与环境起着至关重要作用的各种地质过程。ICDP 的研究主题主要包括以下九个方面：(1)与地震、火山爆发有关的物理、化学过程及相关的减灾措施；(2)近期全球气候变化的方式与原因；(3)天体撞击对全球气候变化及大规模生物灭绝的影响；(4)深部生物圈及其与各种地质过程的关系；(5)如何安全处理核废料和其他有毒废料；(6)沉积盆地与能源资源的形成与演化；(7)不同地质环境下矿床的形成；(8)板块构造的机理，地壳内部热、物质和流体的迁移规律；(9)如何更好地利用地球物理资料了解地壳内部的结构与性质。

ICDP 自 1996 年 2 月成立以来，围绕其重点地学研究目标，共实施了 22 个科学钻探项目，并取得的巨大的成果，拓展了人类索取资源的空间，加深了对生命演化的认识。

但是我们应该清楚地认识到人类对地球的深部探测仍然刚刚起步，科学家必须理智地提醒决策者，解决人类资源环境问题的根本出路是立足地球，而不是在外星。联合国将 2008 年定为“国际行星地球年”，呼吁：“进军我们最后的前沿——地下的物质与结构”，从认知地球的角度，号召强化对地球深部的探测。

3. 跨步向前的中国科学钻探工程

中国的大陆深部探测工程起步较晚，20 世纪 80 年代我国科学家提出用超深钻进行地球科学研究，该项目受到国家的大力支持，被列入“九五”期间国家重大科学工程攻关项目。我国开展大陆超深钻研究的重要意义在于：(1)促进大陆动力学理论的建立和新的大陆地质学的诞生；(2)拓宽找矿途径，在现有地表矿产资源绝大多数已被开采或已被掌握的情况下，探寻地球深处的矿脉资源；(3)捕捉地震发生的动力学信息。

1999 年 9 月，国家计委批准了中国大陆科学钻探工程项目建议书。该项目由国土资源部负责组织，具体实施任务由中国地质调查局所属中国大陆科学钻探工程中心承担，总投资 1.76 亿元。2001 年，我国在具有全球地学意义的大别—苏鲁超高压变质带东部(江苏省东海县)开启了具有历史意义的一次大陆钻探。科学家们利用世界首创的“螺杆马达—液动锤—金刚石取心钻进技术”，首次在坚硬的结晶岩中成功钻进 5158 米，取得了 5118.2 米的岩心和气流体样品。

中国大陆科学钻探工程是继苏联和德国之后第三个超过 5000 米的科学深钻，也是全世界穿过造山带最深部位的科学深钻。该工程建成了亚洲第一个深部地质作用长期观测实验基地，也是亚洲第一个大陆科学钻探和地球物理遥测数据信息库，亚洲第一个研究地幔物质的标本岩心馆和配套实验室，使我国超高压变质带和地幔物质研究达到国际领先水平。

2013 年 10 月 20 日，我国首台万米大陆科学钻探专用钻机“地壳一号”组装成功，它将执行“松辽盆地白垩纪大陆科学钻探”、“深部大陆科学钻探装备研制”等多项科研任务。“地壳一号”是我国首台万米级别的科学钻机，也是亚洲探测能力最深的大陆科学钻探设备。组装完成的“地壳一号”约有 20 层楼高，占地 1 万多平方米，钻进能力达到 1 万米。目前，“地壳一号”日钻进速度最快达到 265 米，最快机械钻速达到每小时

28.8 米。“地壳一号”的投入使用标志着我国地球深部探测“入地”计划取得阶段性重大进展。

目前,“地壳一号”万米大陆科学钻探专用钻机正承担着黑龙江省大庆市安达“松科 2 井”井场的勘探计划,该计划的设计深度是 6600 米,预计于 2018 年完成。届时“地壳一号”将超越此前国内最深钻——CCSD-1 深钻,成为继苏联的科拉超深钻和德国 KTB 超深钻之后的“世界第三钻”。

“地壳一号”大陆科学钻探专用钻机

作为目前我国最大的地球深部探测科学计划——“入地”计划的一部分,“地壳一号”将要前往执行的万米科学深钻项目,将为我国地球科学家寻找地球深部矿产资源、了解深层地下结构提供保障,同时还可为精确揭示地球的活动规律,为地震等严重地质灾害预警提供可靠依据。

虽然我国的大陆深部探测工程远远落后于美国等发达国家,但是在强大国家财力的支持下,动员广大的地质学家、地球物理学家的参与,我们已经迅速地缩短与发达国家的差距。随着我国深部探测技术水平大幅度提高,揭示地球深部结构与组成,进一步了解自然灾害的深部控制条件,取得地球科学的重大发现是完全可能的。

海洋科技

在我们附近有这么一个“星球”,它的面积大约有 1.3 亿平方英里,而且拥有整个太阳系中最长的山脉,延绵 4 万多英里。这个“星球”的日照时间很短,全年气温都维持在 4℃左右,平均大气压是地球的 400 多倍。我们的调查显示,那里的氧气很少,环境还颇具腐蚀性,所以很难想象何种生物能够在这样的环境下生存。但我们却可以百分百确认该星球上有生命存在。这个“星球”就是海洋,辽阔的海洋与人类活动息息相关:海洋是水循环的起始点,又是归宿点,它对于调节气候有巨大的作用;海洋为人类提供了丰富的生物、矿产资源和廉价的运输,是人类的一个巨大的能源宝库。随着科技的进步,人类对海洋的了解正日益深入,但神秘的海洋总以其博大幽深,吸引着人们对它的探索。

1. 神秘而富饶的海底世界

海洋,地球生命的摇篮。海洋深处蕴藏着丰富的石油、天然气和矿产资源,将有助于解决人类资源、能源日益匮乏的难题;那些生活在极端环境中的生物具有巨大的科研和经济价值;海底的地形地貌、生命活动等,甚至隐藏着解开地球起源奥秘的钥匙。

自从19世纪末海底发现石油以后,科学家研究了石油生成的理论。近四十多年来海上石油勘探工作查明,海底蕴藏着丰富的石油和天然气资源。据1979年统计,世界近海海底已探明的石油可采储量为220亿吨,天然气储量为17万亿立方米,占当年世界石油和天然气探明总可采储量的24%和23%。

可燃冰被西方学者称为“21世纪能源”或“未来新能源”。迄今为止,在世界各地的海洋及大陆地层中,已探明的“可燃冰”储量已相当于全球传统化石能源(煤、石油、天然气、页岩油等)储量的两倍以上,其中海底“可燃冰”的储量够人类使用1000年。我国的南海海域就蕴含着巨大的“可燃冰”资源,我国科考人员已经在南海北部神狐海域钻探目标区内,圈定了11个可燃冰矿体。该地区的含矿区总面积约22平方公里,矿层平均有效厚度约20米,预测储量约为194亿立方米。获得可燃冰的三个站位的饱和度最高值分别为25.5%、46%和43%,是世界上已发现可燃冰地区中饱和度最高的地方。

海底除了我们前面提到的石油、天然气和可燃冰之外,还蕴藏着丰富的金属和非金属矿。目前科学家已经在海底发现了多金属结核矿、磷矿、贵金属、稀有元素砂矿、硫化矿等矿产资源。初步统计海底蕴藏的矿产资源达到6000亿吨,仅仅在太平洋底就有160多亿吨金属结核矿。若把这些矿产全部开采出来,其中镍可供全世界使用两万年;钴使用34万年;锰使用18万年;铜使用1000年。更为有趣的是,科学家还发现海底的锰结核矿石(含锰、铁、铜、钴、镍、钛、钒、锆、钼等多种金属)还在不断生长,它绝不会因为人类的开采而在将来消失。

2. 人类的水下探索之路

虽然海洋距离我们如此之近,但我们对深海却知之甚少。我们不知道海底究竟隐藏着多少火山或山脉,更不用说那里究竟有哪些稀奇古怪的生命形态了。人类至今只探索了不到5%的海洋,原因在于那里的环境模糊不清、难以到达。人类要想探索神秘的深海世界就必须借助新技术的突破,以便在温度低、腐蚀性强、压力大的深海环境中快速地、灵活地展开作业。

人类对海底的探索最早始于20世纪60年代。1960年1月14日,瑞士物理学家雅克·皮卡德和美国海军人员沃尔什,乘深海潜水船“的里雅斯特号”深潜器挑战世界上最深的地点——太平洋马利亚纳海沟。经过4小时43分钟的下潜,成功到达10 919米的深度,征服了地球上最深海沟,创造了人类进入深海大洋的辉煌。然而由于这种潜水器的操作程序非常复杂,人们不得不将它放弃。因为这类潜水器在使用前需要花费

15-20 小时灌注汽油,回收后还需花费同样的时间排干汽油,冲入氮气,使箱内有一定的压力,防止油气燃烧。同时,由于汽油比海水更容易压缩,所以在下潜过程中会不断损失一部分浮力。这就要求操作人员不时地抛弃一些铁丸补偿这部分浮力的损失。反之在上浮时,又要放掉一些汽油以控制上浮速度。

沃尔什、雅克和“的里雅斯特”深水探测器

目前深海探测器普遍采用的是自由自航式潜水器。这种潜水器自带能源,在水面和水下有多个自由度的机动能力。从 20 世纪 50 年代末到 60 年代中期开始,自由自航式潜水器得到迅猛发展,这其中的典型代表就是“阿尔文号”。“阿尔文号”是世界上首艘可以载人的深海潜艇,通常可以搭载一名驾驶员和两名观察员。它采用昂贵的钛合金打造而成,这让它能够更好地承受深海处的巨大压力。在正常情况下“阿尔文号”能在水下停留 9 小时,最深下潜深度可达 3658 米。

“阿尔文号”服役后在海洋学研究领域做了许多极具价值的贡献。1977 年,研究人员在加拉帕戈斯群岛海岸线附近的大西洋中首次发现了热液孔,目前在大西洋和太平洋中已发现有热流涌出的地点多达 24 处。研究人员在“阿尔文号”的帮助下还发现并记录了约 300 种新型动物物种,包括细菌、长足蛤类、蚌类和小型虾类、节肢动物以及可在一些热液出口处成长为 10 英尺长的红端管状虫类。在服役 40 多年中,“阿尔文号”潜水艇已经顺利完成了 4000 多次洋底探测任务。

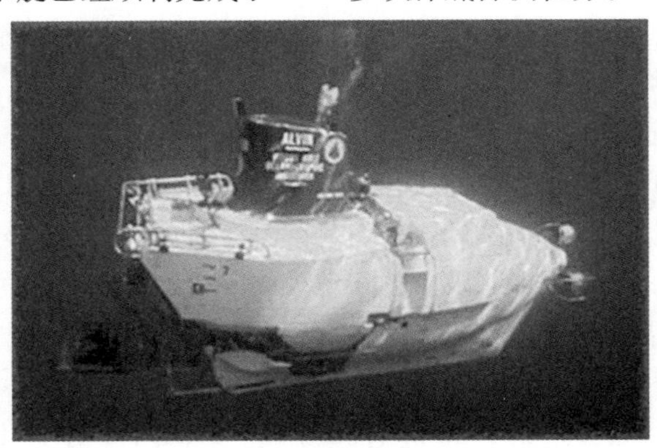

“阿尔文号”潜水艇

从“阿尔文号”的经历可以看出,自由自航式潜水器的兴起,加快了人类了解海洋、开发海洋的步伐。特别是在能源日益贫乏的新世纪,世界各国将目光投向了资源丰富的深海，拥有大深度载人潜水器和具备精细的深海作业能力，是一个国家深海技术竞争力的体现。中国是继美国、法国、俄罗斯、日本之后第五个拥有数艘6000米级别深海载人潜水器的国家。

“可上九天揽月，可下五洋捉鳖”，这是中国人世世代代的梦想。对于拥有300多万平方公里蓝色海洋的中国来说，具备深海探测能力意义不言而喻。从20世纪80年代起，我国就开始为载人潜水器的研发做准备工作。无人自治水下机器人的成功研制，5000米左右深度的国际海域相关资料的收集，为载人潜水器的发展奠定了重要的基础。2002年，我国正式启动“蛟龙号”载人深潜器的自行设计、自主集成研制工作。经过六年努力，研究人员攻克了深海技术领域的一系列技术难关，完成了载人潜水器本体研制、水面支持系统研制、试验母船改造以及潜航员的选拔和培训。从此“蛟龙号”具备了开展海上试验的技术条件。

从2009年8月起，“蛟龙号”先后完成了17次下潜任务，最大下潜深度达到3759米，超过全球海洋平均深度3682米，并创造水下和海底作业9小时零3分的记录，“蛟龙号”载人潜水器在3000米级水深的各项性能和功能指标得到了进一步的验证。2011年，“蛟龙号”又先后多次完成了5000米级的海下科学考察和实验任务，现在等待它的是挑战深水潜水器的世界最大深度6500米。2012年6月27日，唐嘉陵和付文韬驾驶着“蛟龙号”载人潜水器在西太平洋的马里亚纳海沟的海试中，成功到达7062.68米深处的海底。7062.68米，这是中国人目前到达大海的最深处，也是自主深潜器下潜深度新的世界纪录。“蛟龙号”的成功意味着中国具备了载人到达全球99.8%以上海洋深处进行作业的能力。

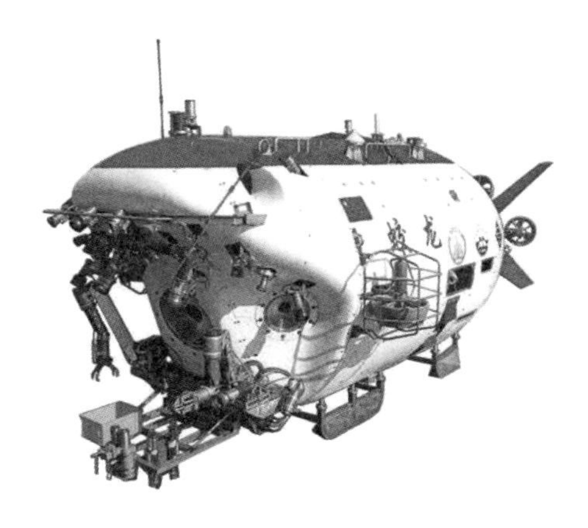

“蛟龙号”载人潜水器

“蛟龙号”潜水器让我们进入了世界载人深潜“高技术俱乐部”，但是我们对海洋的深部探测并没有结束。理论上还有0.2%的海洋深处我们无法达到。最终我们的目标是研制出11 000级的深水探测器，确保我们能够在海洋的最深处自由航行和作业。

话题6：让你目瞪口呆的制造业

制造业是实体经济的主体，是社会物质生产的基本力量。几千年以来人类社会的发展进程“农耕社会—工业社会—信息社会”。每一次文明进步都离不开制造业提供的燃料、材料、机器、工具以及与之相适应的劳动、生活场所。

20世纪的70年代起，在美英两国领导人的倡导下，欧美国家掀起“去工业化”浪潮。制造业的外移，金融、房地产和服务业的迅速发展，造成了实体经济不断萎缩和制造业日趋“空心化”，这直接导致了2008年的“全球金融危机”。这场席卷全球的金融危机让美国政府意识到：现代金融和服务业不能够独自支撑起一个大国的经济；以追求杠杆效益为目的的金融衍生品无法取代实体经济。

2008年以来，欧美老牌制造业强国开始重新审视新工业革命，先后从国家战略高度提出引领和规划民族制造业创新与未来发展的纲要，都举着“智能制造”、“再工业化”之类的旗帜，如火如荼地重返荣耀制造业之路。2011年，美国政府正式启动了“先进制造伙伴计划”，提出“在哪里发明、在哪里制造”的口号。2013年德国政府在汉诺威工业博览会上率先提出了“工业4.0”概念，即通过信息通信技术和虚拟网络—实体物理网络系统（CPS）的结合，使制造业向智能化转型，最终建立一个高度灵活的个性化和数字化的产品与服务生产模式。2015年5月我国政府也公布自己的“工业4.0”规划——“中国制造2025”，力争用十年时间迈入制造强国行列，争取通过三个十年的努力，到新中国成立一百年时，把我国建设成为引领世界制造业发展的制造强国。

知识加油站——改变俄罗斯工业的“东芝事件”

1987年5月27日，日本警视厅逮捕了日本东芝机械公司铸造部部长林隆二和机床事业部部长谷村弘明。原因是东芝机械公司曾与挪威康士堡公司合谋，非法向苏联出口大型铣床等高技术产品，而林隆二和谷村弘明被指控在这起高科技走私案中负有直接责任。此案引起国际舆论一片哗然，这就是冷战期间对西方国家安全危害最大的军用敏感高科技走私案件之一——东芝事件。

在勃列日涅夫统治后期，苏联在农业和居民消费品方面的生产陷入极大困境。政府每年都要将外汇储备中的绝大部分用于进口粮食。1978年受寒流影响，苏联的粮食产量锐减，为保证进口粮食所需的资金，工业机械设备的进口几乎全部停止。为了开拓苏联这个巨大的市场，东芝公司派遣了几名高级职员在莫斯科召开酒会招待苏联的政府官员。正是在这次酒会上，苏联技术机械进口公司的副总裁奥西波夫悄悄告诉主持酒会的东芝职员：“苏联正需要一种制造大型船舶推进器的数控机床。东芝是制造工业机械的行家，相信这种数控机床在日本已经可以生产了。”几天后，东芝公司产品部的高级职员就携带最新的数控机床的各种数据及结构蓝图飞往莫斯科与苏联人展开了谈判，并最终以35亿日元（约合当时1750万美金）的价格卖给了苏联4台拥有当时最新技术的“五轴联动数控机床”。

这四台高科技的数控机床的引进带来了苏联制造业的“脱胎换骨”。在充分消化最先进的数控技术后，苏联人将这项技术应用于潜艇的推进性能的改善和新型航空母舰的推进器的改进。这次事件的后果非常严重，20世纪80年代中期开始，苏联潜艇和军舰螺旋桨的噪声明显下降，具有了逃避美国海军“火眼金睛”的能力。美国海军从此丧失对苏联海军舰艇的水声探测优势，直到今天，美国海军仍没有绝对把握去发现新型的俄罗斯潜艇。

北约和美国在这件事情上结结实实地栽了一个大跟头，此后进一步加强了对敏感设备和技术出口的监督和管制。直至今天，欧美的工业强国依然在技术上对发展中国家实行技术封锁。

第三次工业革命——3D打印改变世界

2012年4月，英国著名财经杂志《经济学人》报道称“3D打印将推动第三次工业革命”；同年，美国著名科技杂志《连线》十月刊则将《3D打印机改变世界》作为封面报道，在杂志主编安德森看来，这是比互联网革命更大的事儿，他甚至愿意辞职参与到3D打印创业中去。

那什么是3D打印？维基百科上的解释：“这是快速成形技术的一种，它运用粉末状金属或塑料等可黏合材料，通过一层又一层的多层打印方式，来构造零部件。模具制造、工业设计常将此技术用于建造模型，现在正向产品制造的方向发展，形成‘直接数字化制造’”。简单来说，3D打印，就是在普通的二维打印的基础上再加一维。打印机先像普通打印一样在一个平面上将塑料、金属等粉末状材料打印出一层，然后再将这些可黏合的打印层一层一层地粘起来。通过每一层不同的“图形”的累积，最后就形成了一个三维物体。

3D打印的概念最早出现在20世纪80年代，它的发明者是美国加州一家名为紫外线产品制造公司的工程师查克·赫尔。该公司主要是从事家具保护涂层的紫外线固定树脂胶的技术研发。现年70多岁的赫尔回忆说：“那时我已经当了20年工程师，深知制造塑料模具有多麻烦。一旦设计有问题需要修改，一切都得重来。我很想拥有一台机器自己制造模具。”几经努力，在紫外线产品公司楼顶的一间密室里，赫尔研制出第一台3D打印机。在继模具工艺品3D和3D巧克力打印机出现之后，汽车、飞机、航天飞机零件也能用3D打印制造出来。我们不得不感叹“3D打印改变世界”。下文中笔者将带大家来细数一下，近年来的那些“特色”的3D打印应用。

1. 3D打印引领医学革命

医疗健康领域一直被认为是3D打印技术最具应用潜力的领域之一。最初，3D打印被用来打印个性化牙齿，之后又有了骨骼、三维细胞培养支架等仿生型植入医疗器械的打印探索，但科学家更加大胆的尝试是，直接体外打印出细胞、人体的组织器官，解决人工器官移植的难题。

“当你需要肾移植时，将会获得一个为你量身而作的 3D 打印器官。”随着 3D 打印技术在细胞打印领域的不断发展，这一愿景已经离我们越来越近。2012 年 11 月苏格兰科学家使用人类细胞 3D 打印出了世界上第一个人造肝脏组织。研究发现，与药物开发部门目前正在使用的技术相比，3D 打印技术培养的细胞的生理表现具有很大的不同。爱丁堡赫瑞瓦特大学的研究人员已经开发出了基于瓣膜的细胞打印过程，可以按特定的模式打印细胞，每液滴中能够提供低至 2NL 或小于 5 个的细胞。3D 打印的人造肝脏组织“对于药物研发非常有价值，因为它们可以更确切地模拟人体对药物的反应，有助于从中选择更安全、更有效的药物。”

赫瑞瓦特大学研究小组成员展示人工肝脏细胞

2013 年 2 月 20 日美国康奈尔大学研究人员成功了利用牛耳细胞在 3D 打印机中打印出了人造耳朵，它可以实现先天畸形儿童的器官移植。人造耳朵是以患者的完好耳朵为蓝本进行制作的。研究人员首先利用快速旋转的 3D 相机拍摄患者现有耳朵的三维信息，然后将其输入计算机进行编辑和处理并将数据传输至 3D 打印机上，3D 打印机会据此打印出耳朵模子。随后研究人员将一种特殊的胶原蛋白凝胶注入到耳朵模子中，这种凝胶含有能生成软骨的牛耳细胞。此后几周内，耳软骨细胞逐渐增多，“爬满”了整个模子并取代凝胶。三个月后，模子内出现一个具有柔韧性的人造外耳，其功能和外表均与正常人耳相似。

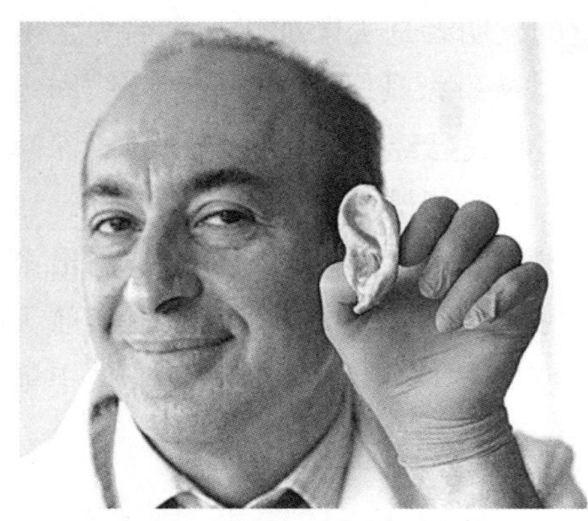

康奈尔大学研究人员展示人造耳朵

现阶段医学界正在使用的人造耳朵主要有两种：一种的主要成分是泡沫聚苯乙烯，这种人造耳朵的质感与人耳差异较大;另一种的主要成分是患者的人体肋骨组织,这种人造耳朵的制作过程既困难又令患者十分疼痛,并且很难制成既美观又实用的人造耳朵。3D 打印技术的出现为医学界带来了新的希望,3D 打印人造耳朵的优势在于能够个性化"定制",帮助失去部分或全部外耳的人士。

目前研究人员正在进一步完善人造耳朵的 3D 打印技术,他们下一步计划是利用患者自身的耳朵培育出足够多的软骨,并且利用 3D 打印技术制作出人造耳朵并移植。研究人员认为软骨可能是最适合 3D 打印技术的人体组织,因为软骨内部不需要血液就能存活。

3D 打印人工骨骼是利用患者自己的细胞组织培育出可替换受损或患病的骨骼。2014 年我国成功将一节通过 3D 打印技术定制的人工枢椎,应用于恶性肿瘤的治疗。该患者患有尤文氏肉瘤,癌变部位位于枢椎。手术切除病变椎体后,如果用传统的钛合金网笼代替原来椎体的位置,容易出现椎体塌陷、椎间高度难以维持等情况。而 3D 打印的椎体无需使用钛板辅助固定,这大大降低了手术治疗后的风险。

与传统技术相比,3D 打印人工骨骼具有以下两个优势:一方面 3D 打印技术可以制作出任何形状的骨骼。我们只需打印出和患病部位相同形状、同一体积的内植物,并将其填充到缺损部位,然后上下用螺钉牢固的固定;另一方面利用 3D 打印技术制作的人工骨骼自身带有可供骨头长入的孔隙,可以将周边的骨头吸引进来,使真骨与假骨之间结成牢固的一体,有利于患者骨骼的尽快康复。

2. 3D 打印衣服走进我们的生活

爱美的女士可能都曾想要拥有一款梦幻般的性感比基尼,不过由于缝纫技术等原因一直不能实现。但是现在就不一样了,全球首款利用 3D 打印技术"打印"出来的比基尼泳衣于 2012 年正式开始出售。这款名为"N12"的时尚比基尼泳衣是由美国 Continuum Fashion 工作室的 Jenna Fizel 以及 Mary Huang 联合设计,并由 Shapeways 公司打印拼装而成。

"N12"比基尼泳衣是一款真正实现无缝拼接的泳衣。它的材质是尼龙 12(俗称聚十二丙酰胺)。Shapeways 公司认为这种材料非常"洁净、结实且富有弹性",因而即使是打印超薄的比基尼也不会出现破损,最重要的是尼龙 12 具有卓越防水性能。

"N12" 比基尼泳衣的制作过程颇费周章:首先数千尼龙圆板通过细线编制拼接制作出具有弹性的固态尼龙材料,然后将固态尼龙材料用激光加热熔融,一层一层堆积成你需要的完美比基尼。Shapeways 公司称:"利用 3D 打印技术可以实现产品的自由设计,比基尼仅仅只是一个起点,未来公司还会有 3D 打印的裙子、拉链等。此外公司还计划提供一个平台让设计师或者顾客自行设计自己喜欢的产品,然后根据设计的图纸将实物打印出来寄到消费者手里。"

2013 春季 Haute Couture 时尚秀上,荷兰时装设计师 Iris van Herpen 首次在巴黎时装周上展示了利用 3D 打印技术制造的两款时装作品,其中一件作品是由披肩和短裙

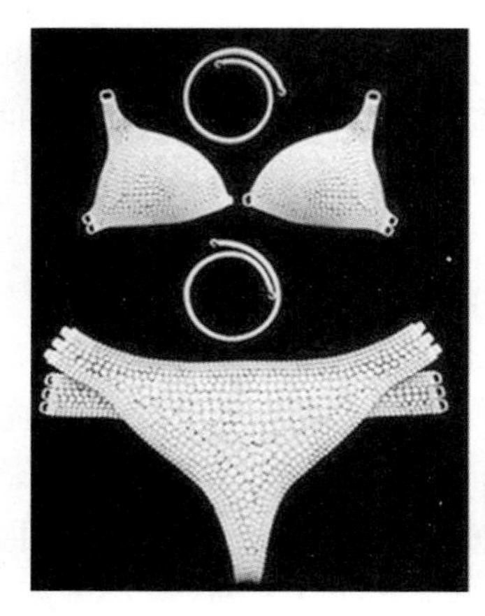

泳衣 DIY 不再是梦想

所组成的银灰色套装;另一件作品则是一款黑色礼服。这两套 3D 打印时装的诞生依赖于 3D 打印机制造商 Stratasys 公司和比利时添加剂生产企业 Materialise 公司的强强联合。

3D 打印时装在巴黎时装周首次大放光彩

在 2014 年巴黎时装周上,Iris van Herpen 又一次让人们记住的就是她夸张而充满视觉冲击力的设计风格。Iris van Herpen 以成年(Grown)为主题展示了她的 3D 打印服装及配饰——磁力运动系列时装。

服装设计师认为 3D 打印技术与新材料的结合,给服装设计行业带来了新的吸引力和神秘感,目前 3D 打印技术应用于时尚设计方面的意义也许比消费市场更加巨大。3D 打印是一种全新的设计制造方式,它将给时装界带来无缝成衣的诸多可能性,我们相信 3D 打印的衣物进入日常消费市场只是时间的问题。

3D 打印时装再次轰动巴黎时装周

3. 色香味俱全的 3D 打印食品

不知大家是否还记得科幻电影《云图》里面的食品打印机？喷头“吱”地一声，色彩缤纷的水果瞬间被“打印”出来了。这种只有在科幻电影中才会出现的“不可能”的情节现在被搬到了现实中，3D 打印机真的可以制造食物了。

据美国《PC 世界》杂志报道，英国埃克塞特大学研制出世界上第一台 3D 巧克力打印机，使用液态巧克力作为“墨水”，打印一系列物品。这所大学为零售和制造市场研制这款打印机，帮助调动消费者的兴趣。它既可以为甜蜜的恋人，创建自己定制款巧克力；又让小朋友创建自己的卡通偶像，而这种 DIY 完全是由机器来完成。

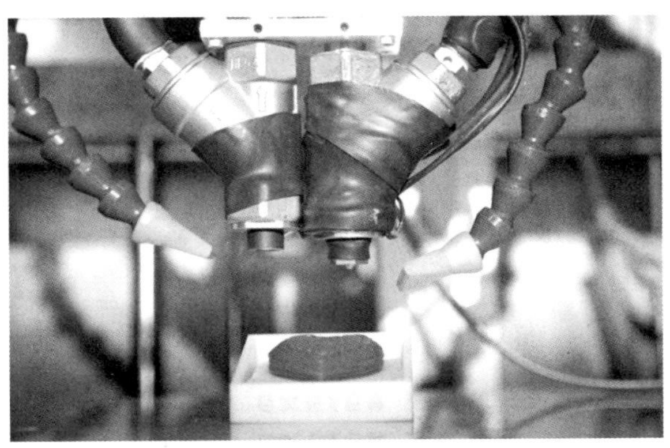

世界首台 3D 巧克力打印机

“3D 巧克力打印机”在打印物体时要经过扫描、分层加工成型等步骤。它的特点是采用断层逆扫描过程，会根据想打印物体的常规结构，分层扫描并打出各个部分。打印机从平面影像开始打印，然后一层一层堆叠成立体形状。每层巧克力打印出来后，必须经过凝固过程，再开始下一层打印。这台“3D 巧克力打印机”预计售价 2500 英镑。

巧克力打印机的作品

如果说巧克力的3D打印技术并没有让你感到惊讶的话，那么水果的3D打印可能就会令你感到震惊了。据报道英国的一家公司制造出了可以打印出美味“水果”的3D打印机。这家位于英国剑桥的Dovetailed公司，发明并制造的打印机叫作3D Fruit Printer（3D水果打印机）。当然，打印出来的并非真正的水果，而是由果汁和化合物组成的水果式的混合食物，拥有多种口味。

该打印机使用了分子球化工艺技术，将液体注入一粒粒类似鱼子酱或木薯粉球（类似珍珠奶茶的珍珠）的凝胶状球体中去。将果汁混入藻酸，然后将混合物滴进冷却的氯化钙中，最后形成了果汁表皮包裹着的球状物。咀嚼时，“3D水果”内的果汁迸射出来，口感像真实水果一样。这款打印机可以制造出任意混合口味的“珍珠果汁球”，虽然打印不出相应的形状，但是可以随心制作喜欢的口味。也许不久之后，我们就可以自己在家打印“水果”吃了。

3D打印出的水果

随着3D打印技术的不断发展，在不久的将来鲜肉也能实现3D打印。据国外媒体报道，网上支付公司PayPal的创始人之一，传奇的硅谷投资人彼得·泰尔旗下的泰尔基金会又投资了一个令人瞠目的项目——鲜肉 3D 打印技术初创公司。这家从事鲜肉 3D 打印技术研究的公司叫作 Modern Meadow,位于美国密苏里,据说已经获得了泰尔基金会的 16 万到 22 万美元的投资。

公司表示,通过对不同类别的特殊结构层进行特别的处理和培育,他们可以让试管肉变得可食用。这种产品同样能为人体提供所需的蛋白质。公司还表示,从事此项研究的目的是为了减少大规模农耕所带来的环境影响。目前生产出来的肉是 2 厘米长、1 厘米宽和半毫米厚。

不过,Modern Meadow 也表示要普及这种食用肉类困难不小。“要消费者广泛接受这种产品很有挑战。我们期待先能够吸引一批喜好烹饪的早期消费者和那些出于伦理道德原因的素食主义者。然后,随着价格的逐渐降低,认同,最终希望能够为广大大众提供安全放心的产品。”

4. 3D 打印建筑:从实验走向现实

2012 年,在恩里克・迪尼描述 3D 打印建筑的未来时,它还只是实验室里的一个实验和构想。在此之前的 2005 年,迪尼曾成功打印一个小“石”柱。不久之后,他就用打印机打印出了世界上第一个叠层建筑结构——Andrea Morgante 设计的“放射虫”,迪尼也因此受到了建筑界的注意。2013 年 1 月,来自荷兰的宇宙建筑公司的建筑师简加普・鲁基森纳斯表示:“我将与迪尼合作,用 3D 打印机打印他设计的作品‘莫比乌斯环屋’。”如果这座 10 500 平方英尺的奇妙建筑顺利完工,它将成为世界上最大的 3D 打印“产品”。

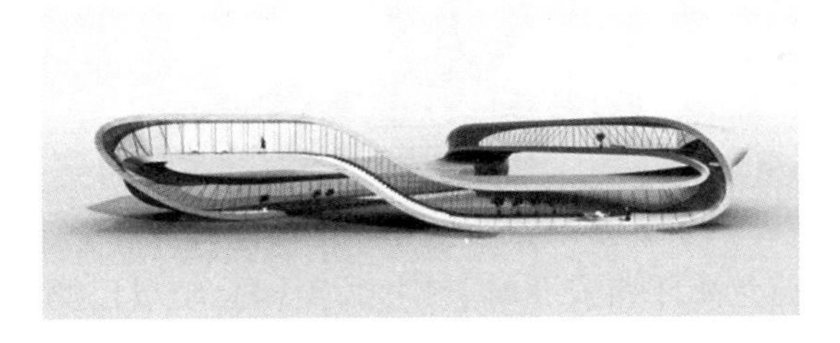

“莫比乌斯环屋”效果图

2012 年,美国南加州大学工业与系统工程系的比洛克・霍什内维斯教授做了一个 3D 打印技术应用在建筑领域的电脑模拟展示,运用“轮廓工艺”系统在不到 20 小时的时间内能够建造一幢面积 2500 平方英尺的建筑。比洛克・霍什内维斯教授说,做这项研究的最初目的只是想给穷人们又快又好地盖房子。早在 2006 年他的这项创新技术就被美国发明家名人堂和现代奇迹栏目评为年度最佳发明,但遗憾的是这项发明却一直没能走出实验室。

2013 年 2 月,英国伦敦 Softkill Design 建筑设计工作室首次建立了一个 3D 打印房屋概念,它并非采用固体墙壁建造,而是在骨骼基础上建造纤维尼龙结构。它被命名为

比洛克·霍什内维斯教授的“轮廓工艺”

“打印房屋2.0”,采用相同的极简抽象派工艺,使用足够的塑料来保证结构的完整性。但至今,这个概念的3D打印房屋还只有模型而已。

3D打印房屋概念

2014年3月,在荷兰海牙核安全峰会期间,美国总统奥巴马兴致浓厚地参观了荷兰DUS公司的3D打印展览馆。正是这家公司的建筑师宣称将利用一台名为KamerMaker的大型3D打印机“建造”全球首栋3D打印住宅建筑,代号“运河屋”(Canal House),这个项目目前已经在阿姆斯特丹北部运河的一块空地上“奠基”,有望三年内构建完成。

缺席前两轮工业革命的中国这次没有落于人后。在国外的3D打印建筑梦想家们还在构想、实验、开始动工的时候,我国“3D打印狂人”马义和直接带着他的10幢3D打印建筑,作为当地动迁工程的办公用房,在上海张江高新青浦园区内交付使用了。基于目前已披露的信息,这是全世界第一批通过3D打印技术制造的实体建筑。

2014年9月15日,美国明尼苏达州一名工程师安德烈·卢金科及其团队用3D打印机在自家的后院打印出一座中世纪城堡。据称该城堡是世界上首个3D打印的混凝

荷兰“运河屋”项目

全世界首批 3D 打印建筑

土城堡，虽然城堡大小只能容许人站在里边，但这无疑是 3D 打印技术的一个分水岭。卢金科认为自己的作品仍有不足之处，但已经预见了利用 3D 打印技术建造房屋的前景。

如果上文中介绍的 3D 打印建筑还无法让你吃惊的话，那么我们再来看看美国工程师 Lewis Yakich 为菲律宾一家酒店建造的一个 3D 打印豪华套房。和以往的 3D 打印建筑不同，这个豪华套房不仅仅是房屋的基本构造，就连里面的一些设施，例如洗手池、浴缸、书柜等等，都是采用 3D 打印技术制作而成的。其中唯一需要人工进行操作的地方，就是各种管道和线路的布置。但是这并不能让 Lewis Yakich 满意，他认为如果将来 3D 打印技术逐渐趋于成熟之后，甚至连管道和线路都可以用 3D 打印来完成。

这个豪华套房是 Lewis Yakich 凭借其多年的房屋建造经验和对 3D 打印技术的掌控建造而成的。为了完成这一创举，Lewis Yakich 花费了大量的时间和精力，仅仅在寻找材料和设计房间配置方案方面就用了超过一个月的时间。

与传统的建筑行业相比，3D 打印建筑在材料的节省方面和人工成本方面具有较大

世界上首个 3D 打印的混凝土城堡

的优势。以 Lewis Yakich 布置这间豪华套房为例,其花费足足比正常情况下的减少了60%。这意味着,一旦 3D 打印技术趋于成熟,建造和装修一套房子所需要的成本将大大降低。但是目前 3D 打印建筑同样面临着许多问题:3D 打印建成的房屋能否达到建筑质量标准?地基是否够牢靠?有没有达到防火、防盗和隔音标准?用于 3D 打印的材料是否经过研究、调查、论证,是否符合人类生活的标准?

3D 打印豪华套房

5. 3D 打印汽车

对于汽车的未来发展,还有一种技术也可以应用在汽车上,那就是如今风靡全球的 3D 打印技术。

2013 年年初世界上第一辆由 3D 打印机打印而成的汽车 Urbee 2 问世。Urbee 2 是一款三轮的混合动力汽车,这辆汽车有三个轮子,除发动机和底盘是采用传统工艺生产,其他的绝大多数零部件都是采用3D打印技术制造的。传统的汽车需要由成百上千的零部件组装而成,Urbee 2全车仅有50多个零部件。除了发动机和底盘是金属的,其余大部分材料都是ABS塑料,整个汽车的重量为1200磅。

其实早在2010年11月Jim Kor团队就曾经发布过一款3D打印汽车Urbee 2,但是这仅仅是一款比例为6∶1的模型车,而第一台原型车直至2013年初才发布。在动力方面,Urbee 2采用的是混合动力系统,两台电动机加一台发动机,发动机使用的是乙醇燃料。电池则可以通过汽车顶部的太阳能面板充电。Urbee 2汽车的百公里油耗为1.17升,单缸发动机功率只有8马力,车速可达每小时100公里至110公里。

据报道,Jim Kor团队曾计划在2015年夏季驾驶3D打印汽车Urbee 2穿越美国。他们计划从纽约出发前往旧金山,全程4676公里,预计耗时2天。

世界上第一辆3D打印轿车Urbee 2

2014年12月,世界上第一款采用3D打印零部件制造的电动汽车在美国芝加哥国际制造技术展览会上亮相。这款电动汽车名为"Strati",由美国亚利桑那州的Local Motors汽车公司打造。展览会上,参观者见证了Strati从零部件打印到组装的全过程,整个制造过程仅仅用了44个小时。

Strati全车仅有40个零部件,除了动力传动系统、悬架、电池、轮胎、车轮、线路、电动马达和挡风玻璃外(大部分来自一辆雷诺Twizy或者采用传统制造技术制造),包括底盘、仪表板、座椅和车身在内的余下部件均采用3D打印技术,所用材料为碳纤维增强热塑性塑料。以车身为例,Strati的车身采用一体化成型,由3D打印机一次完成,共有212层碳纤维增强热塑性塑料。

第一款3D打印电动汽车Strati

Strati的最大速度可达到每小时40英里(约合每小时64公里),一次充电可行驶120到150英里(约合 190 到 240 公里)。这款 3D 打印汽车是由 Local Motors 公司、橡树岭国家实验室、机械制造技术协会以及金属加工设备制造商辛辛那提公司共同打造的。他们试图通过 3D 打印技术降低制造成本、减轻汽车重量并加快生产速度,从而让汽车制造技术发生革命性的变革。

Local Motors 公司认为未来的汽车业务的核心是私人定制。该公司代表 Fishkin 介绍了该公司设想中的 3D 打印汽车业务:“想象一下:当您走进我们的一家商店,来到屏幕前并从 9 种车身中选择一个,然后从电力、天然气、汽油、柴油四种动力系统中选择一个,然后再选择您的轮胎、车轮等,最后按下‘开始’——这就是我们正在推动的。”

2015 年 6 月 24 日,在旧金山举行的 O'Reilly Solid 会议上,Divergent Microfactories(下文简称 DM)公司推出了全球首款 3D 打印超级跑车(Blade)。这辆跑车的底盘、车身甚至仪表盘均是由 3D 打印技术完成的,然后将车轮、发动机和控制装置组装起来,一辆完美的跑车就新鲜出炉了,整个过程仅仅需要 40 个小时。与前文介绍的 Urbee 2 轿车和 Strati 电动车不同,Blade 是一辆不折不扣的超级跑车,它能够在短短 2.2 秒内从 0 加速至 60 英里每小时(迈凯轮 P1 的这个数字是 2.8 秒)。全车的重量只有 1400 磅,并且安装着一个 4 缸 700 马力的双燃料内燃机,可使用汽油或压缩天然气作为燃料。

Blade 的主体结构采用的是复合材料,而底盘作为全车上最重要的一个结构性的部分由大约 70 个 3D 打印的铝节点组成的。DM 使用 3D 打印精心打造出形状复杂的节点之后,通过现成的碳纤维管材将其连在一起。当所有的节点都打印出来后,几个半熟练的工人 30 分钟之内就可将汽车底盘组装好。

DM 公司认为,汽车未来的方向是以环保为主,而一辆汽车的总污染排放并不仅仅包含其上路后排出的尾气这么简单,汽车制造过程中所消耗的材料和能源排出的三废也应该被计算在内。Blade 的排放只有一辆电动车的 1/3,而工厂资本消耗只有其他汽车制造方式的 1/50。与我们之前介绍的 3D 打印汽车相比,DM 的制造工艺颇有几分乐高积木的风格。

3D 打印超级跑车“刀锋”

6. 3D 打印在航空航天中的应用

2011 年 8 月由英国南安普敦大学工程师制造的世界上第一架 3D 打印飞机“SULSA”试飞成功。“SULSA”是一架小型无人驾驶飞机,它的整体结构均采用 3D 打印技术设计和打印。除了驱动用的马达之外,包括机翼、机身和舱门在内的其他所有部件竟然都是 3D 打印出来的。据了解,完成该架无人机 3D 打印工作的是 EOS EOSINT P730 尼龙激光烧结机,它通过层层打印的方式分别打印出无人机的塑料或者金属结构件,结构件之间使用“卡扣固定”技术装嵌,工程师不需使用任何工具,几分钟就能完成飞机的组装工作。

据介绍, SULSA 机翼展长约 2 米,最高时速接近每小时 160 公里,巡航时几乎不发出任何声响,同时该机还配备了微型自动驾驶系统。

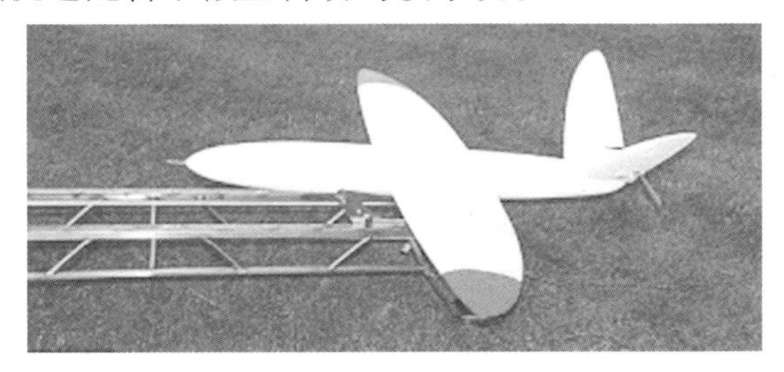

3D 打印飞机

2012 年,美国弗吉尼亚大学工程系研究人员,研制出一架通过 3D 打印而成的无人飞机,巡航时速可达到 45 英里。这架飞机的机翼宽 6.5 英尺,是由 3D 打印零件装配而成。目前研究小组已经在弗吉尼亚州米尔顿机场附近完成了 4 次飞行测试。

美国弗吉尼亚大学工程师大卫——舍弗尔称,3D 打印技术现在已经成为该校飞行教学平台中教导学生的一种宝贵手段。五年前,要想设计建造一个塑料涡轮风扇发动机需要两年时间,成本大约为 25 万美元。目前使用 3D 技术建造这架 3D 飞机仅仅只需要四个月的时间,成本也降至 2000 美元左右。

3D 打印无人机

3D 打印技术已经在了很多行业广泛应用，但是如果想在要求严格的飞机制造业也能广泛应用，还需要很大的技术突破。因为 3D 打印机目前只能打印一些比较小的飞机零部件，而比如轴承等，只有在未来出现足够大的打印机才能实现飞机这个庞然大物的 3D 打印。与传统工艺打造出来的飞机部件相比，3D 打印的零件不仅可以大幅缩减成本，而且减轻 65%左右的飞机重量。

来自 Airbus 的设计师 Bastian Schafer 和公司的其他设计师一起合作设计了一款概念型飞机。这种飞机的各个部件均可以用 3D 打印技术来实现，不过要等到 2050 年才能达成目标。他们还发布了一个概念飞机的影片说明，从中可以看到这款飞机用到了很多新的技术。比如透明的飞机侧边墙，可以让你直接查看下方的景色，还能辅助显示标志性地标；百分百可以回收利用的机舱；可以吸收乘客身体产生的热量并加以利用的座椅等。

概念型 3D 打印飞机

7. 3D 打印的航天之路

3D 打印能够充分发挥我们的想象力，然后将这些奇思妙想打印成现实的存在。随着 3D 打印技术不断发展，科学家已经开始考虑能否将这一技术应用于航天事业。目前，美国国家航空航天局（NASA）已开始应用 3D 打印技术来创造精确的零部件，并希望在未来的时候，能够打造一架足够强大的载人飞船，让宇航员真正地脚踏火星表面。

NASA 所使用的 3D 打印技术，被称为“选择性激光熔化”。即由激光依照指定形状，将金属粉末融化、焊接在一起，并且重复这种过程，最终打印成为火箭零部件。NASA 表示：激光驱动的 3D 打印，可以产生复杂和精密的几何形状。NASA 计划在 2016 年采用此技术制造出 J-2X 发动机部件，然后进行测试，并最终在 2017 年完成第一次 SLS 飞行试验。

对于人类而言，目前探索太空的最大的瓶颈在于所有的设备都需要在地球上建造出来，然后再将其打包送入太空中使用。这样的做法不仅耗费大量的时间，而且无形中给各国宇航局带来极大的费用支出。那么我们能否在太空中就地取材，利用太空垃圾

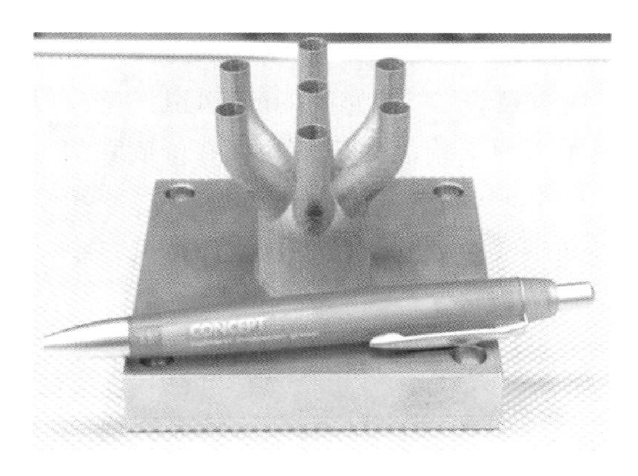

3D 打印火箭的零件

或者小行星材料等实现轨道飞行器的自我复制呢?

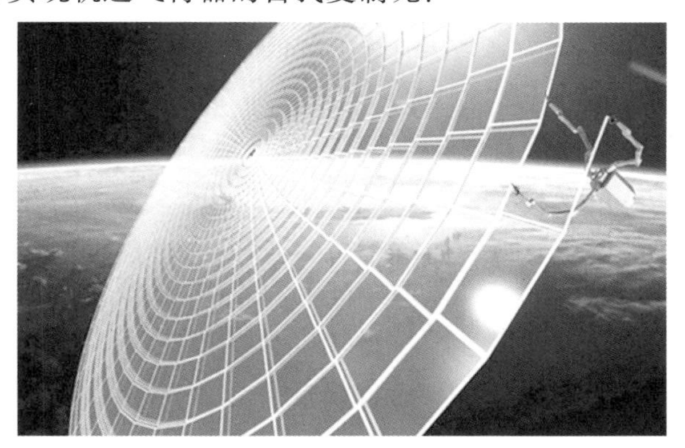

3D 打印技术助阵 轨道卫星或实现自我复制

据了解美国国家航空航天局已投入50万美元支持一项被称为"Spider Fab"的创新先进概念项目。"SpiderFab"项目的主要原理是利用3D打印、星载超级3D装置和机器人组装技术在太空完成制造天线、太阳能电池板等大型设备的工作。据"Spider Fab"项目组介绍,利用3D打印技术可以使得在轨道上建造空间飞行器部件变得更加简单,甚至可以制造出比目前的轨道望远镜大10倍或者20倍的巨大空间天线或者空间望远镜。因为他们无需考虑如何折叠设计才能将设备放入火箭的整流罩内,只需要执行该任务的轨道卫星具有3D打印技术即可。"Spider Fab"项目还考虑在轨道上使用更多类似纤维聚合物这样较轻的材料和更大的结构,来削减空间任务的成本并提高任务的复合程度,这样还可以避免火箭发射时的震动和加速度对卫星部件构成的影响。

除此之外,空间3D打印技术甚至已经介入美国国防部高级研究计划局执行的"凤凰计划"中。"凤凰计划"的初衷是为了节约成本,据公开资料显示:美国在太空中的废弃卫星数量庞大，价值高达3000亿美元。为了不浪费这些“太空资产”，美国政府推出了“凤凰计划”，试图将“太空垃圾”变废为宝，就像凤凰涅槃一般浴火重生。该项目试图从太空中退役、不运转的卫星上获取并重新利用有价值零部件，例如太阳能电池板，从而在轨道上组装出一个新的“科学怪人”卫星。当然，这个想法要实现起来需要非常复杂的系统，比如自动化机器人机械臂、空间3D打印技术等联合操作。

智能机器人

想象一下这样的场景：当你悠闲地坐在一家咖啡厅，叫来一位服务员正准备点单的时候，突然感觉有什么地方不对劲。你再仔细一看发现这位正在和你交谈的服务员并不是真人，而是机器人。那么你脑海中的第一反应可能是“太不可思议了——她看起来和真人完全一样嘛”，接下来，和你在商场中看见一盆制作精美的人造盆栽一样，你迫切地希望去判断它的真假。但千万别动手触摸，你只能依赖其他的感官来验证你的怀疑。

随着人工智能技术的飞速发展，上文描述的科幻片中才出现的场景逐渐变成了现实。目前的智能机器人从外表上看起来和真人非常接近。

机器人的制造过程通常非常复杂，因为科学家们不仅希望他们在外表上和人类一样，还希望实现功能上跟人的接近，包括具有人的想法、感情以及各种能力。要想使机器人能够有效地模仿人类的动作、行为甚至具备人的想法，就需要牵涉到众多科学与工程学科。包括机械制造工程、电气工程、材料科学与工程、计算机科学、人工智能（AI）以及控制科学等学科。近年来随着仿生技术的不断发展，机器人研制水平也在不断提高。目前关于机器人研究的最前沿课题通常包括两个方向：一种是追求形体、动作和行为上与人类相同，这类机器人被称为“人形机器人”；另一种是将人工智能与机器人技术相结合，希望制造出具有自主意识、能采取自主行动的“智能机器人”。

1. 人形机器人

人形机器人通常是指那些外形上跟真人非常相似，在动作和行为上都力求跟人类尽量接近的机器人。自从开始有了机器人这个词，制造出拥有人类外形的人工物体便是人类一直以来的梦想。近几年随着计算机、制动器、传感器不断向小型、高性能迈进，以及全新二足步行理论的确立，各式各样、大小不同的人形机器人逐渐被开发出来，它们有的大如人类，有的小到只有几厘米。

研制人形机器人的专家主要来自于中国、韩国和日本。来自日本西部大阪大学的著名机器人设计师石黑浩就是其中的佼佼者。石黑浩和他的团队所设计的机器人看上去和真人非常类似，其中一款以石黑浩本人为原型的人形机器人被命名 Geminoid HI-1，我们很难从外形上将其与原型区分。这款机器人是与日本ATR智能机器人与通信实验室共同开发完成的，它可以坐在椅子上环顾房间，在座椅上眨眼并动来动去，不停地上下晃脚，轻轻地抬起肩膀，看起来好像在呼吸。同时，通过远程操作它还可以模拟石黑浩的声音、姿势和嘴唇运动等。

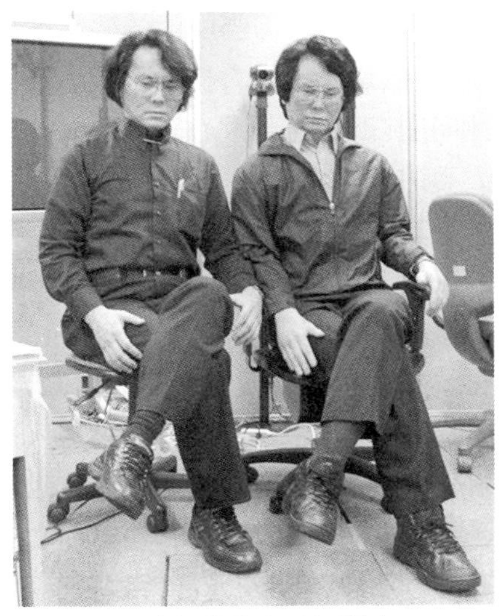

石黑浩与他的人形机器人

2010年在东京举行的数码产品博览会上，日本产业技术综合研究所推出一款可以学习和模仿人类唱歌的美女机器人。这款被命名为“HRP-4”的机器人，身高1.58米，体形和真人大小相当，她不仅能够像真人那样唱出优美动听的歌，还可以模仿人类歌手丰富的面部表情。

日本产业技术综合研究所声称他们采用了一种名为Choreonoid的技术，让机器人能够模仿人类的舞蹈动作。为了让美女机器人更加逼真，研究人员还专门聘请了现实中真正的歌手作为模特，并录下她唱歌时的每一个动作。然后将这些动作分别输入“HRP-4”，这样“HRP-4”就能够模仿出模特的每一个动作。此外，研究团队还专门根据人类的呼吸声进行建模，从而帮助“HRP-4”能够像人类一样自然地呼吸。

人形机器人“HRP-4”

虽然目前市场上的许多人形机器人在动作、面部表情、手势等方面已经和人类非常接近了，甚至还有一些专家制造出了自己的克隆机器人。但是要想让人形机器人真正走入我们的生活，为人类服务还有很长的路要走。目前人形机器人研究领域尚有许多问题有待解决，人形机器人在硬件上面临的最大问题之一就是电池。同其他的移动型机器人一样，人形机器人很难在接着电源线的情况下运行，因而目前的人形机器人通常是依靠电池进行驱动的。然而，由于机器人本身必须靠自己的腿来支撑体重，因此也无法搭载大量电池，目前的电池容量仅能支持机器人活动数小时。尽管有的机器人拥有自动充电功能，即当电池的残余电量低于固定值时，机器人就会自动走到充电站去站着充电，但是若要扩大机器人应用范围，延长活动时间仍是必须克服的一大难题。除了电池问题以外，对于重心较高的人体尺寸机器人而言，还需要解决跌倒时的耐故障性、对人类的安全性等重大问题。

2. 智能机器人

人工智能是指利用计算机来模拟人的某些思维过程和智能行为，例如通过计算机模拟让机器实现学习、推理、思考、规划等的能力。而人工智能与机器人制造技术相结合就是人工智能领域最活跃的研究方向——智能机器人。

我们知道，软件负责对机器人进行编程和控制。一个优秀的机器人软件，可以降低机器人的开发难度，而且控制的效率也很不一样。未来的机器人软件功能将会更加完善，控制方式和控制的算法更加智能，可实现多种控制功能。随着机器人大脑硬件技术和控制技术的不断发展，机器人的智能也将不断得到提高，机器人的自我学习能力也会越来越强。这令人会不由自主地想到一个问题：机器人的智能达到一定程度后，机器人会不会和人类一样具有“自我意识”呢？

若仅仅从科学技术的角度看，人类思考的本质就是大脑对信息的处理，从生物和化学层次上看，就是神经元之间的相互交流。而神经元之间的模拟是可以实现的，随着计算机硬件技术和机器人控制技术的发展，制作出能够像人脑那样容纳上亿的神经单元的机器人大脑也并非不可能的事。因此，从理论上来说，机器人的智能是有可能达到人类的层次，甚至超越人类的层次。人工智能先驱、未来学家雷·科兹威尔预言：到了2020年，我们将成功通过逆向工程制造出人脑；2030年末，计算机智能将赶上人类；2045年，人工智能会掌管全球科技发展。至此之后，人工智能的摩尔定律被打破，科技将呈现爆炸式发展。美国科学家库兹韦尔认为，2045年人工智能将超越人类大脑，从而社会剧烈转型，跨入高智能机器时代。

智能机器人佩珀

让机器人也具有意识、思维、情感，这究竟是否可以做到，或者说真的达到这个目标后，会给人类带来什么影响，依然是未知数。但这并不妨碍科学家朝着人工智能的目标前进，人工智能使机器人具有了情感和社交意识，特别是有了情感后，计算机更容易理解人，它们的“思考”和“动机”也更接近于人。

2014年日本在东京发布了一款最新研发的智能机器人，这款被命名为“佩珀”的机器人是由软银公司和法国Aldebaran Robotics共同研发。“佩珀”除了具备唱歌、跳舞、与人类聊天等基本技能之外，还可以读懂人类感情。它通过对人的语调、词频和表情等表达方式的分析，来推测人当时的情感，其成功率高达八成。

“佩珀”的设计理念是用来陪伴人类，因而其外形设计非常的惹人怜爱：身高1.21米，体重28千克，一双水汪汪的黑色大眼睛，一个光滑圆润的小脑袋，再加上胸前戴着一个平板显示屏，无一不显露出一个八九岁小孩天真可爱形象。唯一美中不足的是，为了延长持续工作的时间，“佩珀”的下半身并未采用双足步行的方式，而是选择了更为省电的脚轮移动，但这并不影响其整体的可爱形象。

软银公司在“佩珀”的推介会上称“我们在人类历史上第一次给了机器人感情和心”。据了解，“佩珀”之所以能实现情感识别，是因为它配备了语音识别技术、呈现优美姿态的关节技术，以及分析表情和声调的情绪识别技术。“佩珀”的头部装有一个麦克风、两个摄像头和一个3D传感器，通过这些设备可以收集到人类的表情和语言信息，再将收集到的数据经过云计算技术处理，然后做出相应的反应。因此，“佩珀”可以根据情况来修改自己的语言或者改变自己的姿态，并且可以在使用的过程中学习。

无独有偶，在2015年中国同样推出了一款类似的智能机器人。这款由百度公司开发的名为“小度”的智能机器人是2015年度中国最红的明星，它不但上过综艺节目，参加过“国际计算语言学年会”，还成为“史上首位主持跨年晚会的机器人”。

智能机器人小度

小度机器人会学习、有知识、善交流、能思考、懂情感，能够通过自然的交互方式（语音、图像、对话），依托强大的智能搜索技术，在准确理解用户意图的基础之上，与人进行交流。小度机器人具有以下三大功能：

（1）信息功能：借助百度强大的搜索引擎，不断学习各类知识，努力成为用户获取信息的最佳助手。

（2）服务功能：在广泛索引真实世界服务和信息的基础上，依托强大的搜索及智能技术，为用户提供各种优质服务。

（3）情感功能：基于强大的自然语言理解与情感识别技术，小度机器人具备情感连接能力，能与用户进行感性互动，满足人类的情感与心理需求。

目前小度机器人具有虚拟和现实两种不同的形态：在互联网虚拟世界中，小度机器人不仅能和用户谈天说地，做知心朋友，还能通过智能交互式的搜索模式高效满足用户的信息搜索需求，提高用户搜索效率；在现实世界中身高1.4米的实体小度机器人可以通过语音与用户聊天，回答用户问题。

3. 智能机器人带来的全新世界与思考

当智能机器人离我们的生活越来越近的时候，我们对由其而引发的社会问题的讨论也变得愈加尖锐。与那些为了简单地提高我们的生活质量而制造的其他机器相比，机器人对人类生活的影响是复杂的，如果不足够谨慎，我们很可能要承受该技术所带来的伤害。

随着技术的一步步成熟,机器人智能化程度也一步步提高,开始慢慢渗透到我们的生活中。到现在,机器人已经在娱乐、法律、医疗、军事和社会等方面得到广泛应用,在下边列举智能机器人的应用在某些领域可能引起我们伦理道德层面的冲突:

(1)娱乐领域:智能机器人可能成为戏剧或电影演员,也可能被作为玩具或是人类的陪伴者。当下,一些娱乐产业受利益的驱使倾向于生产"暴力",机器人可能被制造成"邪恶"机器而出售,它可能会对接触者造成伤害。

(2)法律领域:智能机器人和其他产品一样,有许多责任问题和安全问题需要被给予关注。此外,考虑到无论有意还是无意,机器人都可能会给人类带来伤害,所以还有很多其他的法律问题需要被解决。

(3)医疗领域:智能机器人可以做外科手术、提供护理服务、协助患者康复或提供其他医疗服务,还能够帮助治疗包括恐惧症在内的心理问题。但是,令病人和老年人担心的是他们会因接触到的人越来越少而感到孤独,因为身边将都是机器人。然而更复杂的是,机器人所引发的医疗事故或实施的恶意行为的责任问题应当如何考量和处理。

(4)军事和执法领域:未来,智能机器人很可能被用于执行军事任务或执法,如在各种复杂的情况下代行警察的职能。然而,令人担心的是,具有反社会倾向的机器人将借此向人类伸出黑手,也就是说它们很可能会对人类实施非法行为或恐怖袭击。此外,非人类自主机器人士兵将大大增加引发地区性冲突和战争的可能性。

(5)社会领域:智能机器人的出现将可能引发就业市场的变动并影响到我们的生活,如机器人可能抢占低技能和低工资劳动者的就业机会,如果它们的智能性发展到一定程度,则还可能取代高技术工人。

从社会层面来看,人们绝对不愿意接受机器人所带来的负面影响,而且如果不努力加以应对,这一技术的发展很可能带来负面后果。

我们不得不承认,智能机器人的确给我们的生活带来了不少的便捷与欢乐,但也让我们产生巨大担忧。人类在赋予机器人高度智能化的过程中,也曾认真考虑过它可能会产生的后果。虽然许多人对智能机器人的未来表示担忧:随着人工智能技术的发展,智能机器人将来是否会在智能上超越人类,甚至会对人类造成威胁呢?当机器人数量过于庞大,并且拥有自己的思维时,一旦失去控制,像美国科幻大片《变形金刚》里面的剧情会不会成为残酷的现实呢?

但不少科学家认为,这类担心是完全没有必要的,至少从目前来说还没必要。就智能而言,目前智能机器人的智商相当于4岁儿童的智商,而机器人的"常识"比起正常成年人就差得更远了。美国科学家罗伯特·斯隆教授说:"我们距离能够以8岁儿童的能力回答复杂问题的、具有常识的人工智能程序仍然很遥远。"日本科学家广濑茂男教授也认为:即使机器人将来具有常识并能进行自我复制,也不可能对人类造成威胁。

话题 7：未来的思考

在我们的眼里，科学就像是一盏阿拉神灯，它给我们带来了许多不可思议的东西。在过去的一个世纪中，重大的科学成果很快地转变成相应的技术，不断地改变着我们身边的世界，让我们的生活发生了翻天覆地的变化。那么未来的世界会是什么样的呢？昨天、今天我们不断重复着这个思考——科学将带我们走向哪里？

1. 关于未来科学的猜想

在科技日新月异的 21 世纪，任何我们觉得不可能的事物，都有可能变成现实。正如 100 年前，我们谁也没有想到电力会给我们的生活带来如此巨大的变化，20 年前我们同样没有预测到互联网会在无声之中彻底地颠覆我们从前的工作和生活方式。那么在接下来的 100 年内，又有哪些可能会出现的新科技呢？下面给大家介绍几种未来可能成为现实的科学技术，这些都是当今科学家对我们 21 世纪生活的预测，如果这些预测能够变成现实的话，将会让世界发生翻天覆地的变化。

(1)能上网的隐形眼镜

在当今互联网时代，网络已经成为我们生活中必不可少的一部分。随着互联网技术的不断发展，未来的网络世界又会是怎么样的呢？美国华盛顿大学西雅图分校的巴巴克·A.帕尔维兹教授目前正在研究一款能够实现上网功能的隐形眼镜，如果这个设想可以实现，那么将来我们可能只要眨一下眼睛就能够实现上网。据帕尔维兹教授介绍，这种新式的隐形眼镜上排列着一个 LED 组合。这些 LED 组合是上网功能得以实现的关键，它可以将我们需求的信息以图像的形式呈现在眼前。此外这种眼镜还具有识别人的面部特征，并显示所见者的生平的功能，同时它还能将一种语言翻译成另一种语言，这样人们就可以看懂镜片上显示的字幕。最关键的是这种眼镜的大部分材料是半透明的，我们可以戴着它自由活动。帕尔维兹教授表示他的这项研究预计将在 2030 年前后完成，届时那些喜爱科幻的“幻粉”们也许会是这种隐形眼镜的首批顾客。

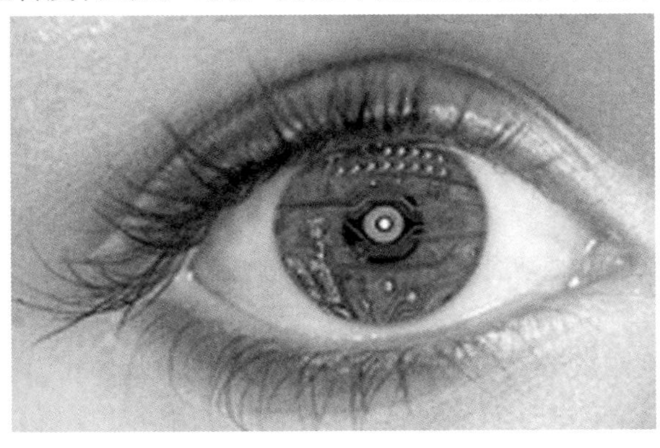

能上网的隐形眼镜

(2)人造器官商店

“断肢重生”这个曾经仅仅是在武侠小说和科幻电影中才出现的场景，也许在不久的将来即将成为现实。美国维克森林大学安东尼·阿塔拉博士预测，“人造器官商店”将于2030年前实现。到时候如果有人不幸遭遇了车祸或者患上疾病，导致身体器官缺损，那么他可以从“人造器官商店”订购用自身细胞培育的备用器官。安东尼·阿塔拉博士表示：“我们可以预见的是今后将能够提供现成的器官，人们只需取出受损的器官，然后按照需要植入培育的新器官。”

目前科学家们已经掌握了成功培育软骨、鼻子、耳朵、骨骼、皮肤、血管和心脏瓣膜等器官的技术。四年前，科学家成功培育了第一个人工膀胱；去年又成功移植了第一根人工气管；在未来大约五年内，人工培育的肝脏将会被应用到医学手术之中。我们有理由相信，随着科学技术的发展，将来的某一天医院中将不再会出现因无法找到匹配的器官而导致病人死亡的案例了。

(3)灭绝动物复活

在过去的几百年里，已经有数百种动物从地球上永远消失了。它们的灭绝被认为是不可逆转之事，让它们死而复生的想象也许只存在于像《侏罗纪公园》这样的科幻片里。但是美国先进细胞技术公司罗伯特·兰扎博士认为最迟到2070年人类将能够拥有饲养灭绝动物的动物园。兰扎博士表示：“如果我们有了控制基因的工具，那么从理论上来讲利用基因复活物种将成为可能。”

比利牛斯野山羊

事实上早在2003年，西班牙和法国科学家就成功地让“时光倒转”，克隆出一只已经灭绝的动物——比利牛斯野山羊。比利牛斯野山羊体重可达220磅，头顶长有一对漂亮的弯角。在过去的数千年里，它们栖息在比利牛斯山脉的悬崖峭壁上，食草，耐寒。人类的猎枪将这种可爱的动物逼上了绝路，截至1999年全世界仅存一头活着的比利牛斯野山羊，科学家们给这头母羊起名叫“塞利娅”。塞利娅死后的细胞被保存在位于马德里和萨拉戈萨的实验室里，随后几年，研究人员尝试“复活”塞利娅。他们把它的细胞核注入被剔除DNA的普通山羊卵细胞中，然后植入成年母山羊体内。2003年7月30日，研究人员接生出“塞利娅”的克隆体，但它很快就死去了。尽管这头克隆羊存活时间极其短暂，但它的出现标志着人类在“复活”灭绝动物道路上迈出了成功的第一步。

目前科学家们不仅能够从动物标本上提取DNA，重造基因，还能让动物的任何细胞转化为胚胎细胞。借助这些技术，各种复活灭绝动物的尝试在世界各地展开：澳大利亚和美国研究人员组成的联合研究小组曾经尝试复活20世纪因人类猎杀而灭绝的动物——袋狼，并获得了成功；韩国和俄罗斯的研究人员正在尝试复活已经灭绝的猛犸象，他们希望从猛犸象遗骸中发现依然存活的细胞，进而加以培育和繁殖。

复活已灭绝动物的目标触手可及，但是科学界内部却对于是否应该复活灭绝动物存在着两种不同的看法：支持者认为，让灭绝物种重返地球是人类的责任。因为正是人类活动，如捕杀、破坏环境以及传播疾病，导致这些动物的灭绝。其次，让一些生物复活并加以研究，能带来切实可见的益处。比如，有助于研制新型生物药品，或解答一些有价值的科学问题；反对“复活论”的科学家们认为与耗费如此大的财力和精力去复活那些已经灭绝的动物相比，拯救濒危物种及其栖息地才是目前当务之急。况且，仅仅克隆出灭绝动物的个体，并不等同于复活整个种群。更关键的是，适宜它们生长的栖息地或许早已消失。如果只是把它们圈养在实验室或动物园里供人参观，那对于大自然而言，复活这些动物又有什么意义呢？

（4）人类与机器人融合

当我们对未来科学进行预测时，智能机器人是令人无法忽视的一个领域。在过去的十几年中，机器人的智能领域取得丰硕的成果，在很多领域我们已经看到了智能机器人的身影。例如它们可以代替人类完成一些特殊环境下的作业，如核电站事故检测与处理、极地科考、反恐防暴、极端条件下救援等。它们还可以帮助人类做家务，协助人类尤其是残障人士，并可以实现人类的康复等。那么未来的机器人会是什么样的呢？它们是否会像科幻电影《机械公敌》中所描述的那样融入我们的社会呢？

麻省理工学院人工智能实验室的前负责人罗德尼·布鲁克斯对于人类与机器人的融合非常乐观。罗德尼·布鲁克斯表示：“从现在开始的50年内，我们将能够通过基因改造看到人类身体发生根本性的变化。人类种群将会以今天人们想象不到的方式发生改变，我们会发现自己再也不受达尔文进化论的限制了。我的预言是，到2100年前，我们的日常生活中将充满智能机器人，而且人类无法将自己同它们区分开来，我们也将是机器人，同机器人互相联系。”

事实上今天的大部分机器人已经有了蟑螂的智力，例如真空吸尘机器人。而在未来的几年，机器人可能拥有与老鼠、猫或狗甚至猴子一样的智力。那么我们又应该如何面对未来的机器人发展呢？有人建议我们应该在它们的“大脑”中植入芯片，这样一旦当它们产生了恶念，就可以将它们关闭甚至毁灭。但是也有人说，我们应该和机器人相

人类与机器人融合

互融合。这样的优点就是，某一天当你醒来时，你会发现自己的身体很完美：美丽、超级强壮而且长生不老。

（5）变形不再是梦想

不知道大家是否还记得科幻电影《终结者2》或《X战警》中的场景：来自未来的机器人可以轻松地改变外形，甚至完美地复制他人的形貌。这实际上就是研究“可编程物质”的科学家们的梦想，这个梦想在不久的将来有可能真正成为现实。美国英特尔公司目前正致力于变形领域的研究，它们希望开发出一款可以随意变形的手机。

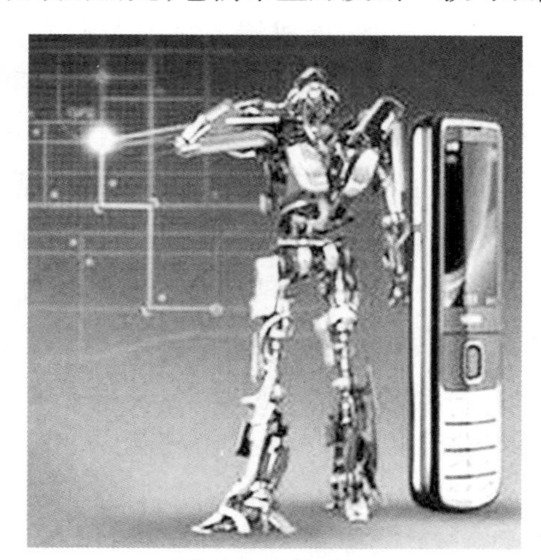

可以变形的手机

目前英特尔公司已经制造出了与大头针的针帽一样大小的电脑芯片，这是一种纳米级的微型电脑，它们称为“catoms”。如果将这些电脑芯片进行编程，这些芯片就可以根据既定电荷的不同有不同的组合方式。贾森·坎佩利对于这种可编程芯片的应用前景非常乐观,他举例说明:“比如,我的手机放到口袋里显得太大,而拿在手里玩又觉得太小。如果我的芯片有很多,堆积起来可装在200~300毫升的容器中,那么我可以随时让手机变成我想要的形状。”

对于可变形手机技术的出现时间,英特尔公司认为不会太久。该公司高级研究员贾斯汀·拉特纳认为:“在未来40年内,变形手机技术将成为一个很普通的技术。”那么我们不禁又要幻想一下了:手机变形即将实现,自由变形的机器人还是梦想吗?

(6)太空电梯

设想一下:有一天当你走进电梯,按下上升按钮,电梯快速上升,几分钟后当你走出电梯时发现自己正身处外太空,是不是很酷?这就是太空电梯,它将使向游客开放宇宙的梦想成为现实。太空电梯看上去就是一种荒谬的存在,像一根电线杆矗立在地球上直通太空,似乎随时的风吹草动就会让它粉身碎骨。这种情景可能只存在于科幻作品中时,但是科学家们却说:太空电梯在21世纪真的有可能实现。

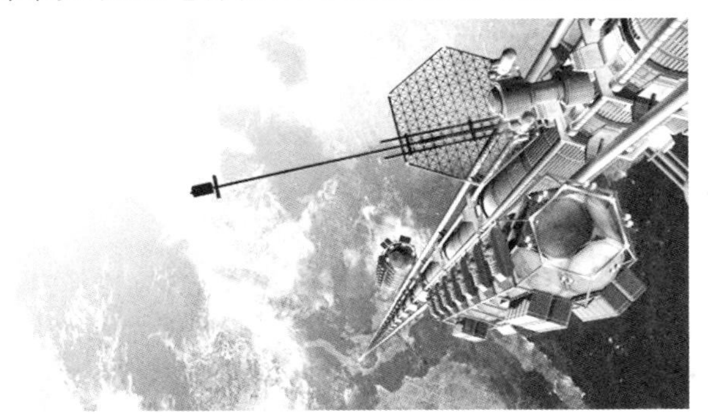

太空电梯幻想图

1970年,苏联著名的火箭科学先驱者齐奥尔科夫斯基首次提出了太空电梯的概念,他的设想是在地球静止轨道上建立一个“天空城堡”。“天空堡垒”与地面之间可以用一根缆绳连接起来,从而开辟一条向太空运输人和物的新途径。八年后,英国科幻作家阿瑟·克拉克在其科幻巨著《天堂之泉》(*Fountains of Paradise*)中向读者深入介绍了他对太空电梯的构想,其中甚至涉及“碳纳米管”以及“海洋—赤道空间站”,这是人类第一次真正从技术角度描述太空电梯。

在阿瑟·克拉克的设想中太空电梯的主体是一个永久性连接空间站和地球表面的缆绳,它可以将地面上的人和货物运送到空间站。太空电梯还能用做一个发射系统,因为太空电梯必然被地球带动旋转,而越高的地方速度越快,所以将飞船从地面运送到大气层外足够高的地方,只要一点加速度就可以顺利起航。太空电梯的概念是既大胆又极富现象力的构想,一旦实现将改变我们的日常生活。

20世纪70年代以来,俄罗斯、美国和日本等国家的科学家一直就没有停止过关于太空电梯的研究。但是在最近的十几年中这个计划的进展却并不乐观,其中的一个重要原因是太空电梯所用的绳索必须足够结实,但当前的技术却无法生产这样的绳索。碳纳米管的出现又朝这一梦想的实现前进了一步,虽然目前的纳米碳管还仅仅只是毫米级制品,距实用差距甚远。“碳设计”公司创始人布拉得雷·爱德华兹称目前他们正在测试的材料已经超过了之前的水平,完全可以用于“太空电梯”这种伟大的项目,不过他们还没有公布这一材料是什么。由于该领域一直处于火热状态,所以很多科学家的态度更加乐观,有人预测日本可能在2050年就能制造出“太空电梯”,甚至还有人传言Google的X lab也在秘密地研发太空电梯。人们都乐观地认为50年内,太空电梯将会取代火箭成为我们来往外太空的主要交通工具。

但是也有一些科学家对太空电梯计划持怀疑态度,他们认为太空电梯最大的问题就是安全。当太阳风向太空电梯施加压力时,来自月球和太阳的重力作用将使绳索变得摇摆不定。这将有可能使太空电梯摇摆造成太空交通障碍,太空电梯也可能会碰撞上人造卫星或者太空垃圾残骸,这样的碰撞将导致绳索断裂或太空电梯失事。为此,太空电梯必须在内部建造推进器,以解决太空电梯致命的摇摆振动,但这又将增加电梯建造的难度和建造维护成本。

知识加油站——“太空电梯”的福音:碳纳米管

不知大家是否还记得科幻电影《三体》中出现的那种高科技纳米材料——“飞刃”。这种超高强度且肉眼看不见的纳米材料,直径仅仅只有头发丝的百分之一,但韧性之强足以吊起大卡车。在影片《三体》中人们为了在不惊动船上的人的情况下,获得一艘万吨巨轮上的硬盘里的一些信息。当这艘船路过巴拿马海峡时,人们布置了一系列飞刃,结果船被切成一堆片,上面无一人生还。虽然这样的场景目前仅仅只有小说或电影中才有,但现实中科学家已经研制出了类似的东西——碳纳米管。

碳纳米管又称巴基管,是一种具有特殊结构和性质的新型材料。碳纳米管的发现是人类研究纳米科技的重大成果。在十几年前,人们一般认为晶态碳的同素异形体仅仅只有两种:石墨和金刚石。1985年,英国萨塞克斯大学的Kroto教授和美国莱斯大学的Smalley教授进行合作研究,用激光轰击石墨靶以尝试用人工方法合成一些宇宙中的长碳链分子。在所得产物中他们意外发现了碳原子的一种新颖的排列方式。60个碳原子排列于一个截角二十面体的60个顶点,构成一个与现代足球形状完全相同的中空球,这种直径仅为0.7nm的球状分子即被称为碳60分子,它就是碳晶体的第三种形式。

1991年,日本NEC公司基础研究实验室的电子显微镜专家饭岛在高分辨透射电子显微镜下检验石墨电弧设备中产生的球状碳分子时,意外发现了碳晶体的第四种形式——碳纳米管。碳纳米管是石墨中一层或若干层碳原子卷曲而成的笼状“纤维”,它的径向尺寸较小:管的外径一般在几纳米到几十纳米;管的内径仅仅只有1纳米左右。由于碳纳米管的长度一般在微米量级,因而它的长度和直径的比非常大,可达103—

106,因此碳纳米管被认为是一种典型的一维纳米材料。

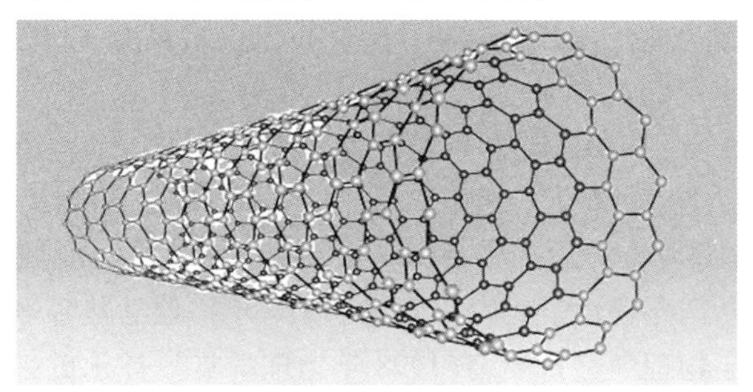

碳纳米管

碳纳米管是目前人类发现的力学性能最好的材料,倘若将纳米管组合起来,它的强度是同体积钢的100倍,但重量却仅仅只有钢的1/6。莫斯科大学的研究人员为了弄清碳纳米管的抗压强度,将少量碳纳米管放置在29KPa的水压下(相当于水下18 000千米深的压力)做实验。不料还未加到预定压力的1/3,碳纳米管就被压扁了。科学家们马上卸去压力,神奇的一幕发生了:碳纳米管就像弹簧一样立即恢复了原来的形状。在这个实验的启发下,科学家利用碳纳米管制成像纸一样薄的弹簧,并将其用作汽车或火车的减震装置,这大大减轻了车辆的重量。

除此之外,碳纳米管还具有极高的拉伸强度、杨氏模量和断裂伸长率。美国畅销杂志《科学美国人》曾提出一种诱人的设想:利用碳纳米管制作一个"太空天梯",可以使人类沿着天梯直接从地球通往太空。虽然"太空天梯"看上去与人类现有的太空项目非常不同,但它并不是一个遥不可及的幻想。弗吉尼亚州费尔蒙特科学研究所的布拉德·爱德华兹博士指出:"太空天梯"的成本大约在70-100亿美元,与人类其他大型太空工程相比,费用并不算太大。更重要的是,"太空天梯"上天时不需要携带大量燃料,预计所耗能量仅仅是宇宙飞船发射的1%。英国的一项测算显示,用太空电梯运送一个人和行李的费用仅相当于常用航天飞机运送费用的0.25%。

但是"太空电梯"梦想要实现的前提是:必须批量制备出具有宏观长度,且具有理论力学性质的碳纳米管,其单根长度需要达到米级甚至公里级以上。然而从1991年碳纳米管诞生以来,为了提高其长度,全世界的碳纳米管研究者进行了大量艰辛的探索,然而一直到2009年,碳纳米管的最大长度只有18.5厘米,这种有限的长度极大地限制了碳纳米管的实际应用。

2. 诺贝尔奖

诺贝尔科学奖(包括物理学奖、化学奖、生理学或医学奖,下文中简称"诺贝尔科学奖")是世界科学成果最重要的奖励系统之一。诺贝尔科学奖的得主无一不是科学界的精英。自1901年首次颁奖以来诺贝尔科学奖已经有100多年的历史了,作为世界上最具影响的科学奖励，它一直受到各国科学家、企业管理者乃至政府和广大民众的极大关注。这不仅仅是因为他代表着当今世界科学技术的最高水平，更重要的是它是一个国家整体科学技术水平的重要标志。

据统计，从 1901 年到 2012 年的 112 年间，美国获得诺贝尔奖的有 298 人，为世界之首。英国有 84 人、德国 66 人、法国 33 人得过诺贝尔奖，分列第二到第四位。截至 2015 年，获得诺贝尔科学奖奖项的华裔科学家共 9 位，他们是分别是李政道（1957 年物理学奖）、杨振宁（1957 年物理学奖）、丁肇中（1976 年物理学奖）、李远哲（1986 年化学奖）、朱棣文（1997 年物理学奖）、崔琦（1998 年物理学奖）、钱永健（2008 年化学奖）、高锟（2009 年物理学奖）、屠呦呦（2015 年生理学或医学奖）。

参考书目

[1]吴国盛.科学的历程.北京:北京大学出版社,2002.

[2](美)雷·斯潘根贝格,戴安娜·莫泽著.科学的旅程(插图版).郭奕玲,陈蓉霞,沈慧君译.北京:北京大学出版社,2008.

[3]朱焯炜.太空的探索与开发.天津:天津人民出版社,2012.

[4]吕淑琴,陈洪,李雨民.诺贝尔奖的启示.北京:科学出版社,2010.

[5]郭少豪,吕振等.3D 打印改变世界的新机遇新浪潮.北京:清华大学出版社,2013.

[6](美)巴-科恩,汉森著.机器人革命:即将到来的机器人时代.潘俊译.北京:机械工业出版社,2015.

[7]刘建平,陈少强,刘涛.智慧能源:我们这一万年.北京:中国电力出版社;科学技术文献出版社,2013.

[8]于立军,任庚坡,楼振飞.走进能源.上海:上海科学普及出版社,2013.